液体火箭发动机热防护
Liquid Rocket Engine Thermal Protection

张忠利　张蒙正　周立新　编著

国防工业出版社

·北京·

图书在版编目(CIP)数据

液体火箭发动机热防护/张忠利,张蒙正,周立新
编著 . —北京:国防工业出版社,2016. 2
ISBN 978-7-118-10554-4

Ⅰ.①液… Ⅱ.①张… ②张… ③周… Ⅲ.①
液体推进剂火箭发动机-防热 Ⅳ.①V434

中国版本图书馆 CIP 数据核字(2015)第 298126 号

※

国防工业出版社出版发行
(北京市海淀区紫竹院南路 23 号 邮政编码 100048)
北京嘉恒彩色印刷有限责任公司
新华书店经售

*

开本 880×1230 1/32 印张 8⅛ 字数 222 千字
2016 年 2 月第 1 版第 1 次印刷 印数 1—2000 册 定价 68. 00 元

(本书如有印装错误,我社负责调换)

国防书店:(010)88540777 发行邮购:(010)88540776
发行传真:(010)88540755 发行业务:(010)88540717

致 读 者

本书由国防科技图书出版基金资助出版。

国防科技图书出版工作是国防科技事业的一个重要方面。优秀的国防科技图书既是国防科技成果的一部分，又是国防科技水平的重要标志。为了促进国防科技和武器装备建设事业的发展，加强社会主义物质文明和精神文明建设，培养优秀科技人才，确保国防科技优秀图书的出版，原国防科工委于 1988 年初决定每年拨出专款，设立国防科技图书出版基金，成立评审委员会，扶持、审定出版国防科技优秀图书。

国防科技图书出版基金资助的对象是：

1. 在国防科学技术领域中，学术水平高，内容有创见，在学科上居领先地位的基础科学理论图书；在工程技术理论方面有突破的应用科学专著。

2. 学术思想新颖，内容具体、实用，对国防科技和武器装备发展具有较大推动作用的专著；密切结合国防现代化和武器装备现代化需要的高新技术内容的专著。

3. 有重要发展前景和有重大开拓使用价值，密切结合国防现代化和武器装备现代化需要的新工艺、新材料内容的专著。

4. 填补目前我国科技领域空白并具有军事应用前景的薄弱学科和边缘学科的科技图书。

国防科技图书出版基金评审委员会在总装备部的领导下开展工作，负责掌握出版基金的使用方向，评审受理的图书选题，决定资助的图书选题和资助金额，以及决定中断或取消资助等。经评审给予资助的图书，由总装备部国防工业出版社列选出版。

国防科技事业已经取得了举世瞩目的成就。国防科技图书承担着记载和弘扬这些成就，积累和传播科技知识的使命。在改革开放的新形势下，原国防科工委率先设立出版基金，扶持出版科技图书，这是一项具有深远意义的创举。此举势必促使国防科技图书的出版随着国防科技事业的发展更加兴旺。

设立出版基金是一件新生事物，是对出版工作的一项改革。因而，评审工作需要不断地摸索、认真地总结和及时地改进，这样，才能使有限的基金发挥出巨大的效能。评审工作更需要国防科技和武器装备建设战线广大科技工作者、专家、教授，以及社会各界朋友的热情支持。

让我们携起手来，为祖国昌盛、科技腾飞、出版繁荣而共同奋斗！

国防科技图书出版基金
评审委员会

国防科技图书出版基金
第七届评审委员会组成人员

V

序 一

液体火箭发动机是将化学能转变成动能的热机,在研制过程中,需要组织燃烧和热防护,发动机设计师对高温燃气既爱又恨,追求高性能时燃气温度越高越好,追求可靠性和工艺可行性时燃气温度又不能太高,因此发动机设计时需要解决热防护问题。

液体火箭发动机的热防护是个复杂的综合问题,推力室是发动机产生推力的源泉,是组织推进剂喷注、雾化、燃烧的场所,最高温度和最低温度相差 4000℃ 左右,经受着冰火两重天的考验,因此发动机设计过程中首要解决的问题是推力室的热防护。自动器、电缆、导管等附属部件是保证发动机工作必不可少的部分,其热源主要是喷管和燃气辐射,并与相对位置关系有关,其温度高低由热流的大小、热源作用时间及自身的因素所决定,因此部件的热防护也是发动机热防护的重点。

《液体火箭发动机热防护》的作者解决了许多型号发动机研制过程中的棘手问题,该书系统地介绍了液体火箭发动机的热防护过程中需要确定的问题、方法、实例,实验验证措施等,是作者多年来在液体火箭发动机热防护分析过程中所形成的经验积累,有较高的学术水平和工程应用价值,对于型号研制和故障分析有较好的借鉴意义。该书对我国液体火箭发动机热防护研究有促进意义,可供从事液体火箭发动机研究的同行借鉴。

中国工程院院士 张贵田

2015 年 7 月

序　　二

　　热防护是液体火箭发动机技术中一个重要研究领域,其中蕴含着深刻的理论问题、丰富的工程经验、处理问题的方法、操作的规范等内容,在这一领域开展深入的研究是发动机技术研究部门的重要责任之一。当前,发动机热防护技术已逐渐发展为一个独立的学科分支。国外研究机构,如DLR(德国宇航院)有专门的研究部门和研究人员在这一领域开展了长期的研究。

　　在以往型号的研制当中,曾经进行了大量的发动机的传热与结构热防护的分析和研究工作,积累了大量的模型、计算方法、计算程序以及丰富的试验研究经验。本书作者长期从事该领域的研究工作,积累了丰富的工程研制经验并取得了许多重要理论研究成果。本书对液体火箭发动机热防护分析过程中需要确定的问题、方法、实例以及实验验证方法等进行了系统的归纳和总结,对于型号研制和故障分析有较强的借鉴意义。目前,关于液体火箭发动机热防护国内尚无一本专门的著作,相关的理论、方法、计算分析实例往往散落在关于液体火箭发动机理论或结构设计方面的著作中(而且往往因为篇幅的限制,这些相关内容论述不够全面和深入),因此本书是在这方面进行的一次非常有益的尝试,将是今后该领域作为一个独立学科分支开展研究的重要基础文献。

　　本书内容全面、丰富,凝聚了作者多年来解决许多型号发动机热防护问题的经验,对于从事液体火箭发动机型号研制和相关技术研究的工程技术人员具有重要的使用价值。从事传热研究的科研人员可以从本书当中找到绝大部分传热计算中相关问题的计算公式和工程问题的处理方法。本书也可以供从事液体火箭发动机教学和科研的高校老师和学生参考。

2015 年 7 月

前　言

　　我国研制液体火箭发动机已经 55 年了，推力量级从 0.1N 到 1200kN，在这些发动机研制过程中均遇到热防护问题。液体火箭发动机的热防护是个复杂的综合问题，推力室是热防护的重点，它是组织推进剂喷注、雾化、燃烧的场所，热环境复杂并且非常恶劣，由于工作过程中包含许多不确定因素，如燃烧不稳定产生高频和低频的压力脉动，产生瞬时高热流燃烧现象，极易产生烧蚀，因此又是难点；推进剂供应及调节部件是发动机的重要组成部分，它们受喷管和燃气的辐射，其热环境又受相对位置关系所影响，其温度高低又受热源的大小、作用时间及自身的因素所决定，因此部件的热防护也是发动机热防护的难点之一。

　　本书围绕液体火箭发动机的热防护过程重点论述了燃烧室内热环境分析模型、辐射换热、液膜冷却、推力室热防护分析过程、发动机部组件热防护及传热分析、基础试验六部分内容，其中第 1 章以可燃混合气形成过程、燃烧过程中介质温度的计算方法为重点，介绍火焰面内外的介质温度分析过程；第 2 章~第 4 章详细介绍了辐射冷却、液膜冷却、推力室热防护等过程及算例；第 5 章介绍了二次启动发动机涡轮泵的热防护分析过程、姿控发动机部组件的热防护分析过程、氧蒸发器的传热与流阻分析过程、引射器的气动传热分析过程；第 6 章介绍了液体火箭发动机的热防护试验研究方法，热防护试验包括基础试验和专项试验,基础试验包括导热试验、对流换热试验、辐射换热试验、换热器试验等,专项试验包括推进剂传热试验、部件空间热防护试验及液膜冷却试验;推进剂传热试验主要解决推进剂在一定热流、一定流速、一定结构下的换热准则关系;部件空间热防护试验主要研究在真空冷黑背景下,部件接受外界一定热流时部件壁温的变化情况;液膜冷却试验主要研究液膜长度和厚度与燃烧室的热环境关系。

航天科技集团公司科技委委员张贵田院士和西安航天动力研究所科技委主任刘站国研究员在百忙之中审阅书稿并作序,西北工业大学航天学院李进贤教授,西安航天动力研究所李斌研究员、陈炜研究员、李平研究员、李光熙研究员、吕奇伟研究员、张小平研究员、逯婉若研究员等百忙之中审阅了书稿并提出了建设性意见;西安航天动力研究所杨永红高工提供了文献资料和研究成果;编著过程中得到了旷武岳、李红、张迎莉的大力帮助;作者的同事梁克明研究员、吴玉梅研究员、杨宝娥研究员、李锋研究员、郭斌高工、仲伟聪高工、张玫高工、张锋高工等为液体火箭发动机热防护事业做出了贡献,书中的部分内容吸收了他们的劳动成果,在此深表谢意。

感谢总装备部国防科技图书出版基金对本书的资助。由于能力和认识水平所限,书中定有纰漏,诚请读者批评指正。

作 者

2015 年 7 月

目　　录

符号说明 ………………………………………………………… 1

绪论 ……………………………………………………………… 3

第1章　燃烧室内热环境分析模型 …………………………… 9

　1.1　扩散 ……………………………………………………… 10

　　1.1.1　摩尔流率 …………………………………………… 10

　　1.1.2　Fick 定律 …………………………………………… 11

　　1.1.3　气体的扩散系数 …………………………………… 13

　1.2　液滴蒸发 ………………………………………………… 14

　　1.2.1　液滴蒸发模型 ……………………………………… 14

　　1.2.2　d^2 定律 …………………………………………… 16

　　1.2.3　温度分布 …………………………………………… 17

　　1.2.4　Clausius-Clapeyron 方程 ………………………… 18

　1.3　液滴燃烧 ………………………………………………… 19

　　1.3.1　Shvab‐Zeldovich 变换 …………………………… 19

　　1.3.2　瞬时反应模型 ……………………………………… 21

　1.4　古典燃烧模型的修正 …………………………………… 24

　　1.4.1　瞬态过程 …………………………………………… 24

　　1.4.2　多组元液滴 ………………………………………… 27

　　1.4.3　对流效应 …………………………………………… 30

　　1.4.4　超临界燃烧 ………………………………………… 34

　1.5　极限情况 ………………………………………………… 36

　1.6　自燃推进剂燃料物性 …………………………………… 38

参考文献 ·· 40

第 2 章　辐射换热 ·································· 41

2.1　燃气辐射换热 ······························· 41
2.1.1　辐射热流密度计算 ···················· 42
2.1.2　分层燃气的辐射换热 ·················· 46
2.2　高温部件角系数计算 ······················· 47
2.2.1　角系数计算方法 ······················ 48
2.2.2　基于 FEM 和 RUD 角系数计算方法 ······ 52
2.2.3　算例及分析 ·························· 53

参考文献 ·· 54

第 3 章　液膜冷却 ·································· 55

3.1　液膜冷却的影响因素 ······················· 55
3.2　液膜冷却算法 ······························· 58
3.3　液膜与燃烧室壁的耦合计算 ················· 69
3.4　液膜的组织形式 ····························· 75

参考文献 ·· 79

第 4 章　推力室热防护 ······························ 81

4.1　推力室再生冷却 ····························· 81
4.1.1　单相对流传热 ························ 83
4.1.2　表面沸腾传热 ························ 86
4.1.3　临界热流密度计算及影响因素 ·········· 88
4.2　排放冷却 ··································· 92
4.3　辐射冷却 ··································· 92
4.4　推力室冷却计算流程 ······················· 94
4.4.1　热源分析 ···························· 94
4.4.2　热平衡计算 ·························· 97
4.4.3　冷却计算结果的应用 ·················· 98
4.5　再生冷却推力室身部热防护分析算例 ········· 98

4.6 辐射冷却推力室热防护分析算例 ………… 110

4.7 发汗冷却 ………………………………… 118

参考文献 ……………………………………… 121

第 5 章 发动机典型部组件热防护………… 123

5.1 涡轮泵壳体热防护 ………………………… 123

5.1.1 启动过程问题简介 ……………… 124

5.1.2 氧化剂泵温度计算 ……………… 125

5.1.3 地面模拟试验 …………………… 133

5.1.4 排放冷却方案考验 ……………… 136

5.2 姿态控制发动机热防护 …………………… 139

5.2.1 姿态控制发动机所处的热环境分析 ……… 139

5.2.2 受热危险部位壁温分析 ………… 143

5.2.3 热防护方案传热分析及验证 …… 145

5.3 姿态控制发动机附件热防护 ……………… 149

5.4 氧蒸发器传热与流阻计算 ………………… 158

5.4.1 计算依据 ………………………… 158

5.4.2 计算流程 ………………………… 159

5.4.3 氧蒸发器传热与流阻计算过程 … 161

5.4.4 氧蒸发器壁温校核计算过程 …… 168

5.4.5 氧蒸发器设计算例 ……………… 169

5.5 引射器气动传热结构设计 ………………… 171

5.5.1 超声速二次喉道引射器气动参数计算 …… 171

5.5.2 引射器型面结构设计及流场分析 … 176

5.5.3 引射器引射能力测试 …………… 183

5.5.4 引射器传热分析 ………………… 185

参考文献 ……………………………………… 197

第 6 章 热防护试验………………………… 198

6.1 基础试验 …………………………………… 198

6.1.1 导热试验 ………………………… 198

　　　　6.1.2　对流换热试验 ·· 201

　　　　6.1.3　辐射试验 ·· 208

　　6.2　专项试验 ·· 211

　　　　6.2.1　推进剂电传热试验 ······························ 211

　　　　6.2.2　部件空间试验 ·· 219

　　　　6.2.3　液膜冷却试验简介 ······························ 224

　参考文献 ·· 226

附录　液体火箭发动机常用介质和材料物性参数··············· 227

Contents

Symbol description ·· 1

Generalization ·· 3

Chapter 1   Thermal Surroundings Analysis Model in Combustion Chamber ·· 9

   1. 1   Diffusion ·· 10

      1. 1. 1   Mole Flux ·· 10

      1. 1. 2   Fick Law ··· 11

      1. 1. 3   Gas Diffusivity ···································· 13

   1. 2   Droplet Evaporation ··································· 14

      1. 2. 1   Droplet Evaporation Model ···················· 14

      1. 2. 2 d^2 Law ··· 16

      1. 2. 3   Temperature Distribution ····················· 17

      1. 2. 4   Clausius–Clapeyron Equation ················· 18

   1. 3   Droplet Combustion ··································· 19

      1. 3. 1   Shvab–Zeldovich Transform ·················· 19

      1. 3. 2   Instantaneous Reaction Model ················ 21

   1. 4   Transform Model of Classicality Combustion ············· 24

      1. 4. 1   Instantaneous Course ························· 24

      1. 4. 2   Many Group Droplet ························· 27

      1. 4. 3   Convective Effect ····························· 30

      1. 4. 4   Supercritical Combustion ···················· 34

   1. 5   Limited Instance ······································ 36

   1. 6   Spontaneous Propellant Physical Parameters ············· 38

   References ·· 40

Chapter 2　Radiation Heat Transfer ·················· 41

2. 1　Gas Radiation Heat Transfer ···················· 41

　　　2. 1. 1　Radiation Heat Flux Density Calculation ········· 42

　　　2. 1. 2　Delaminated Gas Radiation Heat Transfer ······ 46

2. 2　High Temperature Assembly Geometry Factor

　　　Calculation ································· 47

　　　2. 2. 1　Geometry Factor Calculation Means ············· 48

　　　2. 2. 2　Geometry Factor Calculation Means By FEM

　　　　　　and RUD ···························· 52

　　　2. 2. 3　Example and Analysis ···················· 53

References ······································ 54

Chapter 3　Liquid Film Cooling ···················· 55

3. 1　Influence Factor of Liquid Film Cooling ·············· 55

3. 2　Calculation Means of Liquid Film Cooling ·············· 58

3. 3　Liquid Film and Combustion Chamber Wall Coupling

　　　Calculation ································· 69

3. 4　Liquid Film Achieve Manner ···················· 75

References ······································ 79

Chapter 4　Thruster Chamber Thermal Protection ·········· 81

4. 1　Regenerative Cooling in Thruster Chamber ·············· 81

　　　4. 1. 1　Single-phase Convective Heat Transfer ········· 83

　　　4. 1. 2　Surface Boiling Heat Transfer ················ 86

　　　4. 1. 3　Critical Heat Flux Density Calculation and

　　　　　　Influence Factor ···················· 88

4. 2　Put Liquid out Cooling ························ 92

4. 3　Radiation Heat Transfer ························ 92

4. 4　The Scheme of Cooling Calculation in Thruster

　　　Chamber ·································· 94

　　　4. 4. 1　Heat Source Analysis ···················· 94

4. 4. 2　Heat Equation Calculation ·························· 97

4. 4. 3　Cooling Calculation Results Utilizing　·········· 98

4. 5　Regenerative Cooling Thruster Chamber body Thermal
Analysis Example　······································ 98

4. 6　Radiation Cooling Thruster Chamber Thermal Analysis
Example ·· 110

4. 7　Transportation Cooling　······························· 118

References　·· 121

**Chapter 5　The Classical Assembly of Engine Thermal
Protection** ·· 123

5. 1　Turbine-pump wall Thermal Protection　·············· 123

5. 1. 1　Start Course Problems Introduction ·············· 124

5. 1. 2　Oxidizer Pump Temperature Calculation ········ 125

5. 1. 3　Ground Simulation Test　························· 133

5. 1. 4　Put Liquid out Cooling Scheme Test　··········· 136

5. 2　Attitude Control Thruster Thermal Protection　·········· 139

5. 2. 1　Thermal Surrounding Analysis in Attitude
Control Thruster　····························· 139

5. 2. 2　Hot Risk Assembly Wall Temperature
Analysis　··································· 143

5. 2. 3　Thermal Protection Scheme Analysis and
Test　······································· 145

5. 3　Attitude Control Thruster Accessories Thermal
Protection　·· 149

5. 4　Heat Transfer and Pressure Loss in Oxygen
Evaporator　··· 158

5. 4. 1　Calculation Conditions ························· 158

5. 4. 2　Calculation Scheme ····························· 159

5. 4. 3　The Course of Heat Transfer and Pressure
Loss in Oxygen Evaporator ··············· 161

        5. 4. 4   The Course of Wall Temperature Revised

               Calculation in Oxygen Evaporator ·············· 168

        5. 4. 5   Design Calculation Example of Oxygen

               Evaporator ······································· 169

   5. 5   Pneumatics and Heat Transfer Structure Design in

       Ejector ·· 171

        5. 5. 1   Pneumatic Parameter Calculation in Supersonic

               Second-throat Ejector ························· 171

        5. 5. 2   Ejector Shape Design and Flow-field

               Analysis ······································· 176

        5. 5. 3   Ejector Performance Test ························ 183

        5. 5. 4   Ejector Heat Transfer Analysis ·············· 185

  References ·· 197

Chapter 6   Thermal Protection Test ···················· 198

   6. 1   Elements Test ······································ 198

        6. 1. 1   Heat Conduction Test ······················ 198

        6. 1. 2   Convective Heat Transfer Test ············· 201

        6. 1. 3   Radiation Heat Test ························· 208

   6. 2   Subject Test ······································· 211

        6. 2. 1   Propellant Electric Heat Transfer Test ········· 211

        6. 2. 2   Outer Space Assembly Test ················ 219

        6. 2. 3   Liquid Film Cooling Test Introduction ·········· 224

   References ··· 226

Appendix：Normal Propellant and Material Physical Parameter

    of Liquid Rocket Engine ···················· 227

符 号 说 明

A —— 面积，m^2

a —— 换热通道槽底宽，m

B —— 系数，过程参数

b —— 换热通道槽肋宽，m

C_f —— 摩擦系数

c_p —— 比定压热容，$J/(kg \cdot K)$

D —— 扩散系数

d —— 直径，m

d_e —— 水力直径，m

Gr —— 格拉晓夫准则数

E —— 弹性模量，GPa

F —— 辐射换热角系数

H —— 槽高，m

h —— 换热系数，$W/(m^2 \cdot K)$

h' —— 比焓，kJ/kg

K —— 传热系数，$W/(m^2 \cdot K)$

κ —— 绝热指数

L —— 长度，m

Ma —— 马赫数

M —— 密流比

m —— 质量，kg

Nu —— 努塞尔数

n —— 摩尔数

Pr —— 普朗特数

p —— 压力，Pa

Q —— 热功率，W

q —— 热流密度，W/m^2

q_m —— 质量流量，kg/s

Re —— 雷诺数

r —— 推进剂组元比、燃气温度恢复系数

Sc —— 施密特数

St —— 斯坦顿数

Sh —— 薛伍德数

T —— 温度，K

u —— 速度，m/s

V —— 体积，m^3

X —— 气体的摩尔分数

x —— 坐标位置

Y —— 气体的质量分数

y —— 坐标位置

α —— 材料的线膨胀系数

β —— 螺旋升角，$(°)$

ε —— 黑度，热辐射系数

η —— 膜冷却效率

η_p —— 肋热效应系数

δ —— 厚度，m

λ —— 导热系数，$W/(m \cdot K)$

λ_q —— 汽化潜热，J/kg

λ_p —— 流阻系数

μ —— 动力黏度，$kg/(m \cdot s)$

ρ —— 密度，kg/m^3

σ —— 玻耳兹曼常数、温度修正系数、应力

下标：

A —— A 区参数

B —— B 区参数

C —— C 区参数，

ad ——绝热参数

c ——燃烧室参数

cv ——对流参数

cr —— 临界参数

d —— 下层参数

e —— 出口参数

f —— 辐射面

five ——五通参数

evg —— 氧蒸发器燃气路参数

evo —— 氧蒸发器氧路参数

g —— 燃气或气态参数

i —— 进口参数

l —— 液态参数、冷壁面参数

N —— 喷管参数

r ——辐射参数

s —— 饱和参数

three ——三通参数

tot —— 总参数

tur ——涡轮废气管参数

u —— 上层参数

w —— 壁面参数

上标：

i —— 初始预设参数

p —— 迭代后参数

* —— 滞止参数

绪　　论

1. 液体火箭发动机的组成和分类

液体推进剂火箭发动机简称液体火箭发动机,通常由推力室、推进剂供应系统、阀门和调节器以及发动机总装元件组成。典型的液体火箭发动机如图 0‑1 所示。

图 0‑1　典型的液体火箭发动机

推力室是将液体推进剂的化学能转化为喷气动能并产生推力的组件,它由喷注器、燃烧室和喷管等组成。液体推进剂以设定的流量和混合比通过喷注器喷入燃烧室,经过雾化、蒸发、混合和燃烧等过程生成燃烧产物,然后在喷管内膨胀加速,形成超声速气流从喷管排出而产生推力。此外,当使用非自燃推进剂时,在推力室头部还设置点火装置,在发动机启动时用来点燃推进剂。在有些发动机的推力室内还装有隔板或声腔等燃烧稳定装置,用来提高燃烧稳定性。

推进剂供应系统的功用是将液体推进剂按要求从贮箱输送到推力室,通常有挤压式和泵压式。挤压式供应系统是用高压气瓶的惰性气体(氮、氦等)或其他气源经减压器引入推进剂贮箱,将贮箱内的推进剂挤压到推力室。泵压式供应系统是用涡轮泵将贮箱内的推进剂输送到推力室,通常由涡轮、泵、燃气发生器和火药启动器等组成。涡轮和泵通常作为组合装置实现推进剂的增压功效,习惯上称作涡轮泵,涡轮泵还包括轴承、密封件和齿轮等。氧化剂泵和燃料泵由一个涡轮驱动(涡轮与泵同轴),或者通过齿轮传动。为了防止泵在工作时发生气蚀,必须对推进剂贮箱增压以提高泵的入口压力,还可在泵前设置诱导轮或增压泵来提高泵的抗气蚀性能。涡轮的工质由燃气发生器或其他气源提供。燃气发生器的结构与推力室类似,但其燃气温度较低以防涡轮叶片烧毁。在发动机启动时,用火药启动器生成的燃气来驱动涡轮,也可用其他方式启动,如用增压气体、液体推进剂启动箱或贮箱压头启动等。

阀门和调节器是对发动机的工作程序和工作参数进行控制和调节的组件。在推进剂和气体的输送管路中装备的各种阀门,按预定程序开启或关闭,实施对发动机的启动、关机等工作过程的程序控制。发动机的工作参数(如推力、流量和混合比等)是用推力调节器、混合比调节器、节流圈和气蚀管等进行调节。

总装元件是将发动机各主要组件组装成整台发动机所需的各种部件的总称,诸如导管、支架、常平座、摇摆软管、机架、换热器和蓄压器等。导管用来输送流体和连接组件,其中包括推进剂导管、液压和气体管路、驱动涡轮的高压燃气导管、涡轮排气管以及相应的导管连接件和密封件等。涡轮泵支架将涡轮泵固定在推力室或机架上,有些控制元件和小型容器也用托架固定。常平座是使发动机能围绕其转轴摆动的承力机构。通过发动机的单向或双向摇摆,进行推力矢量控制,为飞行器提供作俯仰、偏航和滚动的控制力矩。摇摆软管是一种柔性补偿导管组件,使发动机能实现摇摆并同时保证推进剂的正常输送。机架用于安装发动机和传递推力。蒸发器和降温器等换热器是发动机自生增压系统的部件,用于推进剂贮箱的增压。蓄压器用来抑制飞行器的纵向耦合振动。

推进剂贮箱以及高压气瓶和减压器等,通常属于运载火箭的一部分,但在辅助推进系统中则归属发动机系统。在有些发动机系统中,还设置推进剂利用系统以保证氧化剂和燃料同时耗尽,使发动机关机时的推进剂剩余量显著减少,从而增加运载火箭的有效载荷。

液氧/煤油发动机中的液氧由于沸点低,容易汽化,只有在低温下才能保持液态,除了必须采取严格的隔热措施以减少对推进剂的传热外,还需设置吹除和预冷系统。在发动机启动之前,先用惰性气体对发动机的管路、阀门和容腔等进行吹除,防止低温推进剂在启动过程中将空气中的氧和水蒸气等固化而导致阀门失灵。然后,对发动机进行预冷,保证低温推进剂呈液态进入涡轮泵和燃烧区,使发动机启动可靠。

空间发动机要求在高真空和微重力的空间环境中可靠工作,并具有多次启动和脉冲工作的能力。当空间发动机在失重条件下工作时,液体推进剂会在贮箱内产生悬浮运动,并可能与增压气体相混而影响推进剂的正常供应。为此,通常在推进剂贮箱内设置柔性胶囊、金属波纹管或表面张力筛等装置,将液体推进剂与增压气体分隔开,保证液体推进剂按照要求正常供应。

液体火箭发动机通常使用的推进剂为双组元液体推进剂和单组元液体推进剂。双组元推进剂是由分开贮存的氧化剂和燃料组成,应用最为广泛。单组元推进剂在正常状况下是稳定的,而在加热或与催化剂接触时能急剧分解放热,生成高温燃气。由于单组元推进剂比冲低,通常应用于总冲较小的辅助推进系统。近年来又提出采用三组元液体推进剂的设想,三组元推进剂是在双组元推进剂中加入第三种组元,用来提高比冲,例如液氧/(烃+液氢)等。

液体推进剂按其贮存性能又可分为可贮存推进剂和低温推进剂。可贮存推进剂在常温常压下呈液态,能长期贮存。低温推进剂实质上是液化的气体,只有在低温下才呈液态,不能长期贮存。双组元推进剂可按其化学性质分为自燃和非自燃推进剂。

液体火箭发动机可以按照不同的原则进行分类。例如,按推进剂供应系统形式分为挤压式发动机和泵压式发动机;按推进剂类型分为可贮存发动机和低温推进剂发动机以及单组元发动机和双组元发动机;按发动机功能分为主发动机以及助推发动机、上面级发动机、游动发动机和姿态控制发动机等。

2. 液体火箭发动机的特点

液体火箭发动机与固体火箭发动机相比,有如下特点:

（1）比冲高：固体助推发动机的比冲约为 2500～2700m/s，而高压液氧/烃助推发动机的比冲约为 3300～3500m/s。航天飞机液氧/液氢主发动机的比冲高达 4460m/s。

（2）工作适应性强：液体火箭发动机能按要求多次启动和关机、连续工作或脉冲工作，推力可以在很大范围内调节。例如，登月舱下降发动机的推力调节范围为 10∶1，能保证登月舱安全地软着陆。固体火箭发动机通常是一次启动，推进剂耗尽后熄火，推力难于任意调节。

（3）对环境污染小：液体推进剂，尤其液氧/液氢和液氧/烃等推进剂组合，其燃烧产物对大气层和发射场附近的环境污染小。固体火箭发动机有可能产生对环境有害的固体颗粒，排气中还含有大量的氯化氢等成分，可能导致酸雨发生而破坏生态，并对大气臭氧层带来不利的影响。

（4）推进剂费用低：推进剂的费用直接影响发动机研制和使用成本，航天运输系统每次发射的费用很大程度上取决于推进剂的费用。按照当前推进剂的价格估算，液体推进剂的费用仅为固体推进剂费用的 1/7～1/30。

（5）工作时间长：液体火箭发动机通常可用推进剂作冷却剂，对推力室等组件进行有效地冷却，能保证发动机长时间可靠地工作。在规定的总冲要求下，延长工作时间就可相应地减小推力，因而使发动机的结构质量减小。例如，液体远地点发动机与固体远地点发动机相比，具有性能高、推力小、工作时间长以及结构质量小等特点。

（6）推进剂密度小：液体推进剂的密度较固体推进剂小，因而其密度比冲也较小，运载系统的结构尺寸（体积）较大。

（7）结构复杂：液体火箭发动机的结构比较复杂，尤其在泵压式发动机中还具有涡轮泵等高速运转的组件，因而使用维护工作量较大。

3. 液体火箭发动机热防护技术

液体火箭发动机的热防护包括推力室热防护和部组件热防护，推力室热防护是发动机研制过程中的关键技术之一，部组件热防护是火箭总体单位和发动机研制单位在火箭飞行前需要解决的关键技术，尤其需要对部组件进行热陷扩长时间工作的姿态控制发动机。

推力室的冷却方式一般分为内冷却和外冷却，内冷却通常是膜冷却,外冷却依据发动机的推力量级、推进剂供应状态分为辐射冷却、再生冷却、发汗冷却。所有的液体火箭发动机均采用了膜冷却,推力量级不同组织方式不同,小推力量级采用头部喷注器组织,大推力量级采用环带组织或头部喷注器组织;小推力量级的外冷却采用辐射冷却,大推力量级采用再生冷却。无论是内冷却还是外冷却,推力室的热环境是分析的重点,即火焰面位置、边区燃气温度、燃气的换热能力是分析的重点,计算燃气对流换热系数时通常采用巴兹法或耶夫列夫法,计算燃气辐射热流时采用复杂法,边区燃气温度和火焰面位置受内冷却的组织方式限定,这是决定推力室能否长时间可靠工作的关键因素。再生推力室冷却方式如图 0-2 所示。

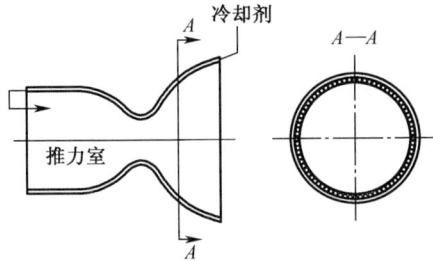

图 0-2　再生冷却推力室冷却方式

　　二次启动发动机一次工作后的滑行期间,氧化剂泵受到涡轮的热返浸,从而使其温度升高较多,若此温度超过氧化剂的沸点将会使氧化剂泵在二次启动过程中发生气蚀,从而引起发动机启动失败。在二次启动发动机研制过程中关于泵的热返浸研究是重点,本书重点介绍了这一分析过程。

　　姿控发动机热防护主要是自身的部件受到下面级发动机喷管和燃气羽流长时间烘烤,致使其部组件的温度升高很多,从而发生故障,这一类发动机热防护前首先确定热环境参数,然后选择包覆方案进行传热分析,并进行热真空试验考核。

　　液体火箭发动机的热防护试验研究包括基础试验和专项试验。基础试验包括导热试验、对流换热试验、辐射换热试验、换热器试验等;专项试验分为复杂热环境下的两相流及其换热试验、真空冷黑背景环境下的部件热防护试验。专项试验包括推进剂传热试验、部件空间热防护试验及液膜冷却试验。推进剂传热试验主要解决推进剂在一定热流、一定流速、一定结构下的换热准则关系;部件空间热防护试验主要研究在真空冷黑背景下,部件接受外界一定热流时部件壁温的变化情况;液膜冷却试验主要研究液膜长度和厚度与燃烧室的热环境关系。

第1章 燃烧室内热环境分析模型

在推力室热防护计算中,确定火焰面的位置是难点和重点,至现在为止还没有统一的计算准则。依据推力室热防护计算经验,得出火焰面位置与喷注器结构形式、推进剂组合类型及其相态、混合比分布等有直接关系。对于直流撞击式喷嘴,火焰面一般距离喷注器 0.5~0.8 倍圆柱段直径;对于离心式喷注器,火焰面一般距离喷注器 0.2~0.5 倍圆柱段直径。自燃式推进剂的火焰面与喷注器距离较非自燃式推进剂的近 20% 左右,气态燃料的火焰面喷注器距离较液态燃料的近3%~50%。

在燃烧室中,燃烧速度主要取决于可燃混合气形成速度,燃烧的质量主要取决于燃烧前的准备过程,即雾化过程、蒸发过程和混合过程。

通过雾化装置将液体推进剂组元分裂成许多微小液滴的过程称为雾化过程,最基本的雾化装置是喷注器上的喷嘴。喷嘴通常分为直流式和离心式两种。燃烧现象表明,液滴不能直接在液态下燃烧,实际的燃烧过程是燃料液滴在高温燃气的扩散和热传导下不断蒸发,其表面被一薄层燃料蒸气包围;燃料蒸气不断向外扩散,而氧化剂介质则不断向里扩散。因此,在某个扩散半径处便形成可燃混合气而开始燃烧,火焰锋不处在液滴表面,因为液体推进剂组元的沸点一般都较其着火温度低得多。由于推进剂的着火与燃烧发生在气相中,因此,推进剂组元的蒸发过程很重要。可燃混合气的及时形成和燃烧的完全程度,在很大程度上取决于推进剂组元的蒸发质量。

推进剂组元要在很短时间(4~8ms)内完全蒸发,而蒸发过程是很复杂的物理过程。在液体火箭发动机燃烧室中,蒸发后通常不是单一的化学物质,而是具有不同物理化学性质的多组元液体。此外,燃烧室内的蒸发过程在很大程度上取决于周围燃烧产物向液滴的传热强度,而这是难以估计的。为了研制出性能好的燃烧室,需要研究液滴的蒸发规律。

任何可燃混合物必须着火后才能燃烧,可燃混合物的着火方法分自燃和点燃两种。由于可燃混合气体自身温度的提高,致使化学反应速度急剧增长而引起着火的现象称为自燃。反之,由于外界能量的加入,使可燃混合气体的反应速度急剧升高而引起着火的现象,称为点燃。在燃烧理论中,自燃分为热自燃和链自燃。

在火箭发动机燃烧室内,燃烧过程受到较慢的混合气形成过程的限制。燃烧速率完全由物质交换(扩散过程)决定的燃烧称为扩散燃烧。在推进剂组元分别供应时,多数属于这种形式的燃烧。通常,燃料和氧化剂的蒸发速率不一样,因而形成燃料液滴在氧化性燃气介质中燃烧,或者燃料液滴在还原性燃气介质中燃烧。一般,燃料液滴的蒸发速率较慢,故研究对象通常定为燃料液滴在氧化性气体介质中燃烧的情况。

本章以液态燃料为研究对象,分析液滴的燃烧过程,进而确定液滴燃烧的火焰面位置。液滴燃烧古典模型(或称 d^2 定律模型)的守恒方程,通过 Shvab-Zeldovich 变换,得到用以描述燃烧时液滴外部流场的结构、火焰位置和液滴直径的变化。该模型偏于简单,是一种理想模型,而实际情形要复杂得多。为此从不同的方面对其改进与推广,从定常到非定常,单组元到多组元,静止环境到对流环境,普通状态到临界状态,使液滴燃烧过程的换热方式研究更加深入。

1.1　扩　　散

1.1.1　摩尔流率

设多组元的均相混合物中,第 k 种组分在 i 方向上的速度为 u_{ki},混合物在此方向上的宏观速度 u_i^0 应为 u_{ki} 的加权平均值,上标"0"表示加权方式。不同的加权方式可使宏观速度具有不同的定义。

以摩尔分数 X_k 为权,有摩尔平均速度:

$$u_i^M = \sum_k X_k u_{ki} = \sum \frac{n_k}{n} u_{ki} \tag{1-1}$$

式中　n_k——组分 k 的摩尔浓度；$\sum X_k = 1$。

以质量分数 Y_i 为权,有质量平均速度:

$$u_i^m = \sum_k X_k u_{ki} = \sum \frac{c_k}{\rho} u_{ki} \qquad (1-2)$$

式中　c_k——组分 k 的质量浓度, $\sum Y_i = \sum \frac{c_k}{\rho} = 1$。

以体积分数 $n_k V_k$ 为权,有体积平均速度:

$$u_i^V = \sum_k n_k u_{ki} \qquad (1-3)$$

式中　V_k——组分 k 的偏摩尔体积, $\sum n_k V_k = 1$。

单位时间流过单位面积的 k 组分的摩尔数称为此组分的摩尔流率,记作 I_k,在 i 方向上有:

$$I_{ki} = n_k u_{ki} = n_k(u_{ki} - u_i^0) + n_i u_i^0 \qquad (1-4)$$

式(1-4)说明 k 组分的摩尔流率由两项组成,第一项 $J_{ki} = n_k(u_{ki} - u_i^0)$,表示组分 k 与混合流体的速度差导致的质量传递,上标 0 表示加权方式。第二项为宏观流动导致的质量传递。

1.1.2　Fick 定律

Fick 根据 Graham 的试验结果得到扩散流率的数学表达式:

$$_V J_{ki} = -\Gamma_k \frac{\mathrm{d}n_k}{\mathrm{d}x_i} \qquad (1-5)$$

即扩散流率与浓度梯度成正比,方向为浓度降低的方向。其中 Γ_k 为组分 k 的扩散系数。写成三维矢量形式:

$$_V J_k = -\Gamma_k \nabla n_k \qquad (1-6)$$

式(1-6)即为 Fick 定律。不同定义的扩散流率之间具有一定的转换关系,以双组分体系为例,a 为权时, $u_i^a = a_1 u_{1i} + a_2 u_{2i}$,

$$_V J_{1i} = n_1(u_{1i} - u_i^a) = n_1(u_{1i}(1 - a_1) - a_2 u_{2i})$$

由于 $a_1 + a_2 = 1$,故: $\dfrac{_a J_{1i}}{a_2} = \dfrac{_a J_{1i}}{1 - a_1} = n_1(u_{1i} - u_{2i})$

同样,以 b 为权, $\dfrac{_b J_{1i}}{1 - b_1} = n_1(u_{1i} - u_{2i})$

因此 $\dfrac{_bJ_{1i}}{1-b_1} = \dfrac{_aJ_{1i}}{1-a_1}$

当 $a_k = X_k$ ，$b_k = n_kV_k$ 时有：$_mJ_1 = \dfrac{X_2}{n_2V_2} \cdot {_aJ_1}$

将上式代入式(1-6)得：$_mJ_1 = -\dfrac{X_2\varGamma_1}{n_2V_2} \nabla n_1$

由于 $\dfrac{1}{n} = \dfrac{X_2}{n_2}$ ，因此上式可转化成：

$$_mJ_1 = -\frac{\varGamma_1}{n_2V_2} \nabla n_1 \qquad\qquad (1-7)$$

由于 $V = \sum V_kN_k$ ，N_k 为组分 k 的摩尔数，即

$$\frac{1}{n} = \frac{V}{N} = \sum V_kX_k$$

微分上式有：$\mathrm{d}\left(\dfrac{1}{n}\right) = \sum V_k\mathrm{d}X_k + \sum X_k\mathrm{d}V_k$

根据 Gibbs-Duhem 方程：$\sum X_k\mathrm{d}V_k = 0$ 或 $\sum n_k\mathrm{d}V_k = 0$

故 $\mathrm{d}\left(\dfrac{1}{n}\right) = \sum V_k\mathrm{d}X_k$

双组分体系 $\mathrm{d}\left(\dfrac{1}{n}\right) = V_1\mathrm{d}X_1 + V_2\mathrm{d}X_2 = (V_1 - V_2)\,\mathrm{d}X_2$

即 $\dfrac{\mathrm{d}n}{\mathrm{d}X_1} = n^2(V_2 - V_1)$

因为 $nX_i = n_i$ ，所以有 $\dfrac{\mathrm{d}n_1}{\mathrm{d}X_1} = n + X_1\dfrac{\mathrm{d}n}{\mathrm{d}X_1}$

代入上式得：$\dfrac{\mathrm{d}n_1}{\mathrm{d}X_1} = n(1 + nX_1(V_2 - V_1))$

由于 $(nV)_1 + (nV)_2 = 1$ ，所以有 $\nabla n_1 = n^2V_2\,\nabla X_1$

将上式代入式(1-7)得

$$_mJ_1 = -n_1\varGamma_1\,\nabla X_1 \qquad\qquad (1-8)$$

同样，$b_k = Y_k$ 时，$_mJ_1 = -n\varGamma_1\dfrac{Y_2}{X_2}\,\nabla X_1 \qquad\qquad (1-9)$

因为：$X_1 = \dfrac{\dfrac{m_1}{W_1}}{\dfrac{m_1}{W_1} + \dfrac{m_2}{W_2}} = \dfrac{\overline{W}Y_1}{W_1}$

式中　m_1 和 m_2 ——组分 1 和组分 2 的质量；

　　　W_1 和 W_2 ——相应的相对分子质量；

　　　$\overline{W}$ ——折合相对分子质量，有 $\dfrac{1}{\overline{W}} = \dfrac{Y_1}{W_1} + \dfrac{Y_2}{W_2}$，显然 $n\,\overline{W} = \rho$。

故　　　　　　　$\nabla X_1 = \dfrac{Y_1}{W_1}\nabla\overline{W} + \dfrac{\overline{W}}{W_1}\nabla Y_1$

因为：$\nabla\overline{W} = \left(\dfrac{1}{W_1} - \dfrac{1}{W_2}\right)(-\overline{W}^2)\nabla Y_1$

故　　　　　$\nabla X_1 = \dfrac{\overline{W}^2}{W_1 W_2}\nabla Y_1$

将上式代入式(1-7)得：$_mJ_1 = -\rho\Gamma_1\dfrac{1}{W_1}\nabla Y_1$ 和 $_mj_1 = -n\Gamma_1\nabla Y_1$

其中，$_mj_1 = W_1 \cdot {_mJ_1}$ 为组分 1 的质量扩散率。

综上所述，Fick 定律通常可写成：

$$_vJ_1 = -\Gamma_1\nabla n_1\,;\, {_mJ_1} = -n_1\Gamma_1\nabla X_1 = -\rho\Gamma_1\nabla Y_1$$

可以证明 $\Gamma_1 = \Gamma_2$，即双组分体系仅存在一个扩散系数 Γ。

因为 $u_i^V = n_1 V_1 u_{1i} + n_2 V_2 u_{2i}$，$n_1 V_1 u_i^V + n_2 V_2 u_i^V = u_i^V$

即 $V_1\Gamma_1\nabla n_1 + V_2\Gamma_2\nabla n_2 = 0$　　　　　　　　　　（1-10）

由于 $n_1\nabla V_1 + n_2\nabla V_2 = 0$，$\nabla n_1 V_1 + \nabla n_2 V_2 = 0$

故 $\Gamma_1 V_1\nabla n_1 + \Gamma_2 V_2\nabla n_2 = 0$　　　　　　　　　（1-11）

比较式(1-11)和式(1-10)，有 $\Gamma_1 = \Gamma_2$。

对于完全气体，$V_k = \dfrac{RT}{p} = \dfrac{1}{n}$，故

$$_vJ_k = {_mJ_k}\qquad\qquad\qquad（1-12）$$

1.1.3　气体的扩散系数

由分子运动论可推得，对于双组分分子扩散，并且引进碰撞距离，

分子之间的扩散系数为

$$\Gamma_{AE} = \frac{1.86 \times 10^{-3} T^{\frac{3}{2}}}{p \sigma_{AE}^2 \overline{W_{AE}^{\frac{1}{2}}}} \qquad (1-13)$$

当考虑分子间作用力时,分子之间的扩散系数为

$$\Gamma_{AE} = \frac{1.86 \times 10^{-3} T^{\frac{3}{2}}}{p \sigma_{AE}^2 \overline{W_{AE}^{\frac{1}{2}}} \Omega^*} \qquad (1-14)$$

式(1-13)~式(1-14)中,p 的单位为大气压,T 的单位为 K,$\overline{W}$ 单位为 g/mol,Ω^* 为碰撞积分,它是折合温度 T^* 的函数,对于钢球模型,$\Omega_0 = \frac{\pi \sigma^2 \overline{v}}{4}$,$\Omega^* = \Omega/\Omega_0$,$T^* = T/\tilde{T}$,$\tilde{T} = \frac{\varepsilon}{k}$,其中 $\tilde{T}$ 称作特征温度。

1.2 液滴蒸发

1.2.1 液滴蒸发模型

为了描述单个液滴在静止气体中的蒸发,假设:

(1)液滴是球对称的,对称的中心是球形液滴中心。自然对流和强迫对流对液滴大小的影响较小,可忽略。

(2)气相质量扩散系数 Γ 与液滴蒸发常数 K 之比大致等于两相密度之比,即 $\Gamma_q/K \sim \overline{\rho}/\rho_q$,当 $\overline{\rho_1} \gg \rho_q$ 时,可假定气相流场定常。

(3)气体与液滴互不相溶。

(4)液滴仅含一种组分,其内部温度均匀且为常数,表面处两相平衡。

球坐标中,气相的质量和组元守恒方程为

$$\frac{d(r^2 \rho v)}{dr} = 0 \qquad (1-15)$$

$$\frac{d}{dr}\left(r^2 \rho \Gamma \frac{dY_i}{dr}\right) = r^2 \rho v \frac{dY_i}{dr} \qquad (1-16)$$

式中　r ——球坐标；

　　　v ——法向速度，若用下标 1、2 分别表示液体蒸气和气体组分，

$v = \sum_{i=1}^{2} Y_i v_i$ ，由于气体不溶于液体，故 $v_{2s} = 0$，下标 s 表示

液滴表面。于是有

$$v_s = Y_{1s} v_{1s} \text{ 或 } \rho_s v_s = C_{1s} v_{1s} \qquad (1-17)$$

式中　C ——浓度。由式（1-15）和式（1-16）得

$$C_{1s} v_{1s} = -\rho_s \Gamma_s \left(\frac{\mathrm{d}Y_1}{\mathrm{d}r} \right)_s + (\rho Y_1 v)_s \qquad (1-17\text{a})$$

将上式代入式（1-17a）得

$$\rho_s v_s = -\rho_s \Gamma_s \left(\frac{\mathrm{d}Y_1}{\mathrm{d}r} \right)_s + (\rho Y_1 v)_s \qquad (1-18)$$

式（1-18）说明混合气体离开液滴表面的流率包括两部分：右端第一项表示扩散造成的质量传递，第二项表示液滴界面宏观流动造成的质量传递。

由式（1-15）得：$r^2 \rho v = r_s^2 \rho_s v_s = \text{Const}$ ；因此 $v = \dfrac{r_s^2 \rho_s v_s}{r^2 \rho} \neq 0$，一般将这种静止气体中因液滴蒸发而出现的宏观流动称作 Stefan 流动。

令 $b = \dfrac{Y_1}{Y_{1s} - 1}$ ，代入式（1-16）和式（1-18）得

$$r^2 \rho v \frac{\mathrm{d}b}{\mathrm{d}r} = \frac{\mathrm{d}}{\mathrm{d}r} \left(r^2 \rho \Gamma \frac{\mathrm{d}b}{\mathrm{d}r} \right) \qquad (1-19)$$

$$v_k = \Gamma \left(\frac{\mathrm{d}b}{\mathrm{d}r} \right)_s \qquad (1-20)$$

当 $r \to \infty$ 时，$Y_1 = Y_{1\infty}$

即　　　　　　　　$$b = b_\infty = \frac{Y_{1\infty}}{Y_{1s} - 1} \qquad (1-21)$$

积分式（1-19）得：$r_s^2 \rho_s v_s (b - b_s + 1) = r^2 \Gamma \rho \dfrac{\mathrm{d}b}{\mathrm{d}r}$

令 $\rho \Gamma = (\rho \Gamma)_s = \text{Const}$

$$\frac{r_s^2 v_s}{r \Gamma_s} = \ln \frac{b_r - b_s + 1}{b - b_s + 1}$$

当 $r = r_s$ 时　　　　$\dfrac{r_s v_s}{\Gamma_s} = \ln(b_\infty - b_s + 1)$

令 $B_M = b_\infty - b_s$ ，称作 Spalding 传递系数，

$$v_d = \frac{\Gamma_s \ln(1 + B_M)}{r_s} \qquad (1-22)$$

1.2.2　d^2 定律

记单位表面的液滴蒸发率为 G ，有

$G = \rho_k v_k = \rho_k \Gamma_k \dfrac{\ln(1 + B_M)}{r_k} = \dfrac{\dot{m}}{4\pi r_s^2}$ ，其中 $\dot{m} = -4\pi r_s^2 \bar{\rho}_t \dfrac{\mathrm{d} r_s}{\mathrm{d} t}$ ，为液滴蒸发率，因此

$$\dot{m} = 4\pi r_k \rho_k \Gamma_k \ln(1 + B_M) \qquad (1-23)$$

或　　$\dfrac{\mathrm{d}(d^2)}{\mathrm{d} t} = -K$

式中　　d —— 液滴直径；

　　　　K —— 蒸发常数， $K = \dfrac{8\rho_k \Gamma_k}{\bar{\rho}_l}(1 + B_M)$ 。

积分上式得

$$d^2 = d_0^2 - Kt \qquad (1-24)$$

式中　　d_0 —— 液滴直径。该式称为 d^2 定律。

记 $d = 0$ 时 $t = t_v$ ，为液滴蒸发时间

$$t_v = \frac{\bar{\rho}_l d_0^2}{8\rho_k \Gamma_k \ln(1 + B_M)}$$

显然，液滴越大，液滴密度越大，蒸发时间越长， d^2 定律公式还可写成

$$d^2 = d_0^2\left(1 - \frac{t}{t_v}\right)$$

1.2.3 温度分布

液滴蒸发的能量守恒方程为

$$r^2 \rho v c_p \frac{\mathrm{d}T}{\mathrm{d}r} = \frac{\mathrm{d}}{\mathrm{d}r}\left(r^2 \lambda \frac{\mathrm{d}T}{\mathrm{d}r}\right) \qquad (1-25)$$

边界条件为

$$r = \infty \text{时}, \quad T = T_\infty \text{（环境温度）} \qquad (1-26)$$

$r = 0$ 时, $T = T_s$

$$\lambda \left(\frac{\mathrm{d}T}{\mathrm{d}r}\right)_s = \rho_s v_s L_v \qquad (1-27)$$

式中　　L_v——温度为 T_k 时液滴的汽化潜热。

积分式(1-25)得

$$\frac{r^2 \rho v c_p}{\lambda r} = \ln \frac{T_\infty - T_s + \dfrac{L_v}{c_p}}{T - T_s + \dfrac{L_v}{c_p}} \text{ 或 } \frac{r_k^2 v_k}{r a_k} = \ln \frac{T_\infty - T_s + \dfrac{L_v}{c_p}}{T - T_s + \dfrac{L_v}{c_p}} \qquad (1-28)$$

其中, $a_k = \dfrac{\lambda}{\rho c_p}$ 为热扩散系数。

当 $r = r_s$ 时,

$$v_s = a_s \frac{\ln(1 + B_T)}{r_s} \qquad (1-29)$$

其中

$$B_T = \frac{c_p(T_\infty - T_k)}{L_v} \qquad (1-30)$$

比较式(1-22)和式(1-29)得: $L_e \ln(1 + B_M) = \ln(1 + B_T)$

式中　　L_e——Lewis 数, $L_e = \dfrac{\Gamma_s}{a_s}$, 当 $L_e = 1$ 时,有

$$\frac{c_p(T_\infty - T_k)}{L_v} = \frac{Y_{1\infty} - Y_{1\varepsilon}}{Y_{1\varepsilon} - 1} \qquad (1-31)$$

1.2.4 Clausius-Clapeyron 方程

恒温恒压下,相平衡状态时 $G_A = G_B$,其中 G 为 Gibbs 自由焓,下标 A,B 表示不同的相。据热力学关系式 $dG = vdp - sdT$,式中:v 为比体积,s 为熵。于是有:$\dfrac{dp}{dT} = \dfrac{s_A - s_B}{v_A - v_B}$,对于平衡体系有:$s_A - s_B = \dfrac{L_v}{T}$,故

$$\frac{dp}{dt} = \frac{L_v}{T(v_A - v_B)}$$

对于气液系统,A 表示气相,B 表示液相,由于 $v_A \gg v_B$,$pv_A = \dfrac{R}{W}T$,故:

$$\frac{d(\ln p)}{dT} = \frac{WL_v}{RT^2} \qquad (1-32)$$

式(1-32)称为 Clausius-Clapeyron 方程,其中 W 为相对分子质量。

设液体蒸气在气相的分压为 p_1,上式写成:$\dfrac{d(\ln p_1)}{dT} = \dfrac{W_F L_v}{RT_s^2}$,积分后得到:

$$\ln\left(\frac{p_1}{p_0}\right) = \frac{W_F L_v}{R}\left(\frac{1}{T_0} - \frac{1}{T_s}\right) \qquad (1-33)$$

式中,下标"0"表示某种参考值,当 $p_0 = 101\text{kPa}$ 时,T_0 为液体沸点。

根据道尔顿分压定律:

$$\frac{p_1}{p} = X_{1s} = Y_{1s}\frac{\overline{W}}{W_F} \qquad (1-34)$$

由式(1-31)和式(1-34)可得:

$$Y_{1s} = \frac{W_F}{\overline{W}} \cdot \frac{p_0}{p} \cdot e^{\frac{W_F L_v}{R}\left(\frac{1}{T_0} - \frac{1}{T_s}\right)} \qquad (1-35)$$

由式(1-31)和式(1-35)可求得 Y_{1s} 和 T_s,其中 T_s 称作湿球温度。

18

1.3 液 滴 燃 烧

1.3.1 Shvab‑Zeldovich 变换

液滴蒸发后,若蒸气和其他气体组分发生化学反应,基于质量的反应计量方程为

$$\{O\} + \beta\{F\} \longrightarrow (1+\beta)\{P\}$$

式中　O,F,P ——氧化剂、汽化燃料和燃烧产物;

　　　　β ——化学当量系数。

通常情况下,组元守恒方程为

$$r^2\rho v \frac{\mathrm{d}Y_F}{\mathrm{d}r} = \frac{\mathrm{d}}{\mathrm{d}r}\left(r^2\rho\Gamma\frac{\mathrm{d}Y_F}{\mathrm{d}r}\right) - r^2\omega_F \tag{1-36}$$

$$r^2\rho v \frac{\mathrm{d}Y_O}{\mathrm{d}r} = \frac{\mathrm{d}}{\mathrm{d}r}\left(r^2\rho\Gamma\frac{\mathrm{d}Y_O}{\mathrm{d}r}\right) - \frac{r^2}{\beta}\omega_F \tag{1-37}$$

当 $L_e = 1$ 时,能量守恒方程为

$$r^2\rho v c_p \frac{\mathrm{d}T}{\mathrm{d}r} = \frac{\mathrm{d}}{\mathrm{d}r}\left(r^2\rho\Gamma\frac{\mathrm{d}c_pT}{\mathrm{d}r}\right) + r^2\omega_F Q_F \tag{1-38}$$

对上述方程进行 Shvab‑Zeldovich 变换,即引进耦合变量:

$$\mathbf{Z} = \begin{bmatrix} Z_1 \\ Z_2 \\ Z_3 \end{bmatrix} = \left\{ \begin{array}{l} \dfrac{Y_F}{\beta} - Y_O \\ c_pT + Y_F Q_F \\ c_pT + \beta Y_O Q_F \end{array} \right\}$$

于是,

$$r^2\rho v \frac{\mathrm{d}\mathbf{Z}}{\mathrm{d}r} = \frac{\mathrm{d}}{\mathrm{d}r}\left(r^2\rho\Gamma\frac{\mathrm{d}\mathbf{Z}}{\mathrm{d}r}\right) \tag{1-39}$$

设液滴表面不发生化学反应,由式(1-18)得到:

$$\left(\frac{\mathrm{d}Y_F}{\mathrm{d}r}\right)_s = -\frac{v_s}{\Gamma_s}(1 - Y_{FS})$$

由于　$C_{Os}v_{Os} = -\rho_s\Gamma_s\left(\dfrac{\mathrm{d}Y_O}{\mathrm{d}r}\right)_s + C_{Os}v_s$　和　$v_{Os} = 0$

19

故
$$\left(\frac{\mathrm{d}Y_O}{\mathrm{d}r}\right)_s = \frac{v_s Y_{Os}}{\Gamma_s}$$

于是有

$$\left(\frac{\mathrm{d}Z_1}{\mathrm{d}r}\right)_s = \frac{v_s}{\Gamma_s}\left(\frac{1}{\beta}(Y_{FS} - 1) - Y_{Os}\right) \tag{1-40}$$

$$\left(\frac{\mathrm{d}Z_2}{\mathrm{d}r}\right)_s = \frac{v_s}{\Gamma_s}(L_v + (Y_{FS} - 1) \cdot Q_F) \tag{1-41}$$

$$\left(\frac{\mathrm{d}Z_3}{\mathrm{d}r}\right)_s = \frac{v_s}{\Gamma_s}(L_v + \beta \cdot Y_{Os} \cdot Q_F) \tag{1-42}$$

引进新变量

$$\boldsymbol{b} = \begin{bmatrix} b_1 \\ b_2 \\ b_3 \end{bmatrix} = \left\{ \begin{array}{c} Z_1 \\ \hline \dfrac{1}{\beta}(Y_{FS} - 1) - Y_{Os} \\ \hline Z_2 \\ \hline L_v + (Y_{FS} - 1) Q_F \\ \hline Z_3 \\ \hline L_v + \beta Y_{Os} Q_F \end{array} \right\}$$

有
$$r^2 \rho v \frac{\mathrm{d}\boldsymbol{b}}{\mathrm{d}r} = \frac{\mathrm{d}}{\mathrm{d}r}\left(r^2 \rho \Gamma \frac{\mathrm{d}\boldsymbol{b}}{\mathrm{d}r}\right)$$

当 $r = r_s$ 时，$\left(\dfrac{\mathrm{d}\boldsymbol{b}}{\mathrm{d}r}\right)_s = \dfrac{v_s}{\Gamma_s}$；当 $r = \infty$ 时，$\boldsymbol{b} = b_\infty$，该方程的解为

$$\frac{r_s^2 v_s}{r \Gamma_s} = \ln\frac{b_\infty - b_s + 1}{b - b_s + 1} \;, \; v_s = \frac{\Gamma_s}{r_s}\ln(1 + B) \tag{1-43}$$

其中 $B = b_\infty - b_s$，如果假设 $Y_{Os} = Y_{F\infty} = 0$，那么

$$B = \frac{Y_{FS} + \beta Y_{O\infty}}{1 - Y_{FS}} = \frac{c_p(T_\infty - T_s) - Y_{FS} Q_F}{L_v + (Y_{FS} - 1) Q_F} = \frac{c_p(T_\infty - T_s) + \beta Y_{O\infty} Q_F}{L_v}$$

$$\tag{1-44}$$

式中　B ——Spalding 传递系数，表示传给液滴的能量与液滴消耗的
能量比。由于燃烧提供的能量远大于传导失去的能量，
简化起见，取 $T_k = T_b$ 为液滴沸点。对于液滴燃烧，有

20

$$\frac{dr_s}{dt} = \frac{\rho_s \Gamma_s}{\rho_1 r_s} \ln(1 + B) \ \text{和} \ d^2 = d_0^2 \left(1 - \frac{t}{t_E}\right) \quad (1-45)$$

式中 t_E ——蒸发时间,$t_E = \dfrac{d_0^2}{K}$,$K = \dfrac{8\rho_s \Gamma_s}{\bar{\rho_1}} \ln(1 + B)$ 其中 K 为蒸发常数。

1.3.2 瞬时反应模型

气相流场的细节与化学反应速率有关,最简单的反应模型为瞬时反应模型,它假定反应在火焰间断面上瞬时完成。流场被分成两部分:内区和外区,分别记作(Ⅰ)和(Ⅱ),如图1-1所示。内区仅含燃料蒸气和燃烧产物,而外区仅含氧化性气体和燃烧产物。

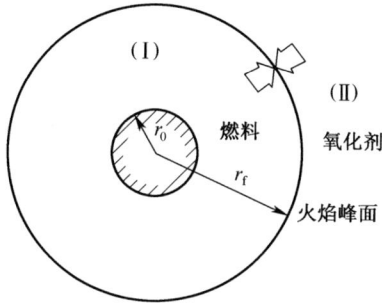

图 1-1 液滴燃烧的瞬时反应模型

火焰峰面上(用下标 f 表示)满足如下耦合条件

$$\left(\rho \Gamma \frac{dY_F}{dr}\right)_f = -\beta \left(\rho \Gamma \frac{dY_O}{dr}\right)_f \quad (1-46)$$

$$(Y_F)_f = (Y_O)_f = 0 \quad (1-47)$$

$$\left(\lambda \frac{dT}{dr}\right)_{f,I} - \left(\lambda \frac{dT}{dr}\right)_{f,II} = -Q_F \left(\rho \Gamma \frac{dY_F}{dr}\right)_f \quad (1-48)$$

气相的组元守恒方程为

(1)对于内区:

$$r_s \leqslant r \leqslant r_f, \ r^2 \rho v \frac{dY_F}{dr} - \frac{d}{dr}\left(r^2 \rho \Gamma \frac{dY_F}{dr}\right) = 0 \quad (1-49)$$

（2）对于外区：

$$r_f \leqslant r < \infty, \ r^2 \rho v \frac{dY_O}{dr} - \frac{d}{dr}\left(r^2 \rho \Gamma \frac{dY_O}{dr}\right) = 0 \qquad (1-50)$$

边界条件为

$$r = r_s \ \text{时}, \ Y_F = Y_{FS} \ ; \ r \to \infty \text{时}, \ Y_O = Y_{O\infty}$$

$$r = r_f \ \text{时}, \ \left(\rho \Gamma \frac{dY_F}{dT}\right)_f = -\beta\left(\rho \Gamma \frac{dY_O}{dr}\right), \ Y_F = Y_O = 0$$

对于内区,积分式(1-49)得

$$r^2 \rho v Y_F - r^2 \rho \Gamma \frac{dY_F}{dr} = r_s^2 \rho_s v_s Y_{FS} - r_s^2 \rho_s \Gamma_s \left(\frac{dY_F}{dr}\right)_s \qquad (1-51)$$

将式(1-18)代入上式,得到: $\dot{m} Y_F - 4\pi \rho \Gamma r^2 \frac{dY_F}{dr} = \dot{m} \qquad (1-52)$

其中 $\dot{m} = 4\pi \rho_s v_s r_s^2 = -\frac{d}{dt}\left(\frac{\pi}{6} d_s^3 \rho_1\right) = \text{Const}$,设

$\rho \Gamma = \text{Const}$,以式(1-42)为边界条件,对上式积分可得:

$$\text{当} \ r_s < r < r_f \ \text{时}, \ -\frac{1}{r} = \frac{4\pi \rho \Gamma}{\dot{m}} \ln(1 - Y_{FS}) - \frac{1}{r_f} \qquad (1-53)$$

$$\text{当} \ r = r_s \ \text{时}, \ -\frac{1}{r_s} = \frac{4\pi \rho \Gamma}{\dot{m}} \ln(1 - Y_{FS}) - \frac{1}{r_f} \qquad (1-54)$$

同样,外区有

$$\dot{m} Y_O - 4\pi \rho r^2 \frac{dY_O}{dr} = -\frac{\dot{m}}{\beta} \qquad (1-55)$$

$$\text{当} \ r_f \leqslant r < \infty \text{时}, \ \frac{1}{r} = \frac{4\pi \rho \Gamma}{\dot{m}} \ln \frac{1 + \beta Y_{O\infty}}{1 + \beta Y_O} \qquad (1-56)$$

当 $r = r_f$ 时,

$$\frac{1}{r_f} = \frac{4\pi \rho \Gamma}{\dot{m}} \ln(1 + \beta Y_{O\infty}) \qquad (1-57)$$

由式(1-57)和式(1-54)可得

$$\bar{\dot{m}} = \frac{\dot{m}}{4\pi \rho \Gamma r_s} = \ln(1 + B) \qquad (1-58)$$

22

式中 B —— Spalding 常数,计算方法为式(1-44)。

由式(1-57)和式(1-58)两式得

$$\bar{r}_f = \frac{r_f}{r_s} = \frac{\dot{\bar{m}}}{\ln(1 + \beta Y_{0\infty})} \qquad (1-59)$$

内外区的能量方程为

$$r^2 \rho v c_p \frac{dT}{dr} - \frac{d}{dr}\left(r^2 \lambda \frac{dT}{dr}\right) = 0 \qquad (1-60)$$

边界条件为:$r = \infty$ 时,$T = T_\infty$(环境温度);$r = r_s$ 时,$T = T_s$;$r = r_f$ 时,

$$\left(\lambda \frac{dT}{dr}\right)_{f,\text{I}} - \left(\lambda \frac{dT}{dr}\right)_{f,\text{II}} = - Q_F\left(\rho \Gamma \frac{dY_F}{dr}\right)_f \qquad (1-61)$$

对于内区,设 $Pr = 1$,积分式(1-60)得

$$\dot{m} c_p(T - T_s) - 4\pi \rho \Gamma r^2 \frac{dT}{dr} = - \dot{m} L_v \qquad (1-62)$$

$$- \frac{1}{r} = \frac{4\pi \rho \Gamma}{\dot{m}}\ln \frac{T - T_s + \dfrac{L_v}{c_p}}{\dfrac{L_v}{c_p}} - \frac{1}{r_s} \qquad (1-63)$$

当 $r = r_f$ 时,$- \dfrac{1}{r_f} = \dfrac{4\pi \rho \Gamma}{\dot{m}}\ln \dfrac{T_f - T_s + \dfrac{L_v}{c_p}}{\dfrac{L_v}{c_p}} - \dfrac{1}{r_s} \qquad (1-64)$

由式(1-64)和式(1-57)可得

$$\bar{\dot{m}} = \ln\left(1 + \frac{c_p(T_f - T_0)(1 + \beta Y_{0\infty}) + L_v \beta Y_{0\infty}}{L_v}\right) \qquad (1-65)$$

$$\bar{r}_f = 1 + \frac{\ln(1 + c_p(T_f - T_s)/L_v)}{\ln(1 + \beta Y_{0\infty})} \qquad (1-66)$$

比较式(1-58)和式(1-65)得

$$c_p(T_f - T_s) = \frac{c_p(T_p - T_s) + \beta Y_{0\infty}(Q_F - L_v)}{1 + \beta Y_{0\infty}} \qquad (1-67)$$

或

$$\frac{c_p(T_f - T_\infty)}{\beta Y_{0\infty}} + L_v + c_p(T_f - T_s) = Q_F \qquad (1-68)$$

式(1-68)说明反应释放的热一部分使气体温度从 T_∞ 升到 T_f，一部分使液滴蒸发，还有一部分使汽化燃料温度从 T_s 升到 T_f。与 Q_F 相比，如果忽略 $L_v + c_p(T_f - T_s)$ 项，则

$$T_f = T_\infty + \beta Y_{0\infty} Q_F / c_p \qquad (1-69)$$

液滴燃烧时，

$$q = -\lambda \left(\frac{\partial T}{\partial r}\right)_s = -\frac{dr_s}{dt}\overline{\rho_1}L_v = \frac{\rho_s \Gamma_s}{r_s}\ln(1+B)L_v = h(T_f - T_s)$$

$$(1-70)$$

传热的 Nu 数计算式为

$$Nu = 2\frac{\ln(1+B)}{B}$$

同样，外区有

当 $r_f \leqslant r < \infty$ 时，

$$\dot{m}c_p(T - T_s) - 4\pi\rho\Gamma r^2 \frac{dT}{dr} = -\dot{m}(L_v - Q_F)$$

$$-\frac{1}{r} = \frac{4\pi\rho\Gamma}{\dot{m}}\ln\frac{T - T_s + \dfrac{L_v - Q_F}{c_p}}{T_\infty - T_B - + \dfrac{L_v - Q_F}{c_p}}$$

依据以上分析，可求得液滴燃烧时气相流场的参数分布。

1.4 古典燃烧模型的修正

1.4.1 瞬态过程

实际燃烧过程，液滴初始温度相对于沸点是比较低的，高温气体的能量部分用于提高液滴温度，部分用于液滴蒸发。蒸发速率随液滴温度的升高而升高。汽化燃料点火初期，由于燃料浓度较低，故火焰离液

24

滴较近,随后不断扩张,致使燃料蒸气因不能完全燃烧而积聚,这是一个非定常过程。

1. 液滴加热

受热液滴的能量守恒方程为

$$\frac{\partial T_1}{\partial t} = \frac{a_1}{r^2} \cdot \frac{\partial}{\partial r}\left(r^2 \frac{\partial T_1}{\partial r}\right) \tag{1-71}$$

初始条件和边界条件为

$$t = 0 \text{ 时}, \quad T_1(r) = T_{10}(r) \tag{1-72}$$

$$r = 0 \text{ 时}, \quad \frac{\partial T_1}{\partial r} = 0 \tag{1-73}$$

$$r = r_s(t) \text{ 时}, \quad 4\pi\lambda_1 r^2 \frac{\mathrm{d}T_1}{\mathrm{d}r} = \dot{m}(H - L_v) \tag{1-74}$$

式中 H ——气体传递给液滴的能量,称为有效汽化潜热。它使液体汽化和液滴升温。

假设气相仍为定常,采用瞬时反应模型时,组元守恒方程形式不变,但能量方程可写成如下形式。

内区:

$$\dot{m}c_p(T - T_s) - 4\pi\rho\Gamma r^2 \frac{\mathrm{d}T}{\mathrm{d}r} = -\dot{m}H \tag{1-75}$$

外区:

$$\dot{m}c_p(T - T_s) - 4\pi\rho\Gamma r^2 \frac{\mathrm{d}T}{\mathrm{d}r} = -\dot{m}(H - Q_F) \tag{1-76}$$

$$\bar{r}_f = 1 + \frac{\ln(1 + c_p(T_f - T_s)/H)}{\ln(1 + \beta Y_{0\infty})} \tag{1-77}$$

$$c_p(T_f - T_s) = \frac{c_p(T_\infty - T_s) + \beta Y_{0\infty}(Q_F - H)}{1 + \beta Y_{0\infty}} \tag{1-78}$$

$$H = \frac{(1 - Y_{FS})(c_p(T_\infty - T_s) + \beta Y_{0\infty}Q_F)}{Y_{FS} + \beta Y_{0\infty} - Y_{F\infty}(1 + \beta Y_{0\infty})} \tag{1-79}$$

$$B_M = \frac{c_p(T_\infty - T_s) + Y_{0\infty}\beta Q_F}{H} \tag{1-80}$$

如果液滴温度均匀,方程(1-71)可简化为

$$mc_p \frac{\mathrm{d}T_s}{\mathrm{d}t} = \dot{m}(H - L_v)$$

$$\frac{\mathrm{d}T_s}{\mathrm{d}t} = \frac{\dot{m}L_v}{mc_p}\left(\frac{B_T}{B_M} - 1\right)$$

式中

$$B_T = \frac{c_p(T_\infty - T_s) + \beta Y_{0\infty}Q_F}{L_v}$$

随着液滴温度的升高,瞬时加热效应逐渐减弱,即 $H - L_v \to 0$,对应得液滴温度趋于湿球温度。

2. 燃料积聚

点火燃烧初期,火焰峰面的扩张导致部分汽化燃料未反应而残留在火焰与液滴之间,此时的质量守恒方程为

$$\dot{m} = \dot{m}_c + \frac{\mathrm{d}}{\mathrm{d}t}\int_{r_s}^{r_f} 4\pi r^2 \rho Y_F \mathrm{d}r$$

式中　$\dot{m}$ ——燃料蒸发量;

$\dot{m}_c$ ——蒸发燃料的燃烧量;

$\dfrac{\mathrm{d}}{\mathrm{d}t}\displaystyle\int_{r_s}^{r_f} 4\pi r^2 \rho Y_F \mathrm{d}r$ ——蒸发燃料在内区的积聚量。

设液滴温度不变,$Pr = 1$,组元方程和能量方程为

内区($r_s \leqslant r \leqslant r_f$):

$$\dot{m}Y_F - 4\pi\rho\Gamma r^2 \frac{\mathrm{d}Y_F}{\mathrm{d}r} = \dot{m}$$

$$\dot{m}c_p(T - T_s) - 4\pi\rho\Gamma r^2 \frac{\mathrm{d}T}{\mathrm{d}r} = -\dot{m}H$$

外区($r_f \leqslant r < \infty$):

$$\dot{m}_c Y_0 - 4\pi\rho\Gamma r^2 \frac{\mathrm{d}Y_0}{\mathrm{d}r} = -\frac{\dot{m}_c}{\beta}$$

$$\dot{m}_c c_p(T - T_s) - 4\pi\rho\Gamma r^2 \frac{\mathrm{d}T}{\mathrm{d}r} = -\dot{m}H + \dot{m}_c Q_F$$

其边界条件为

26

$$r = r_s \text{ 时}, \ Y_F = Y_{FS} \ , \ T = T_s$$
$$r = r_f \text{ 时}, \ Y_F = Y_O = 0 \ , \ T = T_f$$
$$r \to r_s \text{ 时}, \ Y_O = Y_{O\infty} \ , \ T = T_F$$

方程组的解为

$$\overline{\dot{m}} = \ln\left\{\left[1 + \frac{c_p(T_\infty - T_s) + \beta Y_{O\infty}\left(Q_F - \dfrac{H}{\varepsilon_e}\right)}{L_v(1 + \beta Y_{O\infty})}\right](1 + \beta Y_{O\infty})^{\frac{1}{\varepsilon_e}}\right\}$$

$$(1-81)$$

$$\overline{r_f} = \frac{\varepsilon_e \overline{\dot{m}}}{\ln(1 + \beta Y_{O\infty})} \tag{1-82}$$

$$c_p(T_f - T_s) = \frac{c_p(T_\infty - T_s) + \beta Y_{O\infty}\left(Q_F - \dfrac{H}{\varepsilon_e}\right)}{1 + \beta Y_O} \tag{1-83}$$

$$H = \frac{(1 - Y_{FS})(c_p(T_\infty - T_s) + \beta Y_{O\infty}Q_F)}{Y_{FS} + \beta Y_{O\infty}((1 - Y_{FS})/\varepsilon_e + Y_{FS})} \tag{1-84}$$

式中 $\varepsilon_e = \dfrac{m_e}{m}$。内区的组元与温度分布为

$$Y_F = 1 - e^{\overline{m}\left(\frac{1}{r_f} - \frac{1}{r}\right)} \tag{1-85}$$

$$c_p(T - T_s) = -L_v + (c_p(T_f - T_s) + L_v) e^{\overline{m}\left(\frac{1}{r_f} - \frac{1}{r}\right)} \tag{1-86}$$

计算结果中,贫氧环境火焰半径不断增大,始终不能稳定;只有富氧时,火焰才可能趋于稳定,因为富氧时火焰半径较小,燃料的集聚量很少。

1.4.2 多组元液滴

在液体火箭发动机燃烧室内,多组元推进剂的燃烧过程极其复杂,对燃烧过程的物理、化学影响因素的试验研究具有很大的难度,几乎都是在排除一系列影响因素的假设条件下进行的。其中,对各种推进剂的燃烧速度采用挂滴研究方法,是以单个液滴及液滴群为对象进行的,虽然这种研究方法具有明显的局限性,但液雾(液滴群)蒸发、燃烧时

发生的物理过程,基本上反映了燃烧过程的本质。

在多组元的液滴燃烧计算中,燃料的组分通常是比较复杂的,沸点的变化范围也较大,蒸发过程中液滴的挥发性呈非线性变化,这不仅影响液滴的蒸发,而且影响与反应有关的其他过程,如点火、粹熄、惰性气体的生成等。

多组元液滴燃烧的数学处理与单组元液滴完全类似,采用瞬时燃烧模型时,气相守恒方程为:

内区($r_s \leqslant r \leqslant r_f$),

$$\dot{m} Y_i - 4\pi\rho\Gamma r^2 \frac{\mathrm{d}Y_i}{\mathrm{d}r} = \dot{m}_i \tag{1-87}$$

$$\dot{m} c_p (T - T_s) - 4\pi\lambda r^2 \frac{\mathrm{d}T}{\mathrm{d}r} = - \Big(\sum (\dot{m}_i L_{vi}) + \dot{m} H_i \Big) \tag{1-88}$$

式中　i——液滴中 i 组分;

　　$\dot{m} = \sum \dot{m}_i$;

　　H_i——加热液滴所需能量。

外区($r_f \leqslant r < \infty$),

$$\dot{m} Y_0 - 4\pi\rho\Gamma r^2 \frac{\mathrm{d}Y_0}{\mathrm{d}r} = \sum \frac{\dot{m}_i}{\beta} \tag{1-89}$$

$$\dot{m} c_p (T - T_s) - 4\pi\lambda r^2 \frac{\mathrm{d}T}{\mathrm{d}r} = - \Big(\sum (\dot{m}_i L_{vi} - Q_{Fi}) + \dot{m} H_i \Big) \tag{1-90}$$

上述方程组的解为

$$\overline{\dot{m}} = \ln \Big(1 + \frac{c_p (T_f - T_s)(1 + \beta Y_{0\infty}) + L_v \beta Y_{0\infty}}{L_v} \Big) \tag{1-91}$$

$$\overline{r_f} = 1 + \frac{\ln(1 + c_p (T_f - T_s)/L_v)}{\ln(1 + \beta Y_{0\infty})} \tag{1-92}$$

$$c_p (T_f - T_s) = \frac{c_p (T_p - T_s) + \beta Y_{0\infty} (Q_F - L_v)}{1 + \beta Y_{0\infty}} \tag{1-93}$$

或　　$$\frac{c_p (T_f - T_\infty)}{\beta Y_{0\infty}} + L_v + c_p (T_f - T_s) = Q_F$$

28

在上述式(1-91)~式(1-93)中,

$$L_v = \sum \varepsilon_i L_{vi}, \quad Q_F = \sum \varepsilon_i Q_{F_i}, \quad \beta = \sum \varepsilon_i \beta_i, \quad H = \sum \varepsilon_i L_{vi} + H_1,$$

$$\varepsilon_i = \frac{m_i}{m} = Y_{is} + (1 - Y_{FS}) \frac{Y_{is} - Y_{if}}{Y_{FS} - Y_{Ff}}, \quad Y_F = \sum Y_i$$

式中, T_s、Y_{is} 和 ε_i 应与液相方程中相应的量耦合。

假设液滴表面两相平衡,根据 Raoult 定律, $p_{is} = X_{is} p_{is}^0$,其中 p_{is} 为蒸气中组分 i 的分压, p_{is}^0 为纯组分 i 的饱和蒸气压, X_{1is} 为液滴表面处组分 i 的摩尔分数。

$$X_{is} = X_{1is} X_{is}^0$$

式中　X_{is} ——蒸气中组分 i 的摩尔分数;

X_{is}^0 ——纯 i 组分的液滴蒸发时,蒸汽中 i 组分的摩尔分数,其计算式为

$$X_{is}^0 = \frac{p_0}{p} e^{\frac{L_{vi} W_i}{R}\left(\frac{1}{T_0} - \frac{1}{T_s}\right)}$$

仅当液滴单元暴露于液体表面时才可能挥发。液滴收缩、内部环流或扩散是液滴单元暴露于表面的主要原因。如果仅考虑内部扩散,液滴单元的守恒方程为

$$\frac{\partial Y_{1i}}{\partial t} = \frac{\Gamma_1}{r^2} \cdot \frac{\partial}{\partial r}\left(r^2 \frac{\partial Y_{1i}}{\partial r}\right) \tag{1-94}$$

边界条件为

$$Y_{1i}(r, t = 0) = Y_{tis}(r), \quad \left(\frac{\partial Y_{1i}}{\partial r}\right)_{r=0} = 0,$$

$$\dot{m} Y_{tis} - \left(4\pi r^2 \rho_1 \Gamma_1 \frac{\partial Y_{1i}}{\partial r}\right)_{r=r_s} = \dot{m}_i$$

能量守恒方程:

$$\frac{\partial T_1}{\partial t} = \frac{a_1}{r^2} \frac{\partial}{\partial r}\left(r^2 \frac{\partial T_1}{\partial r}\right) \tag{1-95}$$

边界条件为

$$T_1(r, t = 0) = T_{ts}(r), \quad \left(\frac{\partial T_1}{\partial r}\right)_{r=0} = 0,$$

$$\left(4\pi\lambda_1 r^2 \frac{dT_1}{dr}\right)_{r=r_s} = \dot{m}(H - L_v)$$

上述方程可用数值方法求解。扩散控制阶段,流场定常,为保证质量守恒,有 $\varepsilon_i = Y_{liO}$。即汽化质量分数等于液滴的初始质量分数,液滴直径变化率满足 d^2 定律,其中:

$$B = \left\{ c_p(T_\infty - T_s) + \frac{\sum Y_{liO}Q_{Fi}}{\sum Y_{liO}/\beta_i} \right\} \Big/ \left(\sum Y_{liO}L_{vi} \right)$$

1.4.3　对流效应

1. 自然对流

气体浮力是流场中形成自然对流的充分条件,它使得液滴迎风表面形成黏性边界层,火焰峰面位于边界层内,如图 1-2 所示,黏性边界层区域和无黏性外部区域分别记作(Ⅰ)和(Ⅱ)。

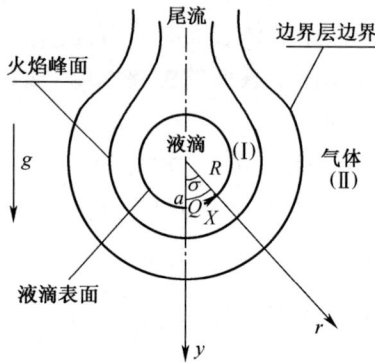

图 1-2　自然对流时液滴燃烧

(Ⅰ)区采用自然坐标,原点位于滞止点 S,y 轴为过 S 点的法线,x 轴为液滴表面。S 点随液滴表面运动。设气相流场定常且关于 y 轴对称,有守恒方程:

$$\frac{\partial(a\rho u)}{\partial x} + \frac{\partial(a\rho v)}{\partial y} = 0 \qquad (1-96)$$

30

$$\rho u \frac{\partial u}{\partial x} + \rho v \frac{\partial u}{\partial y} = - \frac{\partial p}{\partial x} + g(\rho_\infty - \rho)\sin\sigma + \frac{\partial}{\partial y}\left(\mu \frac{\partial u}{\partial y}\right) \quad (1-97)$$

$$\frac{\partial p}{\partial y} = g(\rho_1 - \rho)\cos\sigma \quad (1-98)$$

$$\rho u c_p \frac{\partial T}{\partial x} + \rho v c_p \frac{\partial T}{\partial y} = \frac{\partial}{\partial y}\left(\lambda \frac{\partial T}{\partial y}\right) = Q_F w_F \quad (1-99)$$

$$\rho u \frac{\partial Y_i}{\partial x} + \rho v \frac{\partial Y_i}{\partial y} = \frac{\partial}{\partial y}\left(\rho \Gamma \frac{\partial Y_i}{\partial y}\right) - \dot{w}_i \quad (1-100)$$

式中 g——重力加速度;a 和 σ 的含义见图 $1-2$。

方程的边界条件为

$$y \to \infty \text{时}, T = T_\infty, p = p_\infty, Y_i = Y_{i\infty}, u = v = 0$$

$$y = 0 \text{ 时}, \left(\lambda \frac{\mathrm{d}T}{\mathrm{d}y}\right)_s = (\rho v)_s L_v$$

$$(\rho v)_s = (\rho v)_s Y_{Fs} - \left(\rho \Gamma \frac{\partial Y_F}{\partial y}\right)_s$$

$$(\rho v)_s Y_{ik} = \rho \Gamma \left(\frac{\partial Y_i}{\partial y}\right)_s, i \neq F$$

$$T_s = T_l = \text{Const}, u_s = 0$$

$$x = 0 \text{ 时}, u = 0, \frac{\mathrm{d}u}{\mathrm{d}x} = \frac{\mathrm{d}T}{\mathrm{d}x} = \frac{\mathrm{d}p}{\mathrm{d}x} = 0$$

引入 Shvab-Zeldovich 变量 b,有

$$\rho u \frac{\partial b}{\partial x} + \rho v \frac{\partial b}{\partial y} = \frac{\partial}{\partial y}\left(\rho \Gamma \frac{\partial b}{\partial y}\right)$$

进行无量纲变换,无量纲变量为

$$\sigma = \frac{x}{d}, z = \frac{1}{d}\int_0^y \frac{\rho}{\rho_\infty}\mathrm{d}y$$

无量纲流函数 φ 满足 $a\rho u = \mu_\infty \frac{\partial \varphi_a}{\partial y}$,$a\rho v = \mu_\infty \frac{\partial \varphi_a}{\partial x}$,其他无量纲函数为

$$\theta = \frac{T - T_\infty}{T_s - T_\infty}, P = \frac{(p - p_\infty)T_\infty}{\rho_\infty R(T_s - T_\infty)}$$

变换后有

$$\frac{\partial \varphi}{\partial z} \frac{\partial^2 \varphi}{\partial \sigma \partial z} - \left(\frac{\partial \varphi}{\partial \sigma} + \varphi \cos\sigma \right) \frac{\partial^2 \varphi}{\partial z^2} = -\frac{\rho_l}{\rho} G_r \frac{\partial P}{\partial \sigma} + G_r \sin\sigma\theta + \frac{\partial^2 \varphi}{\partial z^2}$$

$$(1-101)$$

$$\frac{\partial p}{\partial z} = \cos\sigma\theta \qquad (1-102)$$

$$\frac{\partial \varphi}{\partial z} \frac{\partial b}{\partial \sigma} - \left(\frac{\partial \varphi}{\partial \sigma} + \varphi \cos\sigma \right) \frac{\partial b}{\partial z} = Pr^{-1} \frac{\partial^2 b}{\partial z^2} \qquad (1-103)$$

式中　　$G_r = d^3 g (T_s - T_\infty) / v_\infty^2 T_\infty$，称为 Grashof(格拉晓夫)数。

（Ⅱ）区采用极坐标,原点位于液滴中心,过滞止点法线极角为零,有

$$\nabla^2 \varphi_{\mathrm{II}}(r,\sigma) = 0$$

其边界条件为　　$\varphi_{\mathrm{II}}(d,\sigma) = \varphi_{\mathrm{I}}(\infty,\sigma), \varphi_{\mathrm{II}}(r,0) = 0$

2. 强迫对流

工质在外部驱动力的作用下所产生的流动称为强迫对流。对流条件下,液滴迎风面形成黏性边界层,背面形成尾流。如果气流 Re 数较大,液滴内部还形成涡流,表面附近形成液体边界层和尾流,该问题只有数值解。对于实际问题,流场细节很难获得,通常只能得到一种变化趋势。因此,液滴表面参数通常用平均值代替。最简单的薄膜理论假设液滴被气体薄膜所包围,无论外部气体状态如何,薄膜内的气体始终静止,如图 1-3 所示。

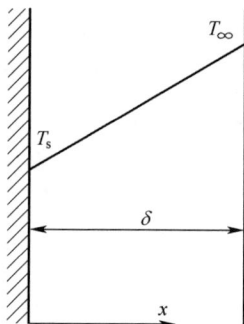

图 1-3　薄膜模型

以热传导为例,薄膜内的能量方程为

$$\lambda \frac{\mathrm{d}^2 T}{\mathrm{d}x^2} = 0 \qquad (1-104)$$

边界条件为: $x = 0, T = T_s$

$\qquad\qquad x = \delta, T = T_\infty$

式中　δ ——薄膜厚度。

有解为

$$T = T_s + (T_\infty - T_s)\frac{x}{\delta} \qquad (1-105)$$

进而有

$$-\lambda \frac{\mathrm{d}T}{\mathrm{d}x} = \frac{\lambda}{\delta}(T_s - T_\infty) = h(T_s - T_\infty)$$

$$h = \frac{\lambda}{\delta} \qquad 或 \qquad N_s = \frac{d}{\delta}$$

薄膜厚度与外部流场的运动状态有关,初始静止的流场,薄膜厚度与液滴半径同一量级。对流情况下,薄膜厚度小于液滴半径。

$$\frac{Nu}{Nu_{Re=0}}\left(或 \frac{Sh}{Sh_{Re=0}}\right) = 1 + f(Re_p, Pr(或 Sc))$$

式中　Sh ——Sherwood(薛伍德)数 $Sh = \frac{\lambda_1 d}{D}$;

$\qquad k_1$ ——质量传递系数;

$\qquad Sc$ ——Schmidt(施密特)数, $Sc = \frac{v}{\Gamma}$。例如 Ranz - Mashall 公式为

$$\frac{Nu}{Nu_{Re=0}} = 1 + 0.3 Re_p^{\frac{1}{3}} Pr_p^{\frac{1}{3}} \qquad (1-106)$$

$$\frac{Sh}{Sh_{Re=0}} = 1 + 0.3 Re_p^{\frac{1}{3}} Sc^{\frac{1}{3}} \qquad (1-107)$$

当 $Lc = 1$ 时, $Nu = \frac{2\ln(1+B)}{B}\left(1 + 0.39 Re_p^{\frac{1}{3}} Pr_p^{\frac{1}{3}}\right)$

当 $Pr = 1$, $Re_p \gg 1$ 时, $\frac{Nu}{2} = 0.39 \frac{\ln(1+B)}{B} Re_p^{\frac{1}{2}} \qquad (1-108)$

进一步化简得

$$\frac{Nu}{2} = \frac{\rho_s v_s r_s}{\mu} \cdot \frac{L_v}{c_p(T_\infty - T_s) + \beta Y_{0\infty} Q_F}$$

$$\frac{Nu}{2} = \frac{(\rho v r)_s}{\mu B}$$

将以上条件代入式(1-107)得

$$\frac{(\rho v r)_s}{\mu} = 0.39\ln(1 + B) Re_p^{\frac{1}{2}} \propto r_s^{\frac{1}{2}}$$

因此液滴的消耗率为

$$\dot{m} = 4\pi (\rho r)_s r_s^2 \propto r_s^{\frac{3}{2}}$$

即对流条件下,液滴燃烧速率满足 $d^{\frac{3}{2}}$ 定律。

气流作用下,液滴还会变形、剥离甚至破碎,这与流场的 Weber 数有关。

1.4.4 超临界燃烧

环境压力增大时,定常蒸发所对应的湿球温度随之增大。当压力接近或超过临界压力时,气液两相的差异消失,即两相互溶且具有相同的温度、比焓和密度等。此时液滴收缩率与流场速度处于同一量级,外部将不定常。Spalding 等人用一团蒸气代替液滴,研究其变化过程,若蒸气被火焰包围,燃料和氧化剂分别从内外两侧向火焰峰面扩散,反应方程为

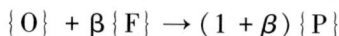

$$\{O\} + \beta\{F\} \rightarrow (1 + \beta)\{P\}$$

忽略法向速度,有组元的守恒方程为

$$\rho \frac{\partial Y_F}{\partial t} - \frac{\rho \Gamma}{r^2} \cdot \frac{\partial}{\partial r}\left(r^2 \frac{\partial Y_F}{\partial r}\right) = -r^2 \dot{\omega}_F \qquad (1-109)$$

$$\rho \frac{\partial Y_p}{\partial t} - \frac{\rho \Gamma}{r^2} \cdot \frac{\partial}{\partial r}\left(r^2 \frac{\partial Y_p}{\partial r}\right) = r^2 \frac{\dot{\omega}_F(1 + \beta)}{\beta} \qquad (1-110)$$

引进变量 $Z = (1 + \beta) Y_F + \beta Y_p$,式(1-109)和式(1-110)可化简为

$$\rho \frac{\partial Z}{\partial t} - \frac{\rho \Gamma}{r^2} \cdot \frac{\partial}{\partial r}\left(r^2 \frac{\partial Z}{\partial r}\right) = 0 \qquad (1-111)$$

当 $t = 0, r \leq r_f$ 时, $Z_0 = 1 + \beta$。

当 $r \to \infty$ 时，$Z_\infty = \beta Y_{p\infty}$。

令 $b = \dfrac{Z - Z_\infty}{Z_0 - Z_p}$，那么式（1-111）变为

$$\rho \frac{\partial b}{\partial t} - \frac{\rho \Gamma}{r^2} \cdot \frac{\partial}{\partial r}\left(r^2 \frac{\partial b}{\partial r}\right) = 0 \tag{1-112}$$

其边界条件为

$r \to \infty$ 时，$b = 0$；$t = 0$，$r \leqslant r_f$ 时，$b = 1$；$r > r_f$ 时，$b = 0$。

设初始时刻，流场中燃料的质量为 M_f，根据质量守恒定律：

$$M_f = \int_0^\infty 4\pi r^2 \rho \left(Y_F + \frac{\beta}{1+\beta}Y_p\right) dr \tag{1-113}$$

方程（1-112）的解为

$$b = \frac{M_f}{(4\pi \Gamma t)^{\frac{3}{2}}} e^{-\frac{r^2}{4\Gamma t}} \tag{1-114}$$

令火焰峰面上的 $Y_F = 0$、$Y_O = 0$ 和 $Y_p = 1$，无穷远处 $Y_{p\infty} + Y_{O\infty} = 1$，那么将 $b_f = \dfrac{Y_{O\infty}}{\dfrac{1}{\beta} + Y_{O\infty}}$ 代入式（1-114）得

$$\frac{r_f^2}{4\Gamma t} = \ln \frac{M_f}{\rho b_f (4\pi \Gamma t)^{\frac{3}{2}}} \tag{1-115}$$

定义无量纲参数：$\varphi = \dfrac{r_f}{(M_f/\rho b_f)^{\frac{1}{3}}}$ 和 $\theta = \dfrac{4\pi \Gamma t}{(M_f/\rho b_f)^{\frac{2}{3}}}$

那么式（1-115）可变为

$$\varphi = \left(-\left(\frac{3}{2\pi}\right)\theta \ln\theta\right)^{\frac{1}{2}} \tag{1-116}$$

当 $\theta = 0.368$ 时，$\varphi_{max} = 0.419$ 为最大值，对应于最大火焰半径：

$$(r_f)_{max} = 0.419 \left(\frac{M_f}{\rho b_f}\right)^{\frac{1}{3}} \tag{1-117}$$

$\varphi = 0$ 时，$\theta = 1$，对应于液滴完全燃烧，故

$$t_b = \frac{(M_f/\rho b_f)^{\frac{2}{3}}}{4\pi \Gamma} \text{ 或 } t_b = \frac{\rho^{\frac{1}{3}}(M_f/\rho b_f)^{\frac{2}{3}}}{4\pi \rho \Gamma} \propto p^{\frac{1}{3}} \tag{1-118}$$

上式说明液滴完全燃烧时间与压力的 1/3 次方成比例,其结果已得到试验证实。

1.5 极 限 情 况

对于液体火箭发动机来说,液滴燃烧的极限情况是单组元或双组元燃烧,其燃烧模型均可应用混合燃烧模型来求解燃烧过程,图 1-4 是混合燃烧模型。

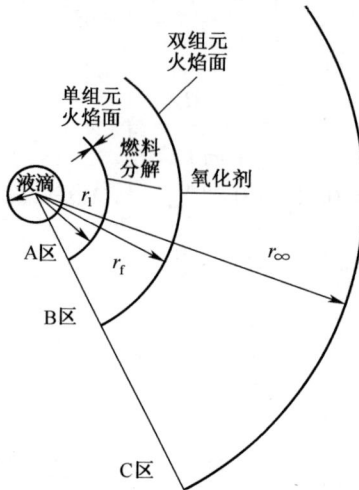

图 1-4 混合燃烧模型

在应用混合模型时通常做如下假定:

(1) 假定液滴、燃气表面均球对称;

(2) 假定液滴内为单一的化学组分;

(3) 假定 A、B、C 区的气流总压恒定;

(4) 所有组分的气体被认为是理想气体,由于高温带来的气体压缩性可以被忽略;

(5) 因为热扩散较小并且处理过程复杂,因此热扩散可以忽略;

(6) 因为热辐射对液滴的贡献很小,所以辐射影响可忽略;

(7) 在稳态条件下,假定液滴表面的温度等于液体的沸点,即液滴表面的衰退率可忽略；

（8）假定单组元火焰在径向位置，该位置未反应的气体以层流速度与中心区混合；

（9）双组元反应被限制在无限薄的表面内，此处的燃料分解物与氧化剂以化学当量比混合，Brzustowski 已经验证在给定压力下液滴直径不超过一定限度是合理的；

（10）假定所有的比热容均为常数；

（11）假定 A、B、C 区的热导率线性变化；

（12）所有的气体组分不能溶于液相。

1. 单组元燃烧

单组元推进剂的燃烧控制方程为

$$\frac{\dot{m} c_F}{\lambda_{AI} r_1}\left(1 - \frac{1}{\beta_I}\right) = \frac{1}{\theta_1}\left[\theta_1 - \theta_1 - (L^* - \theta_1) \ln \frac{\theta_I - \theta_1 + L^*}{L^*}\right]$$

$$(1-119)$$

$$\frac{\dot{m} c_{FP}}{\lambda_{BI} r_1}\left(\frac{1}{\beta_I} - \frac{1}{\beta_\infty}\right) = \frac{1}{\theta_1}\left[1 - \theta_I - (Q_1 - \theta^0) \ln \frac{\theta_f - \theta^0 + Q_1}{\theta_I - \theta_0 + Q_1}\right]$$

$$(1-120)$$

$$\dot{m} = \beta_I^2 r_1^2 A e^{-\frac{E}{2R\theta_1 T_\infty}} \qquad (1-121)$$

2. 双组元燃烧

双组元推进剂燃烧控制方程为

$$\frac{\dot{m} c_F}{\lambda_{AI} r_1}\left(1 - \frac{1}{\beta_f}\right) = \frac{1}{\theta_1}\left[\theta_f - \theta_1 - (L^* - \theta_1) \ln \frac{\theta_f - \theta_1 + L^*}{L^*}\right]$$

$$(1-122)$$

$$\frac{\dot{m} \sigma}{\lambda_{CI} r_1}\left(\frac{1}{\beta_f} - \frac{1}{\beta_\infty}\right) = \frac{1}{\theta_1}\left[1 - \theta_f - (Q_2 - \theta^0) \ln \frac{1 - \theta^0 + Q_2}{\theta_f - \theta_0 + Q_2}\right]$$

$$(1-123)$$

$$\theta_f = (1 - \theta^0 + Q_2) \Big/ \left(\frac{\gamma + Y_{O\infty}}{\gamma}\right)^{\frac{\sigma}{c_O}} + \theta^0 - Q_2 \qquad (1-124)$$

因此由式(1-122)~式(1-124)可解得 β_f，θ_f 和 $\dot{m}$。对于没有

燃烧的蒸发,外界氧浓度为 0,即式(1-124)中的 $\theta_f = 0$,因此式(1-122)将变成:

$$\frac{\dot{m}c_F}{\lambda_{Al}r_1}\left(1 - \frac{1}{\beta_\infty}\right) = \frac{1}{\theta_1}\left[1 - \theta_1 - (L^* - \theta_1)\ln\frac{1 - \theta_l + L^*}{L^*}\right]$$

$$(1-125)$$

以上公式中的参数 A 和 E 通过试验得到,如果引进膜理论和强迫对流理论,β_∞ 由下式确定:

$$\beta_\infty = \frac{Nu}{Nu - 2} \qquad (1-126)$$

$$Nu = 2 + 0.6Gr^{\frac{1}{4}}Pr^{\frac{1}{3}} \qquad (1-127)$$

$$Gr = \frac{\rho^2 g d_1^3}{\mu^2} \qquad (1-128)$$

1.6　自燃推进剂燃料物性

对于无水肼(N_2H_4)、一甲基肼($N_2H_3CH_3$)、偏二甲肼($N_2H_2(CH_3)_2$),理论计算时所需参数见表 1-1~表 1-3。

表 1-1　理论模型的燃料属性系数

特性系数	N_2H_4	$N_2H_3CH_3$	$N_2H_2(CH_3)_2$
T_1/K	387.0	361.0	336.0
γ	1.00	1.74	2.13
$L/(kJ/kg)$	1398.39	875.04	581.97
$q_1/(kJ/kg)$	-3131.73	-2964.25	-1398.39
$q_2/(kJ/kg)$	-19390.44	-25874.42	-30228.70
$c_F/(J/(kg \cdot K))$	2914.01	3144.29	3378.75
$c_{FP}/(J/(kg \cdot K))$	3349.44	3575.53	3646.70
$c_P/(J/(kg \cdot K))$	2260.87	2093.40	2013.86
$c_O/(J/(kg \cdot K))$	1214.17	1214.17	1214.17
$\lambda_{Al}/(\times 10^4 W/(m \cdot K))$	418.68	460.55	322.38
$\lambda_{Bl}/(\times 10^4 W/(m \cdot K))$	502.42	502.42	376.81
$\lambda_{Cl}/(\times 10^4 W/(m \cdot K))$	347.50	305.64	272.14

表 1－2 预混模型的相关参数

特性系数	N_2H_4（肼）	$N_2H_3CH_3$（MMH）	$N_2H_2(CH_3)_2$（UDMH）
$T_{0\infty}/K$	2470.0	2470.0	2470.0
d_1/m	0.0095	0.0127	0.0127
$\dot{M}/(\times 10^5 kg/s)$	4.20	2.05	2.18
$A/(kg/(m^2 \cdot s))$	0.136	0.025	0.038
	1.040	0.116	1.033
	61.06	2.486	778.8
$E/(kJ/mol)$	0	0	0
	41.868	41.868	41.868
	125.604	125.604	125.604

表 1－3 外界气体物性方程的系数

组分	B_1	$B_2/(\times 10^5)$	$B_3/(\times 10^4)$	$B_4/(\times 10^7)$	$B_5/(\times 10^5)$	$B_6/(\times 10^7)$
O_2	0.248	1.67	2.02	2.73	4.55	1.322
O	0.282	1.67	1.85	2.50	7.18	1.282
N_2	0.282	1.21	1.52	2.35	3.18	1.232
NO	0.277	0.720	1.95	2.55	3.70	1.321
CO_2	0.298	1.350	1.52	2.35	1.19	1.397
CO	0.292	0.850	1.63	2.35	3.20	1.282

（1）参考温度为 $T^0 = 298.15K$；

（2）气相属性。

比热容假定是常数,对于燃料、燃料的分解成分、氧化剂及双组元火焰成分等,c_F 指 1000K 的比热容、c_{FP} 指 2000K 的比热容、c_p 和 c_O 指 2500K 的比热容,燃气分解产物和双组元火焰成分以此假定计算。

对于肼的分解式

$$N_2H_4 \longrightarrow 0.5NH_3 + \frac{1}{2}N_2 + \frac{1}{2}H_2$$

一甲基肼的分解式为

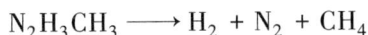

$$N_2H_3CH_3 \longrightarrow H_2 + N_2 + CH_4$$

偏二甲肼的分解式为

$$N_2H_2(CH_3)_2 \longrightarrow \frac{4}{3}CH_4 + \frac{2}{3}N_2 + H_2 + \frac{2}{3}HCN$$

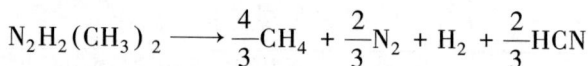

热导率的计算式为

$$\lambda_j = \lambda_{jl}(T/T_1)$$

（1）外界气体的属性系数。

比热容：$c = \sum_{i=1}^{N} x_i M_i c_i / \sum_{i=1}^{N} x_i M_i$

$$c_i = 4186.8(B_{1i} + B_{2i}T_\infty)$$

黏性系数：$\mu = \sum_{i=1}^{N} x_i \mu_i$

$$\mu_i = 0.1(B_{3i} + B_{4i}T_\infty)$$

热导率：$\lambda = \sum_{i=1}^{N} x_i \lambda_i$

$$\lambda_i = 418.68(B_{5i} + B_{6i}T_\infty)$$

密度：$\rho = p \sum_{i=1}^{N} x_i M_i / RT_\infty$

参 考 文 献

[1]［美］肯尼斯. 燃烧原理[M]. 郑楚光,袁建伟,米建春,译. 武汉:华中理工大学出版社,1991.

[2] Barina J E, Huang P G, Coakey T. Turbulence Modeling Validation, Testing, and Development[C], NASA Technical Memorandum 110446, 1997.

[3] Spalart P R, Allmaras S R. A One – equation Turbulence Model for Aerodynamic Flows[J]. La Rech Aerospace, 1994, 1:5 – 21.

[4] Arunajatesan S A, Dash S M. Progress Towards Hybrid RANS – LES Modeling for High – speed Jet Flows[C]. AIAA Paper 2002 – 0428, 2002.

[5] Gosman A D, Loannids E. Aspects of Computer Simulation of Liquid – fuelled Combustors[R]. AIAA Paper 81 – 0323, 1981.

[6] Squires K D, Eaton J K. Preferential Concentration of Particles by Turbulence[J]. Physics of Fluids. 1991, 3:1169.

第 2 章　辐 射 换 热

　　液体火箭发动机的热辐射包括两部分:一部分是燃烧室内燃气的辐射换热;另一部分是喷管、涡轮、燃气导管等高温部件的辐射换热。燃气辐射换热主要计算燃气黑度及燃气的辐射热流密度,高温部件的热辐射主要是部件之间角系数的计算。

2.1　燃气辐射换热

　　液体火箭发动机推力室中燃气一般不含有固体颗粒,能产生辐射热的主要成分是水蒸气和二氧化碳。气体辐射对波长有强烈的选择性,它只在某些波段内具有辐射能力,相应地也只在同样的波长段内才具有吸收能力。通常把有辐射能力的波长段称为光带。在光带以外,气体既不辐射亦不吸收,对热辐射呈现透明的性质。二氧化碳的主要光带有三段:$2.65 \sim 2.80 \mu m$、$4.15 \sim 4.45 \mu m$、$13.0 \sim 17.0 \mu m$。水蒸气的主要光带也有三段:$2.55 \sim 2.84 \mu m$、$5.6 \sim 7.6 \mu m$、$12 \sim 30 \mu m$。水蒸气和二氧化碳的光带均位于红外线的波长范围,而且有两处是重叠的,由于辐射对波长有选择的特点,因此气体不是灰体。固体和液体的辐射和吸收具有在表面上进行的特点,而气体则不同。就吸收而言,投射到气体层界面上的辐射能要在辐射行程中被吸收减弱。就辐射而言,气体层界面上所感受到的辐射和吸收是在整个容积中进行的,与气体的形状和容积有关。

　　辐射热流密度取决于燃气温度和压力、水蒸气和二氧化碳的分压以及燃烧室的几何尺寸。试验研究表明,燃烧室中从火焰面至喷管收敛段 $d = 1.2d_t$ 处,辐射热流密度最大(以 $q_{r,\max}$ 表示)且实际上不变。从火焰面至喷注器面位置,朝喷注面方向直线降低。到喷注面处,约为最大值的 20%。从收敛段 $d = 1.2d_t$ 后,燃气加速膨胀,静温、静压都急剧下降,辐射热流密度也随之下降,到喉部只剩下最大值的 50%,喉部后面降低更快。在面积比 $A/A_t = 1,2,3,4$ 处,辐射热流密度 q_r 与其最大值之比 $q_r/q_{r,\max}$ 相应降到 50%,12%,6%,3%。其余截面的热流密度的比值可以用内插和外推法求得。不同文献对 q_r 的衰减速度定得有所不同,而且内插、外推值也不免有误差,不过,辐射热流 q_r 只占总热流密度值的很小一部分,稍有差别也无关紧要。

2.1.1 辐射热流密度计算

均匀成分的燃气对壁面的辐射热流密度计算式为

$$q_r = \varepsilon_{w,ef} \sigma (\varepsilon_g T_g^4 - a_w T_{wg}^4) \qquad (2-1)$$

式中　$\varepsilon_{w,ef}$ ——壁面有效黑度;

　　　σ ——斯蒂芬-玻耳兹曼常数,$\sigma = 5.67 \times 10^{-8} \mathrm{W/(m^2 \cdot K^4)}$

　　　ε_g ——燃气黑度;

　　　a_w ——壁面吸收率。

由于 T_{wg}^4 比 T_g^4 小得多,故 $a_w T_{wg}^4$ 可忽略不计。燃气黑度主要是其中的水蒸气和二氧化碳气体的黑度几何平均,即

$$\varepsilon_g = \varepsilon_{H_2O} + \varepsilon_{CO_2} - \varepsilon_{H_2O} \cdot \varepsilon_{CO_2} \qquad (2-2)$$

式中最后一项是考虑水蒸气和二氧化碳光谱重叠部分相互吸收的结果。

黑度 ε_{H_2O}、ε_{CO_2} 分别是分压 p_{H_2O}、p_{CO_2} 和燃气总温 T_c、辐射路程 L(与燃烧室几何形状有关,具体值见表 2-1)的函数,可应用式(2-3)~式(2-5)及表 2-1~表 2-3 求得。但实际上分压 p 与 L 对 ε 的作用并不相等,即不同的 p 和 L 构成乘积相同的 pL 或 ρL 时,其 ε 较大。因此,式(2-5)计算值还需要按水蒸气分压 p 修正。对于 ε_{CO_2},这种修正量很小,可以不用修正,对于 ε_{H_2O} 的修正有多种修正方法,弗罗劳夫的修正方法见式(2-6)。

42

表 2-1 辐射路程

燃烧室几何形状	长径比 L_c/d_c	辐射路程 L
圆筒形	1.0	0.6 d_c
	1.5	0.75 d_c
	2~3	0.85 d_c
	≥4.0	0.9 d_c
球形	—	0.6 d_c
宽为 δ_r 的环形	—	1.7 δ_r

通过热力计算可以得到推力室各截面的二氧化碳及水蒸气与室压之间的比值，即 p_{CO_2}/p_c 和 p_{H_2O}/p_c，随后依据下述方法可以得到二氧化碳和水蒸气的黑度值。

当 $p_{CO_2} \cdot L = x(\text{Pa} \cdot \text{s})$（$607.85 < x < 60795.0$）时，

$$\varepsilon_{CO_2} = a_0 + a_1 T + a_2 T^2 + a_3 T^3 \qquad (2-3)$$

系数 $a_0 \sim a_3$ 见表 2-2。

表 2-2　$a_0 \sim a_3$ 系数值

序号	$x/(\text{Pa} \cdot \text{s})$	a_0	$a_1/(\times 10^5)$	$a_2/(\times 10^9)$	$a_3/(\times 10^{12})$
1	607.85	0.0772367	−2.92656	−6.31031	2.9785
2	911.925	0.0849697	−2.81079	−8.04198	3.10801
3	1215.9	0.081292	−1.24497	−16.3615	4.30206
4	1823.85	0.135418	−7.8942	14.9865	−8.39851
5	3039.75	0.149641	−6.6376	1.02254	2.1503
6	1013.25	0.180633	−8.36733	10.8245	−5.14312
7	24316.0	0.268798	−14.2036	28.745	−2.25959
8	60795.0	0.31774	−13.4691	15.9244	−0.103225

当 $p_{CO_2} \cdot L = x(\text{Pa} \cdot \text{s})$（$607.85 < x < 60795.0$）时，

$$\varepsilon_{CO_2} = a_4 - a_5 \cdot \ln(T) \qquad (2-4)$$

系数 $a_4 \sim a_5$ 见表 2-3。

表 2-3 $a_4 \sim a_5$ 系数值

序号	$x/(Pa \cdot s)$	a_4	a_5
1	101325.0	1.23688	0.145663
2	202650.0	1.43758	0.169015
3	405300.0	1.69641	0.200024
4	607950.0	1.85426	0.216343
5	1013250.0	1.9673	0.22958
6	2026500.0	2.23811	0.261325
7	4053000.0	2.40103	0.27914

当 $p_{CO_2} \cdot L$ 值不在以上范围时,可采用插值计算。

当 $\rho_{H_2O} \cdot L = x(kg/m^2)$ 时,

$$\varepsilon_{H_2O} = b_0 + b_1 T + b_2 T^2 + b_3 T^3 + b_4 T^4 \tag{2-5}$$

系数 $b_0 \sim b_4$ 值见表 2-4。

表 2-4 系数 $b_0 \sim b_4$ 值

序号	$x/(kg/m^2)$	b_0	$b_1/(\times 10^5)$	$b_2/(\times 10^8)$	$b_3/(\times 10^{12})$	$b_4/(\times 10^{15})$
1	9.81×10^{-4}	0.0210902	-1.1793	0.993594	-5.14764	0
2	1.4715×10^{-3}	0.026117	0.263736	-1.24334	3.47251	0
3	1.962×10^{-3}	0.0347307	-0.401951	-0.829011	2.40173	0
4	2.943×10^{-3}	0.0467752	-0.950059	-0.541661	1.57604	0
5	3.924×10^{-3}	0.0553376	-1.02477	-0.42924	1.03098	0
6	4.905×10^{-3}	0.0604141	-0.499972	-0.804068	1.60014	0
7	5.886×10^{-3}	0.0619936	1.34696	-2.56243	7.61844	-0.712016
8	7.848×10^{-3}	0.0671675	2.6244	-3.47824	9.73497	-0.873407
9	9.81×10^{-3}	0.0726964	4.61177	-5.27521	0.150902	-1.40803
10	1.1772×10^{-2}	0.0751158	6.73172	-6.97696	0.199173	-1.87984
11	1.4715×10^{-2}	0.090043	5.68725	-6.03986	0.164586	-1.47893
12	1.962×10^{-2}	0.0939761	10.3858	-9.79206	0.27083	-2.51799
13	2.4525×10^{-2}	0.113341	9.41888	-9.25933	0.253048	-2.3084

序号	$x/(\text{kg/m}^2)$	b_0	$b_1/(\times 10^5)$	$b_2/(\times 10^8)$	$b_3/(\times 10^{12})$	$b_4/(\times 10^{15})$
14	2.943×10^{-2}	0.140312	6.39191	−6.78284	0.181263	−1.43146
15	3.924×10^{-2}	0.160048	8.40423	−8.8122	0.229405	−1.97378
16	4.905×10^{-2}	0.174641	0.113744	−11.9396	33.0358	−3.03401
17	6.867×10^{-2}	0.1963520	0.146668	−14.2012	37.8646	−3.38041
18	9.81×10^{-2}	0.191135	0.25175	−22.1198	59.671	−5.45347
19	0.14715	0.223424	0.288922	−26.0637	72.1084	−6.74161
20	0.1962	0.252038	0.322637	−29.249	80.837	−7.51655
21	0.2943	0.296769	0.351512	−32.9381	92.4534	−8.68922
22	0.4905	0.365038	0.29245	−28.6821	79.5714	−7.37972
23	0.981	0.4891	0.212552	−24.6917	69.9653	−6.5503
24	1.4715	0.579921	0.113995	−17.8666	49.8816	−4.5354
25	1.962	0.598649	0.1016	−15.4337	38.9783	−3.13132
26	2.943	0.614138	0.137082	−21.275	63.525	−6.22376
27	3.924	0.669889	8.91209	−17.7098	52.1441	−4.99228
28	4.905	0.623644	0.197106	−23.0667	61.7811	−5.51433
29	5.886	0.747749	6.50331	−19.1635	63.1523	−6.69431
30	6.887	1.02796	−0.368902	7.75798	−7.99409	0

当 $\rho_{H_2O} \cdot L$ 值不在表 2-4 范围内时，可以插值计算。

当 $\rho_{H_2O} \cdot L = x(\text{kg/m}^2)$ 时，$K_p = c_0 \cdot (p_{H_2O}/101325)^{c_1}$

系数 $c_0 \sim c_1$ 值见表 2-5。

表 2-5 系数 $c_0 \sim c_1$ 值

序号	$x/(\text{kg/m}^2)$	c_0	c_1	序号	$x/(\text{kg/m}^2)$	c_0	c_1
1	9.81×10^{-4}	0.52498	0.850922	2	4.905×10^{-3}	0.552146	0.8578811
3	9.81×10^{-3}	0.495884	0.846531	4	1.4715×10^{-2}	0.473643	0.835925
5	1.962×10^{-2}	0.452384	0.829627	6	2.943×10^{-2}	0.427052	0.803989
7	3.924×10^{-2}	0.408408	0.824486	8	4.905×10^{-2}	0.390117	0.821368
9	7.3575×10^{-2}	0.356948	0.80418	10	0.0981	0.333352	0.796194
11	0.14715	0.308106	0.803399	12	0.1962	0.282706	0.802346
13	0.2943	0.252563	0.801608	14	0.3924	0.218911	0.831083
15	0.5886	0.192184	0.833388	16	0.981	0.154377	0.843207
17	1.962	0.117925	0.85302	18	3.924	0.0920735	0.848821

$$\varepsilon_{H_2O} = 1 - (1 - \varepsilon_{0,H_2O})^{1+K_p} \qquad (2-6)$$

燃气辐射热落到壁面后,只有一部分被吸收,其余被反射。反射热穿过燃气时,一部分被燃气吸收,其余穿透燃气,落到燃烧室壁面的其他部分上。这一部分辐射热再次被部分吸收,部分反射。再穿透、吸收、反射,这样反复进行,逐次衰减,壁面最终吸收的总热量为历次吸收的总和,相当于按一次辐射吸收但增大了壁面黑度的效果,这种增大的壁面黑度称为壁面有效黑度 $\varepsilon_{w,ef}$,其一次近似计算式为

$$\varepsilon_{w,ef} \approx \varepsilon_w [1 + (1 - \varepsilon_w)(1 - a_g)] \qquad (2-7)$$

式中　ε_w——壁材料黑度;

　　　a_g——燃气吸收率。

燃烧室常用的不锈钢在不同状态下的黑度值见表 2-6。

表 2-6　不锈钢的黑度

材料状态	温度/℃					
	100	200	300	400	500	600
260℃下氧化的 321 型不锈钢	0.27	0.27	0.28	0.31	—	—
有黑色氧化物的 321 型不锈钢	0.66	0.66	0.69	0.74	—	—
涂有耐热黑色涂料的 321 型不锈钢	0.81	0.76	0.76	0.79	—	—
301 型不锈钢	0.14	0.15	0.16	0.17	—	—
涂有 Dixon 耐热黑色涂料的不锈钢	0.93	0.93	0.93	0.93	0.93	0.93

燃气吸收率 a_g 主要是水汽吸收率:

$$a_g \approx 1 - (\varepsilon_{H_2O,2} - \varepsilon_{H_2O}) / \varepsilon_{H_2O} \qquad (2-8)$$

式中　$\varepsilon_{H_2O,2}$——按 $2\rho_{H_2O}L$ 计算的 ε_{H_2O}。

也可采用更简单的近似式计算:

$$\varepsilon_{w,ef} \approx (1 - \varepsilon_w) / 2 \qquad (2-9)$$

2.1.2　分层燃气的辐射换热

具有低混合比的燃烧室(富燃发生器),其燃气成分和温度沿径向都不均匀,可粗略地分为三层:适当混合比的高温燃气中心气流;温度最低的低混合比近壁层;介于上述二者之间的、成分和温度都逐渐变化的中间过渡层。中心气流的辐射热穿过中间层和近壁层时被部分吸

收。同样,中间层的辐射热被近壁层部分地吸收。各层之间的相互辐射和吸收,比均匀气体复杂得多,其计算过程相当繁琐。各层厚度很难确定,即使作了复杂的计算,也未必准确,不过辐射热流只占总热流的一小部分,特别是在最危险的喉部,其所占比例更小。因此,对于分层热辐射状态,其辐射热流密度一般可取统计近似值。即

$$q_{r,l} \approx 0.65 q_r \qquad (2-10)$$

式中　q_r——按均匀混合比算出的辐射热流密度。

2.2　高温部件角系数计算

在进行火箭发动机辐射传热计算时,一般采用灰体表面包壳辐射换热模型计算温度场,该模型需要计算任意两个辐射换热面元之间的角系数。由于发动机内部结构复杂,面元形状各异,有效辐射面积相差很大,而且彼此之间存在着严重的遮挡,因此要计算任意两个面元间的角系数很复杂。目前采用的角系数计算方法主要是有限差分法(FDM),有限元法(FEM),蒙特卡洛法(MC 法),矢量法等。FDM 对空间任意曲面作了二次曲面方程假定,这在处理复杂形状物体时,其灵活性和适应性不够强;同时,在投影平面的选用上 FDM 也存在较大缺点。对存在公共边界的单元体,FDM 会产生较大误差。MC 法对于复杂结构适应性强,但是其随机布置能束发射点和能束发射方向产生很多重复计算,在计算相距较远的面元之间的角系数需要发射很大数目的能束才能达到所需精度,计算效率较低。矢量法一般只适合求解简单结构之间的角系数。而 FEM 计算中,每个三角形单元都有自己的投影面,在处理曲面时比 FDM 合理;而且进行网格离散时不需要作二次曲面假设,只需要结构尺寸即可。但是,FEM 在处理有公共边界的单元时误差很大,甚至会产生奇异。

本节采用统一的网格描述物体的边界表面,根据兰贝特定律推导出计算角系数的能束均匀分布法(Ray Uniform Distribution,RUD)。分析了 FEM、RUD、MC 的计算精度与面元相对位置的关系;提出根据面元间的位置关系分别采用 FEM 和 RUD 的角系数计算综合法;根据边界面网格进行复杂结构遮挡判断,比较几种方法的计算精度和效率。

2.2.1 角系数计算方法

1. FEM 和 RUD 计算角系数

由于很多结构用方程描述很复杂,甚至不存在描述方程,从而在判断遮挡时无法求出射线与遮挡面的交点。为了增强求解的适用性和通用性,采用统一的网格表示物体边界面。三角形网格既能很好地表示物面边界,又能简化遮挡判断;同时,三角形面积坐标理论也很成熟,因此选择三节点三角形单元作为网格的单元类型。为了减少遮挡判断的计算时间,在程序编写时网格离散为两套:一套粗网格描述物体边界面,用于判断遮挡;一套细网格,用于表示辐射换热面进行角系数计算。其中,细网格需要给出每个单元的外法线信息。例如,图 2-1 所示的计算网格,其对应的边界面网格如图 2-2 所示。

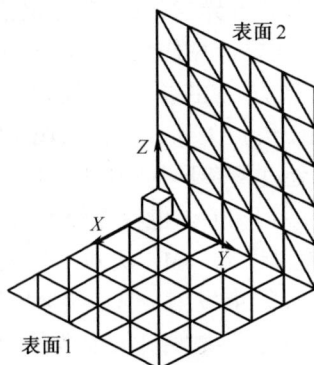

图 2-1 角系数计算网格

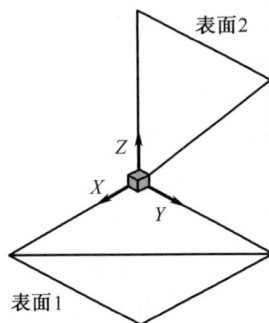

图 2-2 边界网格

如图 2-3 所示,表面 A_1 到表面 A_2 的角系数:

$$F_{12} = \frac{1}{A_1} \iint\limits_{A_1} dA_1 \iint\limits_{A_2} \frac{\max(\cos\phi_1, 0) \max(\cos\phi_2, 0)}{\pi r^2} dA_2 \quad (2-11)$$

设函数:

$$G = \frac{\max(\cos\phi_1, 0) \max(\cos\phi_2, 0)}{\pi r^2} \quad (2-12)$$

式中 ϕ_1, ϕ_2 —— dA_1, dA_2 外法线与其连线的夹角。网格离散后,对

于面积分别为 A_{c1} 和 A_{c2} 的三角形单元 E_1 和 E_2，

$$F_{E_1,E_2} = \frac{1}{A_{c1}} \iint\limits_{A_{c1}} \mathrm{d}A_{c1} \iint\limits_{A_{c2}} G\mathrm{d}A_{c2} = G_{E_1,E_2} A_{c2} \qquad (2-13)$$

其中：

$$G_{E_1,E_2} = \frac{1}{A_{c1}} \iint\limits_{A_{c1}} \mathrm{d}A_{c1} \iint\limits_{A_{c2}} G\mathrm{d}A_{c2} \qquad (2-14)$$

G_{E_1,E_2} 形式较复杂，采用三角形面积坐标的高斯积分计算。

2. RUD 计算角系数

MC 法计算角系数时随机布置能束发射点和发射方向带来大量的重复计算，而角系数是纯粹的几何因子，其大小只与面元间的相对位置有关，可以采用更加简单的均匀布置能束发射点和发射方向的计算模型。从兰贝特余弦定律出发，推导出 RUD 计算角系数公式。

如图 2-4 所示，设半球辐射力为 E，定向辐射强度为 L，立体角为 Ω（0~2π），周向角为 θ（0~2π），天顶角为 ϕ（0~π/2），由兰贝特余弦定律可得

$$E = \int\limits_{\Omega=2\pi} L\cos\phi \mathrm{d}\Omega = L \int_0^{2\pi} \mathrm{d}\theta \int_0^{\frac{\pi}{2}} \cos\phi\sin\phi \mathrm{d}\phi \qquad (2-15)$$

由定积分的性质：

$$E = L \lim_{N\to\infty} \sum_{i=1}^N \Delta\theta_i \lim_{M\to\infty} \sum_{j=1}^M \cos\phi_j\sin\phi_j\Delta\phi_j \qquad (2-16)$$

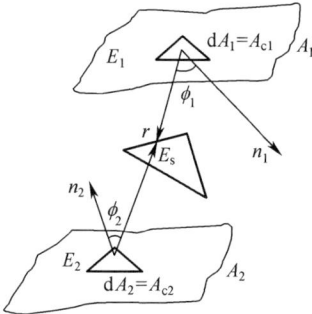

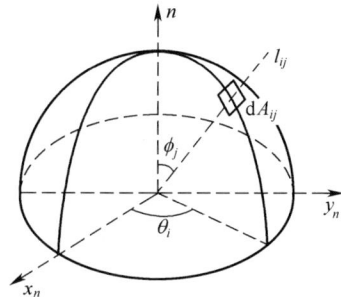

图 2-3　角系数定义　　　　　图 2-4　能束发射方向模型

当均匀离散周向角和天顶角时可得

$$\Delta\theta_i = \frac{2\pi}{N} \; ; \; \Delta\phi_i = \frac{\pi}{2M} \tag{2-17}$$

将式(2-17)代入式(2-16)得:

$$E = L \lim_{N \to \infty} \sum_{i=1}^{N} \frac{2\pi}{N} \lim_{M \to \infty} \sum_{j=1}^{M} \cos\phi_j \sin\phi_j \frac{\pi}{2M} = L \frac{\pi}{M} \lim_{M \to \infty} \sum_{j=1}^{M} \cos\phi_j \sin\phi_j$$

$$\tag{2-18}$$

当进行数值计算,M 为有限数,有

$$E \approx L \frac{\pi^2}{M} \sum_{j=1}^{M} \cos\phi_j \sin\phi_j = \sum_{j=1}^{M} E_{ij} \tag{2-19}$$

计算时将 $\dfrac{L\pi^2}{M}$ 作为单位能量,则可得每个球面微元 $\mathrm{d}A_{ij}$,辐射能量为

$$E_{ij} = \cos\phi_j \sin\phi_j \tag{2-20}$$

其中能束 l_{ij} 的周向角为

$$\theta_i = \frac{2\pi i}{N} \; , \; i = 1,2,\cdots \tag{2-21}$$

天顶角为

$$\phi_i = \frac{\pi j}{2M} \; , \; j = 1,2,\cdots \tag{2-22}$$

这样整个辐射半球被分为 $N \times M$ 球面微元,每个微元面发射一条能量为 E_{ij} 的能束 l_{ij} 。

设单元 E_1 有 N_c 个能束,若每个能束发射点的能束均为 $N \times M$,则单元 E_1 到 E_2 角系数:

$$F_{E_1,E_2} = \sum_{k=1}^{k} \frac{\sum_{i=1}^{N} \sum_{j=1}^{M} \delta \cos\phi_j \sin\phi_j}{\sum_{i=1}^{N} \sum_{j=1}^{M} \cos\phi_j \sin\phi_j} \tag{2-23}$$

计算时判断从发射点 k 的能束 l_{ij} 是否与单元 E_2 相交,若相交 $\delta = 1$,否则 $\delta = 0$ 。

3. 遮挡判断

根据三角形网格表示边界面的特点,采用了相应的快速判断遮挡

50

的方法。

1）FEM 遮挡判断方法

在用 FEM 计算角系数时，通过判断高斯积分基点 O_K，O_L 之间的线段 $O_L O_K$，$O_L O_K$ 表示边界面的三角形网格是否相交，若相交则表示 O_L 之间 O_K 的辐射能量交换被遮挡。

2）RUD 遮挡判断方法

利用 RUD 计算单元之间角系数 F_{E_1,E_2} 时，由于需要判断每条能束是否与计算单元 E_2 相交。若相交，还要判断该能束是否与遮挡面相交，计算量很大。但单元之间、单元与边界面之间很多是不能互视的，这种情况下彼此不发生遮挡。造成遮挡的边界面必须满足两个条件：两个单元都可视边界面；边界面所在平面在两个单元之间。因此，在采用 RUD 计算角系数时，首先进行互视判断，排除不参与遮挡的边界面；其次再判断遮挡面是否在计算单元之间，如果不在计算单元之间也应排除。

设边界面单元 E_s 的三个顶点为 $I_s(x_I, y_I, z_I)$，$J_s(x_J, y_J, z_J)$，$M_s(x_M, y_M, z_M)$，单元 E_1 的能束发射点为 O_1，重心为 E_{1m}，E_2 的重心为 E_{2m}。

（1）判断单元 E_1 可视边界面的 E_s 的方法：

$$\cos\phi_i = \frac{\boldsymbol{r}_i \cdot \boldsymbol{n}_i}{|\boldsymbol{r}_i| \cdot |\boldsymbol{n}_i|} > 0 \ (i = I_s, J_s, M_s) \qquad (2-24)$$

式中　　$\boldsymbol{r}_i$——发射点到顶点的方向向量。如果式（2-24）中有一个条件成立，就认为单元 E_1 可视 E_s。

（2）判断边界面 E_s 所在平面在单元 E_1 和单元 E_2 之间的方法：

设 E_{1m} 与 E_{2m} 所在直线与 E_s 所在平面的交点为 O_{in}，则

$$\cos\phi = \frac{\boldsymbol{r}_1 \cdot \boldsymbol{r}_2}{|\boldsymbol{r}_1| \cdot |\boldsymbol{r}_2|} < 0 \qquad (2-25)$$

式中　　$\boldsymbol{r}_1$ 和 $\boldsymbol{r}_2$——交点 O_{in} 到重心 E_{1m} 和 E_{2m} 的方向向量。若式（2-25）成立，则边界面 E_s 在单元 E_1 和 E_2 之间。

在计算角系数 F_{E_1,E_2} 之前，利用式（2-24）、式（2-25）排除单元 E_1 不互视和不处于单元 E_1 和 E_2 之间的遮挡单元，从而极大地减少遮挡面和遮挡判断次数。

最后采用式(2-26)计算面元 A_1 到 A_2 的角系数 $F_{1,2}$：

$$F_{1,2} = \frac{1}{A_1} \sum_{u=1}^{N_1} \left(\sum_{v=1}^{N_2} F_{E_u,E_v} \right) A_{E_u} \qquad (2-26)$$

式中　N_1, N_2——A_1 和 A_2 的有限单元个数;

　　　A_{E_u}——单元 u 的面积。

2.2.2　基于 FEM 和 RUD 角系数计算方法

实际计算表明,无论 FEM 还是 RUD,在某些情况下都会产生明显的误差。利用 FEM 计算角系数时,3 基点高斯积分精度最高。但是,3 基点高斯积分在计算有公共边的两个单元间角系数时将产生奇异。而在单元相隔较远时,采用 RUD 计算角系数也会产生较大误差。在计算 F_{E_1,E_2} 时,设单元之间距离 r 的平方与单元面积 A_{e_2} 之比为 R,即

$$R = \frac{r^2}{A_{e_2}} \qquad (2-27)$$

数值计算表明,当 R 小于某一值 R_0 时,3 基点高斯积分求解角系数会产生较大误差,甚至产生奇异,而此时采用 RUD 能得到良好的效果;当 $R > R_0$ 时,采用 RUD 将需要 $100×100$ 以上的能束才能达到相应的精度,而这时 FEM3 基点高斯积分的计算精度很高。根据单元之间的位置关系分别采用 FEM 和 RUD 计算角系数。当单元之间满足 $R > R_0$ 时,采用 FEM;当单元之间满足 $R < R_0$ 时采用 RUD。而关键问题是 R_0 的选择,R_0 太大或太小都会降低计算精度;而且 R_0 太大还会大大增加计算时间。通过数值计算,$R_0 = 10$ 能满足各种情况下计算精度和计算效率的要求。

RUD 中,$N×M$ 的选择与单元之间的相对位置和单元面积有关。当 $R<10$ 时,每个能束发射点的能束在 $20×20 \sim 50×50$ 之间,就能达到足够的精度。为了减少计算时间,编程时,可根据 R 的大小自动选择 $N×M$ 的值。能束发射点代表整个单元的表面辐射特性,发射点的选择与单元形状、单元面积、单元之间的相对位置以及遮挡有关。按照有限元面积积分对求积基点的选择原则,选择相应的求积基点作为能束发射点。采用的三角形单元能束发射点位置如图 2-5 ~ 图 2-7 所示。

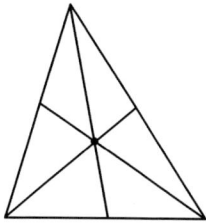

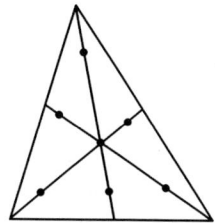

图 2-5　1 个能束发射点　　图 2-6　4 个能束发射点　　图 2-7　7 个能束发射点

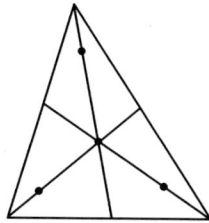

设 三 角 形 单 元 的 三 个 顶 点 为 $i(x_i, y_i, z_i)$ ， $j(x_j, y_j, z_j)$ ， $m(x_m, y_m, z_m)$ 。发射点坐标为

$$\begin{cases} x = ax_i + bx_j + cx_m \\ y = ay_i + by_j + cy_m \\ z = az_i + bz_j + cz_m \end{cases} \quad (2-28)$$

相关文献提供了参数 a ， b ， c 的取值。

2.2.3　算例及分析

为了分析 FEM,RUD,MC 法计算角系数的相对误差与 R 的关系及 RUD 和 MC 的相对误差与能束 N 的关系,如图 2-8 所示,面元采用两个平行正对单位正方形。

为了比较 FEM,RUD,MC 计算有公共边界的面元间角系数的相对误差,如图 2-9 所示,面元为两个垂直单位正方形。计算结果见表2-7。

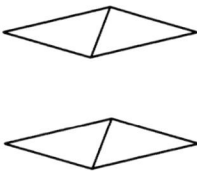

图 2-8　平行单位正方形计算网格　　图 2-9　垂直单位正方形计算网格

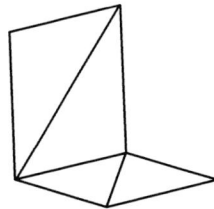

53

表 2-7　垂直单位正方形角系数相对误差

方法	FEM	RUD	MC
相对误差/%	奇异	0.20	1.30

为了分析和比较 FEM、MC 法计算复杂结构角系数的精度和时间，面元为两个平行圆环 S_1 与 S_2 及中间圆柱面 S_3。计算结果见表 2-8 和表 2-9。

表 2-8　圆环 S_1 对 S_2 角系数相对误差

方法	相对误差/%($S_1 \rightarrow S_2$)	相对误差/%($S_3 \rightarrow S_2$)
FEM	2.75	奇异
MC	2.06	2.26
遮挡方法	1.82	1.84

表 2-9　计算时间之比

方法	遮挡方法	FEM	MC
时间比	10.0	1.0	175.0

由表 2-7 可以看出，FEM 计算有公共边界的面元间的角系数产生奇异，RUD 计算精度很高。从表 2-8 和表 2-9 可以看出，采用遮挡方法的计算精度比 MC 法和 FEM 高，而且处理了公共边界奇异问题；在计算效率方面，采用遮挡方法也远高于 MC 法。从表 2-8 和表 2-9 也可以看出采用的遮挡判断方法准确有效。

参 考 文 献

[1] 刘国球. 液体火箭发动机原理[M]. 北京:宇航出版社,1993.

第3章 液 膜 冷 却

液体火箭发动机推力室热防护时几乎都应用了膜冷却,液膜形成方法较多,包括设置边区喷嘴、撞击喷嘴、漩流雾化喷嘴、身部燃烧区冷却环带等,这些方法均是液膜在推力室中的应用,然而液膜量的多少与室压、冷却剂特性、推力室结构有关。

研究液膜冷却的目的在于研究影响膜冷却的因素,建立相应的分析模型,确定膜冷却效果,明确膜冷却流量和内冷却设置位置,为推力室设计和发动机热试提供可靠保障。然而,由于膜冷却过程涉及两相流动及不均匀湍流等复杂的传热、传质,其边界条件也不易确定,有时还涉及非稳态传热。因此,很难做出准确的定量计算和分析,而且获得的结论普遍性差。

本章综述了液膜冷却的影响因素,介绍了液膜内外换热系数算法,液膜/气膜内边区燃气绝热壁温的算法。

3.1 液膜冷却的影响因素

影响膜冷却效果的因素有多种,主要包括液滴飞溅、冷却剂流量及其状态性质、高温燃气及流动性质、冷却剂的喷注方式、壁面的几何形状等。对于液膜冷却来说,液膜不稳定是导致液滴飞溅的主要因素,同时也是冷却液损失的主要原因。

1. 液滴飞溅

液膜冷却效率主要依赖于沿壁面流动的液膜的稳定性。液膜在燃烧室壁面流动过程中,存在两种不稳定因素:液膜本身不稳定和吹气产生的不稳定,即流动状态和冷却剂性质对飞溅的直接影响。实际上,这两种因素往往相互作用,导致液膜的液滴飞溅。

液滴飞溅损失是造成液膜损失的主要原因。液滴飞溅对液膜冷却效率影响很大；大量液滴未经蒸发就离开液膜，使冷却剂的吸热能力降低，如果液滴离开液面后迅速汽化，由于蒸气的汽化潜热远远大于液体的热沉，扰动边界层、破坏边界层结构，这将强化湍流在气液界面上的传热、传质和动量传递。试验证明：当主流流速较低，冷却剂流量小时，液膜很薄，它的黏性能使液面湍流的扰动耗散，液表面光滑平整，液膜表面扰动随着液膜喷注量的增加而增大。可以看出，这种扰动主要是由于冷却剂自身不稳定引起的。当主流流速增加或冷却剂流量增大时，液膜表面开始出现圆石状的局部波动，此时若液膜仍很薄，它的黏性能耗散一些小的扰动，液面仍可相对平整。

Kinney 试验得出一个重要结论：随着冷却剂流量增大，冷却剂动力黏度 μ 对液膜表面状态的影响越发不明显，而此时液体表面张力 σ 对液膜表面结构的影响开始占重要地位；表面张力 σ 大，液膜表面波动疏散，液膜稳定，液滴飞溅少，冷却效果较好。当气流流速较大时，液膜表面波动随气流流速增加变化大，而对冷却剂的喷注量不敏感，这时扰动来源于气流的诱发。冷却剂流量是液膜出现不稳定的基本原因，即冷却剂流量超过某临界值时，液膜过厚从而使液面出现沿流向的大波动，这是产生液滴飞溅的前提。

气流会诱发液膜不稳定，使液面产生液滴飞溅现象。试验证明：主流气体的速度与冷却剂的运动速度相差越大时，这种诱导作用就越明显。主流燃气的气体动量对液膜的影响表现在：气体动量的增加会导致更致密、更大的波动，冷却剂的液滴飞溅程度增加，液膜冷却效率降低。可以认为，液膜的不稳定与冷却剂流量和主流流动性质关系密切，当主流流速和冷却剂流量达到一定时，液面出现所谓的不稳定现象，即表面的波动导致液滴的飞溅。

R.A.Gater 认为：冷却剂蒸发焓越大，液膜冷却效果越好。因此，冷却剂的比热容、汽化潜热也影响液膜冷却效果的因素。这个结果是在冷却剂流量不大、吹气量不大，以及冷却液蒸发损失为冷却液主要损失的情况下得到的。当无量纲液体流量 $\overline{q} \equiv q'_{\text{cj}}/(\rho u)_{\infty}$（$q'_{\text{cj}}$ 为单位周长流量）增加时，液膜表面粗糙度升高，导致液膜冷却效率减少。当无量纲液体流量超过临界值时，就会发生大量的液滴飞溅现象（液膜不稳定发生),并且当无量纲液体流量为较小值时,液膜冷却和发汗冷却的现象很相似。

2. 气流的性质

气流的性质不仅对液滴飞溅有影响,而且影响气膜冷却的气体卷吸率。试验证明:冷却剂吹风比 $M(M = \rho_2 u_2 / \rho_\infty u_\infty)$ 越大,冷却效果越好,但是 M 越大,射流与主流间作用越大,气膜冷却效果在流场流向波动越大。

燃气温度的升高将导致膜冷却效率的降低,而燃气压力对膜冷却效率的影响不大。燃气温度升高、压力增大时,会使辐射热流增大,这样就可能使冷却剂吸收辐射热较多,从而使冷却膜的温度上升较高。与此同时,由于燃烧室内壁受热辐射作用温度较高,反过来加热液膜,缩短液膜冷却长度,甚至一定条件下会发生烧干现象,降低膜冷却效率。同时,燃气压力升高将使冷却剂的蒸发焓升高,这会减小冷却剂的蒸发损失——这对提高冷却效率有利。许多试验证明:在液膜喷注点下游的不同位置冷却效果不同,这与气流的流动特性(马赫数的大小、物性参数、距喷注点的位置等)有关。

另一方面,冷却剂与主流气体的化学反应关系也是影响膜冷却效果的一个重要因素。对于惰性冷却剂,其冷却效果要好于与主流气体反应的冷却剂,这是因为化学反应会促进主流气体和冷却剂的掺混,使冷却剂损耗增加。在实际推力室边区温度较低,高温离解的燃气在此处有复合放出热量,也影响冷却效果,但要计算这些因素还有一定的困难。

3. 喷注状态

不同的冷却剂喷注口影响射流与主流间的相互作用,产生不同的冷却膜,因而有不同的冷却效果。试验表明:当射流与主流流动方向平行时,冷却剂贴壁面流动,射流与主流间作用较小,气流掺混的程度低,冷却剂冷却效果好;射流与主流流动方向不平行时,主流将在射流上产生作用力,使之沿壁面流动;射流与主流间作用大,气流掺混的程度高,冷却剂对壁面影响小,喷射角越大,冷却效果越差;当喷口是排管束且与主流方向不平行,主流有可能在横向绕过射流而不是把它压向壁面(喷注孔间距越大现象越明显),冷却剂对壁面影响小,这将强化气流掺混,在下游冷却剂温度接近主流温度,对于气膜冷却来说这种现象更明显。但是,冷却剂以较低速度喷射时,喷射状况对冷却效果不明显,喷注口几何参数对膜冷却效果影响不大。

4. 壁面状态

壁面形状影响冷却膜的流态,进而影响膜冷却效果。在圆柱段位置的膜冷却,由于表面几何尺寸相同,冷却剂可以均匀分布在表面,形成的二维膜受气流作用均匀,相对稳定。在喷管段,截面面积变化,使边界层变化,同时主气流的速度、压力在流动方向变化,气流的卷吸率变化,截面上液膜/气膜的冷却效率变化不大。同样,对于异型壁面,膜由于受气流作用不均匀,稳定性差。定性分析表明:壁面的曲率对壁面附近的湍流度分布、雷诺应力分布,以及平均流动对冷却效果均有较大影响。测量表明:在凸面边界层内,雷诺应力及湍流平均动能比平板边界层明显小;而在凹面边界层内,结论相反,并且凹面上的湍流平均流动不是二维的,由于离心力在流动方向存在二次涡,这使得膜表面容易产生三维流动。也有学者认为:对于凹面边界层失稳的临界雷诺数随着 δ/R(δ 边界层厚度,R 边界层曲率半径)减小而线性降低。而凸壁边界层失稳的临界雷诺数几乎与平板的值相同。当壁面射流不明显改变主流边界层的速度分布时,凸壁面气膜冷却效率比平板的衰减慢。而凹面上气膜的效率比平板的衰减快。

3.2 液膜冷却算法

液体火箭发动机通常使用燃料液膜作为燃烧室壁面的热防护措施。液膜的形成方式通常有头部设置边区喷嘴和身部设置冷却环带两种方式;发汗冷却也是液膜冷却的一种形式。20 世纪五六十年代,研究人员就已经开始进行相关试验和理论分析,从研究资料中可以得到关于液膜冷却研究最重要的几个问题是:①如何确定对流换热系数;②如何确定液膜冷却效率;③如何确定气膜冷却效率。

下面将从这三个方面的相关研究作简单介绍。

1. 对流换热系数

掠过燃烧室壁面的燃气流动和掠过平板上的气流流动的换热规律

58

比较相似,当没有液膜时,对流热流可以利用气流掠过平板的换热关联式进行计算,其误差在 5% 之内。其中,较简单的平板关联式,称为"Colburn 方程",推导过程如下:

$$C_{f_0} = 0.0592 \, Re_x^{-0.2} \qquad (3-1)$$

式中　C_{f_0}——摩擦系数,下标 0 代表没有液膜情况;

　　Re_x——以距前缘下游轴向距离 x 为特征长度的雷诺数。

在湍流状态时,应用动量和能量相似准则,可得到无量纲传热系数 St 数,其表达式为

$$St_0 = \frac{1}{2} C_{f_0} \, Pr^{-0.6} \qquad (3-2)$$

Colburn 方程适用于 $Re_x < 10^7$ 的情形,大多数火箭发动机满足该条件。

在发动机的燃烧室内,燃气和液膜之间存在一个很大的温差,所以定性温度的选取非常重要。对于边界层的关联式,通常利用主流燃气温度作为定性温度,然后,再乘以主流燃气与壁面(或液膜)温度比值的关联因子,其关联因子数可以为 0.26、0.4 或者 0.5,这取决于不同的研究者。然而,采用主流和壁面(或液膜)的平均温度作为定性温度可以消除这些修正因子。

随着边界层的增长,圆柱形的几何特征变得更加重要。Humble 对高温充分发展管流进行了广泛的试验测量,得到了如下关联式:

$$St_0 = 0.023 \, Re_D^{-0.2} \, Pr^{-0.6} \qquad (3-3)$$

这里雷诺数是以圆管直径为特征长度,如果采用平均温度作为定性温度,可不进行温度修正。

Bartz 研究认为,将方程(3-3)的常数改为 0.026,则可以用来预测 RFNA/ N_2F_4 火箭发动机喉部的热流。在 Bartz 的试验中,燃气流动尚未达到充分发展状态,所以其常数稍大。由于采用平均温度作为定性温度不太方便,于是以边区燃气总温作为定性温度,将方程变为

$$h_g = \frac{0.026}{d_{cr}^{0.2}} \left(\frac{\mu^{0.2} c_{pg}}{Pr^{0.6}} \right) \left(\frac{p_c}{c^*} \right)^{0.8} \left(\frac{A_{cr}}{A} \right)^{0.9} \sigma \qquad (3-4)$$

其中,

$$\sigma = \left[\frac{1}{2}\frac{T_{wg}}{T^*}\left(1 + \frac{\kappa - 1}{2}Ma^2\right) + \frac{1}{2}\right]^{-0.68}\left(1 + \frac{\kappa - 1}{2}Ma^2\right)^{-0.12}$$

$$(3 - 5)$$

Bartz 方程已经广泛地用于液体火箭发动机内的传热计算分析。

当 $x > 3.53D$ 时，平板关联式(方程(3-2))计算出的热流要比充分发展流动的关联式(方程(3-3))小。当然，热流不可能比充分发展流动下的热流小。为了将两个存在局限的方程结合起来，Churchill[8]用有效距离 x_e 代替方程(3-2)的 x：

$$x_e = 3.53D\left[1 + \left(\frac{x}{3.53D}\right)^{-m}\right]^{1/m} \qquad (3 - 6)$$

指数 $m = 1.2$ 可以很好地符合 Barbin 和 Johes 的试验数据。

液膜蒸发类似于发汗冷却的冷却剂蒸发。蒸发减小了壁面剪切应力和对流热流，其减小因子取决于"吹风参数"：

$$F = \frac{\dot{m}_v}{G} \qquad (3 - 7)$$

简化分析时，可以假设蒸气边界层内的黏性底层厚度不变。在黏性底层内，通常认为速度分布是线性的。考虑到"吹风"因素，速度分布则变为指数函数。有蒸发和无蒸发两种情况下的壁面切应力比值为

$$\frac{\tau_w}{\tau_{w0}} = \frac{z}{e^z - 1} \qquad (3 - 8)$$

其中， $$z = \frac{2F}{C_{f_0}} \qquad (3 - 9)$$

该分析被称为"库尔特流动模型"或者"膜理论"。因为 $St \approx \frac{C_f}{2}$（由于 $C_f = \frac{2\tau_w}{\rho U_g^2}$，所以 St 与 τ_w 成正比），所以对流热流具有相同的减小因子。为方便起见，将表达式重新整理成对数形式，可给出一个简单的结果：

$$\frac{h}{h_0} = \frac{\ln(1 + H)}{H} \qquad (3 - 10)$$

其中，

60

$$H = \frac{F}{St} \qquad (3-11)$$

为了考虑蒸发气体与燃气物性的不同,参数 H 必须要乘以一个修正因子 K_M,当 $M_c < M_g$ 时,该因子为液膜蒸气与燃气绝热指数的 0.6 次方,或者是燃气与液膜蒸气相对分子质量比的 0.6 次方。在等熵指数相同的情况下,这两种形式对于理想气体是相同的。当 $M_c > M_g$ 时,Rubesin 给定指数为 0.35。文献[3]的数据只是针对 $M_c < M_g$ 的情况,所以和第二个指数 0.35 并不矛盾。这些关联式得到了 Landis 湍流边界层模型的证实。

因为在蒸发模型中已经考虑了比热容对液膜的影响,所以不需要单独考虑比热容对液膜的影响。然而,相对分子质量的不同则需要一个修正项,因为低密度喷注物质在边界层内置换更大体积的燃气,所以减小热流。当液膜蒸气的密度比主流燃气大时,影响将不那么显著,正如 Rubesin 给出的指数较小那样。因此,他建议模型中采用的基于相对分子质量比的关联项为

$$K_M = \left(\frac{M_c}{M_g} \right)^a \qquad (3-12)$$

其中:

$$a = \begin{cases} 0.6 & M_c < M_g \\ 0.35 & M_c > M_g \end{cases}$$

当考虑主流的湍流度 e_t 时,对流热流将需要乘以修正因子 $K_t = 1 + 4e_t$。

Hersch 和 Talmor 对火箭发动机内的湍流度进行了测量。Hersch 发现在液氧/气氢火箭发动机内,在离喷注面 0.05~0.2m 的距离,e_t 为 0.2~0.05;而 Talmor 发现在四氧化氮/混肼-50 火箭发动机内,在离喷注面 0.15~0.58m 的位置,e_t 为 0.2~0.15。

William 等人借鉴了以上的研究结果,总结出如下分析方法。

无蒸发时,对流换热系数计算方法为

$$h_0 = K_t G c_{pg} St_0 \qquad (3-13)$$

其中:

$$K_t = 1 + 4e_t$$

$$St_0 = 0.5C_f Pr^{-0.6}$$

$$C_f = 0.0592 Re_x^{-0.2}$$

$$Re_x = \frac{Gx_e}{\mu_g}$$

$$G = G_{ch}\left(\frac{T_g}{T_m}\right)\left[\frac{(U_g - U_1)}{U_g}\right]$$

$$x_e = 3.53D\left\{2 + \left(\frac{x}{3.53D}\right)^{-1.2}\right\}^{0.8333}$$

$$T_m = \frac{T_g + T_v}{2}$$

有蒸发时,对流换热系数计算如下:

$$h = h_0\ln\left(\frac{1 + H}{H}\right) \tag{3-14}$$

式中　　$H = \dfrac{K_M c_{pg}\Delta T}{\lambda}$ \hfill (3-15)

其中,$K_M = \left(\dfrac{M_g}{M_v}\right)^a$,$a = \begin{cases} 0.6 & M_c < M_g \\ 0.35 & M_c > M_g \end{cases}$

为了考虑液膜冷却对对流换热系数的影响,Stechman 等人对巴兹方程进行了修正:

$$h_g = \frac{0.026}{d_{cr}^{0.2}}\left(\frac{\mu_f^{0.2}c_{pg}}{Pr_f^{0.667}}\right)\left(\frac{p_c}{c^*}\right)^{0.8}\left(\frac{A_{cr}}{A}\right)^{0.9}\sigma \tag{3-16}$$

其中

$$\sigma = \left[\frac{1}{2}\frac{T_f}{T^*}\left(1 + \frac{\kappa - 1}{2}Ma^2\right) + \frac{1}{2}\right]^{-0.68}\left(1 + \frac{\kappa - 1}{2}Ma^2\right)^{-0.12}$$

$$(3-17)$$

式中　　下标 f——液膜温度下的参数。该修正方程的计算结果与马夸特公司的试验数据吻合。

2. 液膜冷却效率

实际上,液膜流动是不稳定的,因此需通过液膜效率 η_L(通常称为

62

"液膜冷却效率")来修正液膜的流动(有的文献称为液滴飞溅系数)。相关研究表明,液膜冷却效率 η_L 是液膜雷诺数的函数,两者关系如图 3 - 1 所示,特别指出的是,这里的雷诺数 Re_δ 是以液膜厚度 δ 为特征长度的。

$$Re_\delta = \frac{\rho_L u \delta}{\mu_L} = \frac{q_{ml}/(\pi d)}{\mu_L} = \frac{q_{ml}}{\pi d \mu_L} \qquad (3-18)$$

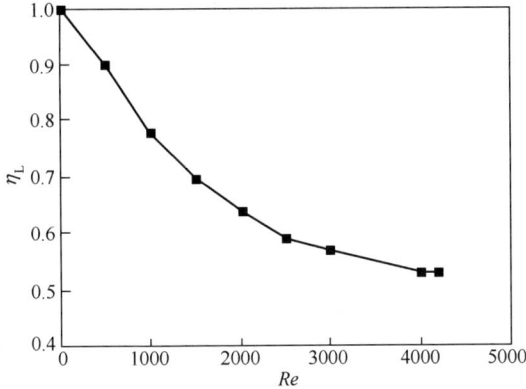

图 3 - 1　液膜冷却效率与雷诺数的关系

Graham 得到了液膜稳定效率与液膜流速参数 u_0^+ 的关系,如图 3 - 2 所示。而 $u_0^+ = \dfrac{q_{ml}/(\pi d)}{\mu_l}$,其中 m'_0 为液膜初始单位湿周长流量,即 $m'_0 = \dfrac{q_{ml}}{\pi d}$,所以,这里的 u_0^+ 与前面的雷诺数 Re_δ 一致。

图 3 - 1 和图 3 - 2 作一比较可以看出,前者的范围要更大一些,而且,两者的结果也不尽相同,前者描述的是液滴飞出壁面的份额;后者描述的是液滴对壁面的保护系数,因此两者差异较大。液膜冷却效率的影响因素包括燃气参数、燃烧室结构、液膜的粘贴程度等参数。

3. 气膜冷却效率

液膜蒸发之后在边区形成一层冷却剂气膜,因气液膜共同作用,边区燃气总温依然低于中心区燃气总温,对边区壁面起到热防护作用。该过程称为"气膜冷却",已经有了众多的关联式。通常以"冷却效率"

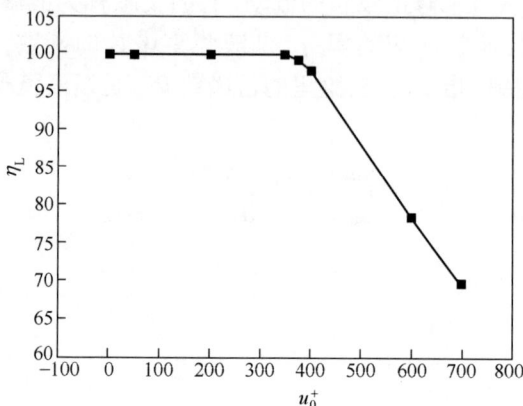

图 3 - 2　液膜冷却效率 η_{L} 与液膜流速参数 u_0^+ 的关系

的形式表达：

$$\eta = \frac{T_{\mathrm{g}} - T_{\mathrm{aw}}}{T_{\mathrm{g}} - T_{\mathrm{c}}} \qquad (3-19)$$

式中　T_{g}——燃气温度；

　　　T_{c}——冷却剂起始温度；

　　　T_{aw}——在边界层内两股气流热力混合后的绝热壁温。

冷却效率是喷注点下游无量纲距离 x 的函数：

$$X = Kx \qquad (3-20)$$

式中　$K = G\mu_{\mathrm{g}}^{0.25}\dot{M}_{\mathrm{c}}^{-1.25}$；

　　　$\dot{M}_{\mathrm{c}}$——单位周长冷却剂流量；

　　　G——燃气主流密流，$G = \rho_{\mathrm{g}}U_{\mathrm{g}}$；

　　　x——下游距离。

大多数研究者认为常数 K 是由冷却剂雷诺数决定的。

对于在湍流平板起始边喷入冷却剂的气膜冷却，Kutateladze 等人提出，为了规定喷入点下游边界层条件，从概念上用相同质量的主流燃气代替喷入的冷却剂。为了提供一个合理的边界层增长速率，可在真实起始边（$x=0$）上游 x_0 处定义了一个有效起始边。其分析可以适用在真实起始边下游 x_i 处喷注的情况，如图 3 - 3 所示。

对边界层按 Colburn 方程进行积分求解，根据求解结果可以知道

64

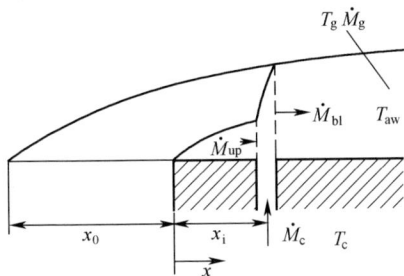

图 3 - 3　气膜冷却分析

边界层厚度和有效起始边下游 x' 处的质量流量(单位宽度)分别为

$$\delta = 0.371x' Re_{x'}^{-0.2} \qquad (3-21)$$

$$\dot{M}_{bl} = \frac{7}{8G\delta} = 0.325\dot{M}_c (X + X_0)^{0.8} \qquad (3-22)$$

式中　$x' = x + x_0$。

假想的上游点是从喷注点的质量平衡来确定:

$$\dot{M}_{bl}\mid_{x=x_i} = \dot{M}_c + \dot{M}_{up} \qquad (3-23)$$

$$0.325\dot{M}_c (X_i + X_0)^{0.8} = \dot{M}_c + 0.325\dot{M}_c X_i^{0.8} \qquad (3-24)$$

所以

$$X_0 = (3.08 + X_i^{0.8})^{1.25} - X_i \qquad (3-25)$$

其中: $X_i = Kx_i$。

夹带到 x 位置的总主流燃气质量为

$$\dot{M}_g = \dot{M}_{bl} - \dot{M}_c \qquad (3-26)$$

由热平衡可以得到

$$\eta = \left(1 + \frac{c_{pg}}{c_{pc}}\frac{\dot{M}_g}{\dot{M}_c}\right)^{-1} = \left(1 + \frac{c_{pg}}{c_{pc}}\left(\frac{\dot{M}_{bl}}{\dot{M}_c} - 1\right)\right)^{-1} \qquad (3-27)$$

将式(3-21)~式(3-26)代入式(3-27)可得

$$\eta = \left[1 + \frac{c_{pg}}{c_{pc}}(0.325 (X + X_0)^{0.8} - 1)\right]^{-1} \qquad (3-28)$$

基于相似分析,研究者们还提出了其他的关联式。然而,大多数都没有仔细考虑喷入物质对喷入点下游边界层发展的影响。在下游较远

65

的位置大多数都归纳为相同的形式。上面的关联式与大多数试验数据都能很好地吻合。

该分析也可以扩展到分区喷注的情形，就像液膜冷却的过程，在液膜结束时气膜随即开始。然而，推导得到的表达式较难处理。在所有情况下，真正的喷入点并不重要。Librizzi 和 Cresci 分析的预测结果与方程(3-4)相似，甚至不需要冷却剂喷入的位置。

该分析方法包含两个假设，分别是所有气态冷却剂保持在边界层内和所有边界层内的气体都有相同的温度 T_{aw}。事实上，边界层内浓度和温度分布曲线的测量结果都表现为 S 型。

S 型温度分布可以从概念上分为两个区域，温度等于主流燃气的外边界层和温度等于 T_{aw} 的内边界层。因为内边界层的厚度占总边界层厚度的比例是常数，所以在冷却效率相同的前提下，携带热燃气的质量比例与原先的分析相同。

然而，在这种情况下，T_{aw} 则只是解释为非常靠近壁面的区域温度。

即使有了这样的定义，仍然存在一个困难，那就是该分析预测在充分发展流动中没有考虑主流燃气携带，这对于湍流而言是不符合实际的。方程(3-28)用于相关的充分发展条件下的试验数据可以得到令人满意的结果。该分析得到的方程(3-28)存在明显的瑕疵，而这不应因为有个别数据与其吻合就掩盖其本身存在的瑕疵。所以，有必要对该方程进行修正，以考虑主流湍流、冷却剂物性等参数影响。

在应用平板边界层关联式推导方程(3-28)过程中，假设没有湍流。两个试验研究测量了湍流对气膜冷却的影响。对以上分析的一种可能的修正就是将无量纲距离 X 乘一个因子 $K_t = 1 + C_t$。这就把主流湍流引起的混合增强等效为一个更大的有效下游距离。当应用于 Mark 和 Tacina 的数据时，发现 C_t 随 X 的变化保持不变，而随主流湍流强度系数 e_t 的变化关系为：$C_t = 8.67e_t$（$e_t = 0.07, 0.14$ 和 0.23）。

与 Mark 和 Tacina 不同，Carlson 和 Talmor 并没有直接测量湍流水平，而是通过放置在流动中的过滤网来推断。他们得到的湍流长度量级可能与前者大为不同。通过数据分析得到：$C_t = 11.7e_t$。在他们的试验数据中，所有湍流水平下，C_t 都随 X 轻微地变化。本模型对两个

66

结果进行了平均,给出了一下关系式:

$$K_t = 1 + 10.2e_t \qquad (3-29)$$

Goldstein 等人发现氦气取代空气作为冷却剂喷入加热的空气流时,冷却效率值比期望值大 30% 左右。这样的结果也得到了 Burns 和 Stollery 的证实。Carlson 和 Talmor 将这一影响归因于冷却剂的性质,因为在相同的冷却效率的情况下,氦气喷射速度比空气要小。本模型将此影响归因于相对分子质量的不同。Goldstern 将其数据拟合成一个经验方程。假定该修正因子与相对分子质量比成幂函数关系,并从氦气这一种冷却剂的特殊情况,将修正因子总结为气体相对分子质量比的 0.138 次方:

$$K_M = \left(\frac{q_{mc}}{q_{mg}}\right)^{0.138} \qquad (3-30)$$

经过修正,方程(3-28)变为

$$\eta = \left[1 + K_M \frac{c_{pg}}{c_{pc}}(0.325\,(K_t X + X_0)^{0.8} - 1)\right]^{-1} \qquad (3-31)$$

Emmons 在文献[26,27]采用的理论流动模型基础上,通过热平衡、推导出另外一种气膜冷却效率计算方法。

图 3-4 给出了分析用的简化流动模型。燃气流动方向记作 x 方向,与壁面垂直的方向记作 y 方向。分析中引入的主要简化假设为:液膜蒸发后形成一个作为冷却气体离散的气膜层,在气膜层和燃气之间没有混合。其他假设如下:

(1)气膜温度在 x 方向不会迅速变化;

(2)y 方向气膜层温度梯度很小;

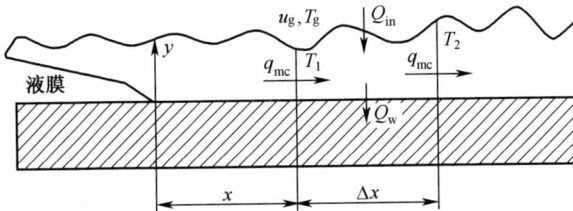

图 3-4 气膜冷却分析流动模型

（3）壁面在 x 方向的温度梯度与气膜相比很小，并可以忽略；

（4）燃气处于充分发展流动状态；

（5）对流换热系数 h_v 在计算中所涉及的物性参数值，其定性温度为 $T_R = \dfrac{T_g + 3T_w}{4}$ ；

（6）燃气与气膜和气膜与壁面之间的对流换热系数相等。

现在考虑单元体积内的热平衡，如图 3-4 所示。热燃气和气膜间的传热量为

$$Q_{in} = \pi D h_v \Delta x (T_g - T_c) \tag{3-32}$$

式中　$h_v = 0.0265 Re^{0.8} Pr^{0.3} \dfrac{\lambda_v}{D}$ ；

　　　D ——当量直径；

　　　T_g ——燃气温度；

　　　T_c ——界面 1 和 2 之间的气膜平均温度。

同时，气膜在 1 到 2 的距离内吸收的热量为

$$Q_{absorb} = q_{mc} c_{pc} (T_2 - T_1) \tag{3-33}$$

式中　q_{mc} ——气膜流量；

　　　c_{pc} ——气膜比热容；

　　　T_1, T_2 ——界面 1 和 2 的气膜平均温度。

向壁面的传热可以表示为

$$Q_w = \pi D h_v \Delta x (T_c - T_w) \tag{3-34}$$

在 1 和 2 之间建立热平衡方程，可以得到

$$\frac{\pi D h_v}{q_{mc} c_{pc}} (T_g - 2T_c + T_w) = \frac{T_2 - T_1}{\Delta x} \tag{3-35}$$

对方程(3-35)取 Δx 趋于 0 的极限，可以得到气膜温度分布的微分方程，即

$$\lim_{\Delta x \to 0} \frac{T_2 - T_1}{\Delta x} = \frac{dT_c}{dx} = \frac{\pi D h_v}{q_{mc} c_{pc}} (T_g + T_w - 2T_c) \tag{3-36}$$

分离变量并在 $x=0$、$T_c = T_v$ 和 $x=$ 任意值、$T_c =$ 任意值间积分，可得

$$\ln \frac{T_g + T_w - 2T_c}{T_g + T_w - 2T_v} = -\frac{2\pi D h_v x}{q_{mc} c_{pc}} \tag{3-37}$$

利用 T_c 与 q_w 的关系

$$q_w = h_v(T_c - T_w) \tag{3-38}$$

由方程(3-38)解出 T_c,并带入方程(2-37),可以得到

$$\ln\eta = \ln \frac{T_g - T_w - \dfrac{2q_w}{h_v}}{T_g + T_w - 2T_v} = -\frac{2\pi D h_v x}{q_{mc} c_{pc}} \tag{3-39}$$

或者

$$\eta = \frac{T_g - T_w - \dfrac{2q_w}{h_v}}{T_g + T_w - 2T_v} = e^{-\frac{2\pi D h_v x}{q_{mc} c_{pc}}} \tag{3-40}$$

3.3 液膜与燃烧室壁的耦合计算

前面两节分析了液膜与壁的换热系数,液膜与燃烧室壁相互作用后,本节介绍燃烧室壁与液膜温度算法。

1. 冷却通道内液膜流动计算

冷却通道内液膜的换热模型如图3-5所示。冷却剂在入口处 $x=0$ 处的温度为 $T_{c,0}$,流量通量为 G(单位截面上的冷却剂流量),通道直径为 D,在进入燃烧室的通道末端,即 $x=L$ 处,热燃气的温度为 T_g,表面膜换热系数为 h_g。加上是一维传热模型,壁材和冷却剂的热物性参数不随壁温变化。

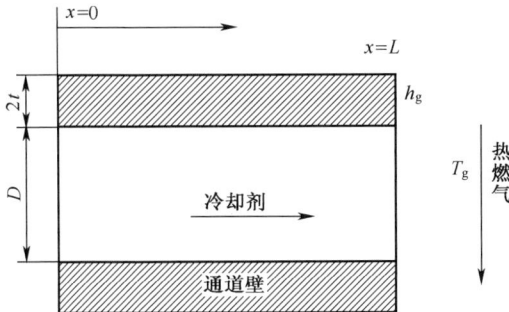

图 3-5 冷却剂与通道壁的换热模型

热壁面的换热方程为

$$\lambda_w \delta \frac{d^2 T_w}{dx^2} = h_1 (T_w - T_c) \qquad (3-41)$$

式中 λ_w ——壁材的导热系数；

h_1 ——冷却剂与壁的对流换热系数；

T_w ——在 x 位置处的壁温；

T_c ——在 x 位置处冷却剂的温度；

δ ——壁材的半壁厚；

x ——距离冷却剂入口的位移。

如果 x 向的冷却剂导热可忽略，那么 x 向冷却剂的换热微分方程为

$$G c_{p_c} \delta \frac{d T_c}{dx} = h_1 (T_w - T_c) \qquad (3-42)$$

结合方程(3-41)和方程(3-42)得

$$\frac{d^3 T_w}{dx^3} + m \frac{d^2 T_w}{dx^2} - n \frac{d T_w}{dx} = 0 \qquad (3-43)$$

式中 $m = h_1 / (G \cdot c_{p_c} \cdot \delta)$ ；

$n = h_1 / \lambda_w$。

式(3-43)得代数方程式为

$$(D^3 + m D^2 - n D) \cdot T_w = 0 \qquad (3-43a)$$

方程(3-43a)的通解为

$$T_w = C_1 e^{r_1 x} + C_2 e^{r_2 x} + C_3 \qquad (3-44)$$

$$r_1 = -\frac{m}{2} + \sqrt{\frac{m^2}{4} + n} \qquad (3-45)$$

$$r_2 = -\frac{m}{2} - \sqrt{\frac{m^2}{4} + n} \qquad (3-46)$$

方程(3-44)中有三个待定系数，需要三个边界条件即可确定待定常数，C_1，C_2 和 C_3。

(1) 在 $x = L$ 处，有

$$h_g (T_g - T_w) = \lambda_w \frac{d T_w}{dx} \qquad (3-47)$$

（2）假定冷却剂的入口面是绝热面（即不考虑入口的热影响），在 $x = 0$ 处，有

$$\frac{\mathrm{d}T_w}{\mathrm{d}x} = 0 \qquad (3-48)$$

$$\lambda_w \delta \frac{\mathrm{d}^2 T_w}{\mathrm{d}x^2} = h_1 (T_w - T_{c,0}) \qquad (3-49)$$

式中　$T_{c,0}$——冷却剂入口温度。

应用式（3-47）~式（3-49）可将待定系数 C_1、C_2 和 C_3 求得，并将其代入式（3-44）得：

$$\frac{T_w - T_{c,0}}{T_g - T_{c,0}} = \frac{e^{r_1 x} - \left(\dfrac{r_1}{r_2}\right) e^{r_2 x}}{e^{r_1 L}\left[-\left(\dfrac{r_1}{r_2}\right) e^{(r_2 L)} + \left(\dfrac{\lambda_w}{h_g}\right) r_1 (e^{r_1 L} - e^{r_2 L}) \right]} \qquad (3-50)$$

式中　L——从冷却剂入口到壁表面的位移。

从式（3-50）可以得到

$$\left| e^{r_1 x} \right| \gg \left| \frac{r_1}{r_2} \cdot e^{r_2 x} \right| \qquad (3-51)$$

$$\left| e^{r_1 L} \right| \gg \left| \frac{r_1}{r_2} \cdot e^{r_2 L} \right| \qquad (3-52)$$

将式（3-51）和式（3-52）代入式（3-50）得

$$\frac{T_w - T_{c,0}}{T_g - T_{c,0}} = \frac{e^{r_1(x-L)}}{1 + \dfrac{\lambda_w r_1}{h_g}} \qquad (3-53)$$

由于式（3-53）未考虑壁材的物性参数随温度的变化及冷却剂物性参数随温度的变化，因此，式（3-53）仅作为设计和评估设计参数时使用。

膜冷却剂的换热系数 h_1 存在于冷却剂与燃烧室壁之间，它是一个从层流发展到湍流的过程，其值变化范围较大，评估值可用下式估算：

$$h_1 = \frac{4\lambda_1}{D} \qquad (3-54)$$

2. 液膜与燃烧室壁耦合计算

膜冷却剂离开壁面的热效应分析稍微区别于常规的发汗冷却系统,发汗冷却的分析基于冷却剂被均匀地喷射到整个表面,这个假设将不适合目前的分析,膜冷却分析方法是将问题处理成高度精练的多重斜缝膜冷却。这样处理有两个原因:①多重膜缝冷却可以准确地描述模型的实际工作过程;②多重膜缝冷却的计算结果与平板的膜冷却计算结果较为接近。显然,膜冷却计算时一定不能将液膜看成均匀地分布在整个喷注区域内。

膜冷却的计算方法类似于宽范围流体流动边界,该方法基于从膜缝流出的介质形成新的流体边界,边界附近的介质是喷进的流体加上边界层附近自由流气体的流量,这已被试验所修订。膜冷却的工作过程是通过多孔区喷注液膜,喷注的冷却剂抬高了距离壁面附近的边界,喷注点下游的冷却剂和热燃气开始混合,随着在热气侧速度边界层的增长,冷却剂的边界层厚度不再像平板的湍流边界层了。

假定液膜区介质流量为液膜流量加上从燃气侧进入液膜区的燃气流量,其质量平衡方程为

$$\dot{m}_{Bl} = \dot{m}_c + \dot{m}_\infty \ , \ \dot{m}_{Bl} \geqslant \dot{m}_c \tag{3-55}$$

式中　$\dot{m}_{Bl}$——边界层内介质流量;

　　　$\dot{m}_c$——冷却剂流量;

　　　$\dot{m}_\infty$——进入边界层的介质流量。

边界层内介质温度 T_{Bl} 由下式计算:

$$T_{Bl} = \frac{h_{Bl}}{\dot{m}_{Bl} c_{p_{Bl}}} = \frac{(\dot{m}_{Bl} - \dot{m}_c) c_{p_\infty} T_\infty + \dot{m}_c c_{p_c} T_c}{(\dot{m}_{Bl} - \dot{m}_c) c_{p_\infty} + \dot{m}_c c_{p_c}} \tag{3-56}$$

式中　c_{p_∞}——自由流比热容;

　　　T_∞——自由流温度;

　　　T_c——离开壁面的冷却剂温度;

　　　c_{p_c}——冷却剂的比热容;

　　　$c_{p_{Bl}}$——边界层内介质的比热容;

　　　h_{Bl}——边界层内膜冷却剂与壁的换热系数。

对于式(3-56)，$\dot{m}_{Bl}$通常是未知数，它通常由边界层理论来计算：

$$\dot{m}_{Bl} = \int_0^\delta \rho u \, dy \qquad (3-57)$$

式中　δ——边界层厚度；

　　　u——边界层内介质速度；

　　　ρ——边界层内介质的密度；

　　　y——距离壁面的位移。

边界层内介质速度的计算公式为

$$u = u_\infty \left(\frac{y}{\delta}\right)^{\frac{1}{n}} \qquad (3-58)$$

式中　n——自由流雷诺数的函数；

　　　u_∞——自由流速度。

假定边界层内介质的密度和自由流的密度相等，即

$$\rho = \rho_\infty \qquad (3-59)$$

$$\dot{m}_{Bl} = \int_0^\delta \left((\rho u)_\infty \left(\frac{y}{\delta}\right)^{\frac{1}{n}}\right) dy = \frac{n}{n+1}(\rho u)_\infty \delta \qquad (3-60)$$

边界层的厚度由下式计算：

$$\delta = Z^{\frac{n+1}{n+3}} \cdot \left[\frac{n \cdot C_n^{\frac{2n}{n+1}}}{(n+2)(n+3)} \cdot \left(\frac{\rho u}{\mu}\right)_\infty^{\frac{2}{n+2}}\right]^{-\frac{n+1}{n+3}} \qquad (3-61)$$

式中　Z——正在发展的边界层厚度；

　　　C_n——与指数n有关的函数；

　　　μ_∞——自由流的动力黏度。

结合式(3-60)和式(3-61)得

$$\dot{m}_{Bl} = \left(\frac{n}{n+1}\right) \cdot \left[\frac{n \cdot C_n^{\frac{2n}{n+1}}}{(n+2)(n+3)}\right]^{-\frac{n+1}{n+3}} \cdot (\mu_\infty)^{\frac{2}{n+3}} \cdot (\rho u)_\infty^{\frac{n+1}{n+2}} \cdot Z^{\frac{n+1}{n+3}} \qquad (3-62)$$

令　　　　　$R_z = \alpha(\dot{m}_{Bl}/\dot{m}_c)$　　　　　$(3-63)$

通常情况下，n的取值范围为$n = 0.80 \sim 0.85$，应用该值进行计算得到的边界层内介质温度分布是合理的。

结合式(3-56)、式(3-52)和式(3-53)得到边界层内的温度

分布:

$$当 0 < \dot{m}_{Bl}/\dot{m}_c < 1 \text{ 时，} T_{Bl} = T_c \tag{3-64}$$

$$当 \dot{m}_{Bl}/\dot{m}_c > 1 \text{ 时，} T_{Bl} = \frac{(R_z - 1) \cdot \frac{c_{p\infty}}{c_{p_c}} \cdot T_{0,\infty} + T_c}{(R_z - 1) \cdot \frac{c_{p\infty}}{c_{p_c}} + 1} \tag{3-65}$$

式中　$T_{0,\infty}$——自由流的滞止温度。

$$R_z = \frac{0.82}{\dot{m}_c} \cdot \left(\frac{n}{n+1}\right) \cdot \left[\frac{n \cdot C_n^{\frac{2n}{n+1}}}{(n+2)(n+3)}\right]^{-\frac{n+1}{n+3}} \cdot (\mu_\infty)^{\frac{2}{n+3}} \cdot (\rho u)_\infty^{\frac{n+1}{n+2}} \cdot Z^{\frac{n+1}{n+3}}$$

$$\tag{2-66}$$

用内冷却的方法结合膜冷却方程，计算膜冷却过程的壁温、必须有一些附加的过程，方程（3-53）的气流温度 T_g 和式（3-64）、式（3-65）用的边界层温度 T_{Bl} 是相同的概念，这两个温度值不相等，T_g 为冷却槽的壁面温度，T_{Bl} 为边界层流动方向的介质温度，T_g 和 T_{Bl} 的关系式为

$$T_g = \frac{\int_D^{D+2\delta} T_{Bl} \mathrm{d}z}{2\delta} \tag{3-67}$$

冷却剂流量 $\dot{m}_c$ 和流量通量 G 的关系为

$$\dot{m}_c = \frac{G(2\delta + D)}{\pi d} \tag{3-68}$$

式中　d——当地的燃烧室直径。

以上就是液膜与燃烧室壁的耦合计算过程，在计算过程中，首先选取室壁的厚度、材料、冷却剂流道的深度、表面设计温度，假定冷却剂流量通量 G 和出口处的温度 $T_{c,L}$ 已知，用这些值并用式（3-64）、式（3-65）和式（3-68）计算 T_g，用此 T_g 值并用式（3-43）可以检测假定的 $T_{c,L}$ 是否正确，该过程的平衡方程为

$$Gc_{p_c} \cdot (T_{c,L} - T_{c,0}) = h_g(T_g - T_w) \tag{3-69}$$

3. 液膜流阻计算

冷却剂在平直通道内流动时通常是层流状态，压降与流量的变化

关系(该式仅适用于矩形通道)为

$$Q = \frac{aD^3}{16\mu} \cdot \left(\frac{\Delta p}{\Delta L}\right) \cdot \left(\frac{4}{3} - 0.836\frac{D}{a}\right) \qquad (3-70)$$

式中　Q ——介质的体积流量；

　　　D ——通道的深度；

　　　a ——通道的宽度；

　　　μ ——冷却剂的黏度；

　　　$\dfrac{\Delta p}{\Delta L}$ ——冷却通道内的压力梯度。

3.4　液膜的组织形式

液膜冷却是液体火箭发动机最常采用的一种有效的主动式热防护方法。液膜热防护的作用为：形成液膜隔热带控制喉部至头部的热返浸，从而控制头部温度；液膜覆盖下的热防护区使壳体温度不超过燃烧室压下冷却组元的饱和温度，而液膜下端的近壁混气层的温度，因其较中心燃气区低，所以混气层下热壁温度将适当地降低。当然，随着液膜蒸气与中心燃气的逐渐混合，近壁混气层的温度将逐渐升高，直至最后接近中心燃气的温度。适当选取设计参数(如冷却剂流量，燃烧室长度等)，可将推力室壁的最高温度点——喉部温度控制在允许的范围内。这样，像不锈钢等也可作为推力室的壳体选材考虑，如俄罗斯萨马拉航空学院研制的 20N 小推力发动机推力室，就采用了不锈钢作壳体材料。为了把推力室喉部温度控制在约 800℃ 的水平上，燃烧室的特征长度取 0.2m，以使喉部近壁层内的混气温度处于较低的水平。

液膜的组织方式有喷注器组织和环带组织。几乎所有的发动机都采用了喷注器组织，对于室压较高、热流较大的发动机还采用了环带液膜。

1. 直流互击式喷注器液膜组织方式

沿一圆周排列有多对互击式喷注孔的喷注器，是一种典型的双组元发动机推力室喷注器设计方案。它可在头部边区设计冷却小孔，分流出部分燃料对燃烧室壁面进行液膜冷却。但是，在直流互击式方案中,在头部边区开孔组织独立的液膜冷却问题,受极限孔径的限制。该限制也制约着最小喷注孔径的选取。依据研制经验,该极限值通常定为 0.2mm。因为孔径过小,不但加工难,特别是难于保证加工精度,而且还会出现滞流现象。推进剂的黏度和小孔的长径比会影响该值的大小。如果组织专门的液膜冷却有困难,而推力室的选材又能承受 1900℃ 以上的高温,那么在推力室头部的设计上可考虑把推进剂控制阀置于一托架上,而阀门与喷注器之间则选用薄壁金属细管作为推进剂的流通通道,以防止阀门过热,图 3-6 为直流互击式喷注器的示意图。

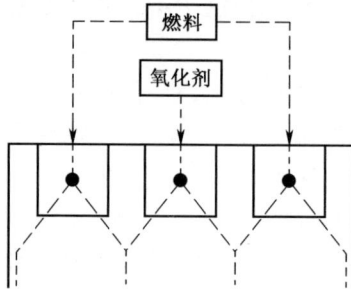

图 3-6　直流互击式喷注器液膜组织方式

2. 同轴离心式喷注器液膜组织方式

由于受推力室头部尺寸的限制,通常只能在喷注器面的中心位置上安放一套同轴离心式喷注器。根据设计要求,两推进剂组元在燃烧室空间可形成交会或不交会的雾锥。不交会方案可使雾锥在抵达燃烧室壁时,在壁面上形成分段液膜。这样,该方案就由喷注单元本身组织对燃烧室壁面的液膜冷却,从而控制了从身部至头部的热流返浸。显然,这一方案中推进剂组元的燃烧效率较低。但是,对受空间限制而不能组织独立液膜冷却的小推力发动机推力室而言,这的确是一个可行方案。如果发动机的推力较大,如接近百牛的量级,那可考虑在头部边区设计单独的冷却孔来组织燃烧室壁面的液膜冷却,而中心区推进组元的喷注则取空间交会方案,以利更好的雾化、混合、燃烧。图 3-7

为同轴离心式喷注器的示意图。

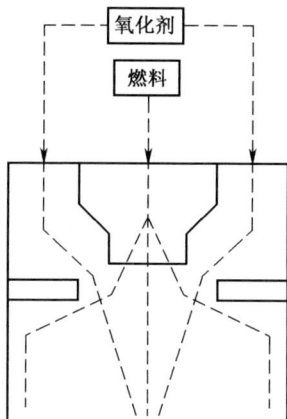

图 3-7　同轴离心式喷注器液膜组织方式

3. 环形导流楔喷注器液膜组织方式

环形导流楔喷注器是俄罗斯萨马拉航空学院研制的一种喷注器设计方案。其特点是氧化剂组元和燃料组元分别由导流楔两侧的喷注孔按给定的角度射向该导流楔的两侧,在楔面上呈膜状展开,并于楔端交会后在空间形成复合液膜。适当地选取两组元的动量比和楔角,就可使复合液膜指向燃烧室壁并对室壁形成液膜冷却。饱和温度低的组元将先蒸发完。膜状交会使两组元具有更大的接触面,从而增加了液相反应比例,这有利于减少着火延迟时间。在楔端形成的复合液膜厚度还影响着推进剂的燃烧效率。此外,膜状交会还降低了对喷注孔位置精度的要求。图 3-8 为环形导流楔喷注器液膜组织方式的示意图。

4. 层板喷注器液膜组织方式

用激光刻蚀技术、化学刻蚀技术制作的层板式喷注器,在空间小推力液体火箭发动机推力室上的应用日益受到重视。激光刻蚀技术或化学刻蚀技术加工的层板用扩散焊组装起来后,可以形成复杂形状的通道和长径比很小的喷注孔,而且又可精确地控制和调整其尺寸(包括层板的层数)。

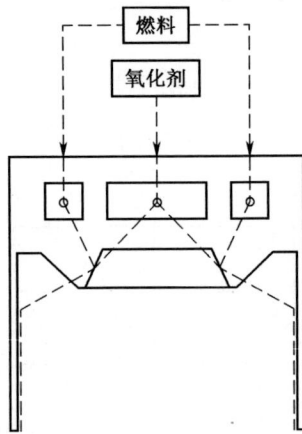

图 3 - 8   环形导流楔喷注器液膜组织方式

层板喷注器的特点为：启动和关机特性极高、羽流污染效应极低、可在很小的头部空间内组织直流/对击/互击/离心/同轴离心/溅板等各种模式的单对或多对混合单元、可组织近壁层内的富氧或富燃燃烧以及利用喷注组元本身或专门的冷却组元组织室壁的液膜冷却、可通过改变层板层数调整喷注压降、可设计有预雾化效应的喷注单元从而可适当降低对推进剂组元撞击精度的要求、可在层板喷注器的边缘部位或与小长径比的喷注孔结合起来设计阻尼声腔预防/抑止高频不稳定燃烧、小长径比喷注孔有利于避免氧化剂中生成的盐阻塞喷孔。图 3 - 9为层板喷注器方案中的一个放大了的喷注单元示意图。

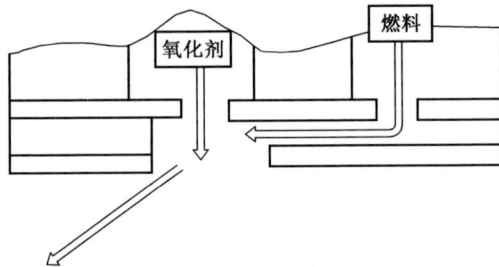

图 3 - 9   层板喷注器方案

参 考 文 献

[1] Schlichting H. Boundary Layer Theory[M]. New York :McGraw - Hill. 1981.

[2] Landis R B. Nummerical Solution of Variable Property Turbulent Boundary Layers with Foreign Gas Injection[D]. UCLA. 1958.

[3] Kays W M. Convective Heat and Mass Transfer. New York :McGraw - Hill. 1966.

[4] Couto P. Analysis of Supercritical Start - Up Limitations for Cryogenic Heat Pipes with Parasitic Heat Loads [C]. American Institute of Aeronautics and Astronautics, 2002:AIAA Paper 2002 - 3095.

[5] Bartz D R. A simple Equation for Rapid Estimation of Rocket Nozzle Convective Heat Transfer Coefficients[J]. Jet Propulsion, 1957, 27(1):49 - 51.

[6] Churchill S W, Usagi R. A General Expression for the Correlation of Rates of Transfer and other Phenomena[J]. AI ChE Journal. 1972, 18(6): 1121 - 1128.

[7] Barbin A R, Jones J B. Turbulent Flow in the Inlet Region of a Smooth Pipe[J]. Trans. ASME - Journal of Basic Engineering, 1963, 85(1) : 29 - 34.

[8] Hartnett J P. Heat and Mass Transfer in Boundary Layers. Vol.1N. Afgan editor, Pergamon 1972.

[9] Bird R B, Stewart W E, Lightfoot E N. Transport Phenomena[M].New York : John Wiley & Sons .1960.

[10] Brunner M. J. ASME Paper. No.64 - WA/Ht - 50.

[11] Rubesin M W. Handbook of Heat Transfer[M]. New York : McGraw - Hill. 1966.

[12] Pletcher R H. Progress in Turbulent Forced Convection[J]. Trans. ASME - Journal of Heat Transfer.1988, 110: 1129.

[13] Akinga Kumakawa, Fumiei Ono, Nobuyuki Yatsuayanagi. Combustion and Heat Transfer of LO2/HC /Hydrogen Tripropellant [C]. 1995:AIAA Paper 95 - 2501.

[14] Popp M, Schmidt G. Heat Transfer Investigation for High Pressure Rocket Combustion Chambers [C]. American Institute of Aeronautics and Astronautics, 1994: AIAA Paper 94 - 3102.

[15] William M Grisson. Liquid Film Cooling in Rocket Engines[J]. 1991, AD - A234:288.

[16] Carl R. Stechman Film Cooling Design Criteria for Small Rocket Engines[J]. A-merican Institute of Aeronautics and Astronautics, 1968:AIAA 68 − 617.

[17] Glenn L A, McFarland B L. Advanced Experimantal Thrust Chamber Prgram (Phase I and II)[J]. American Institute of Aeronautics and Astronautics, 1966: AIAA 66 − 06857.

[18] Wren G P, Coffee T P. Pressure Oscillations in Regenerative Liquid Propellant Guns[J]. Journal of Propellants Explosives and Pyrotechnics, 1995, 20(1): 225 −231

[19] Stollery J L, El − Ehwany A A M. A note on the use of a Boundary Layer Moder for Correlating Film Cooling Data[J]. Int. Journal of Heat and Mass Transfer. 1965, 8:55.

[20] Librizzi J, Cresci R J. Transpiration Cooling of a Turbulent Boundary Layer in an Axisymmetric Nozzle[J]. AIAA Journal,1959, 2(4):26 − 36.

[21] Goldstein R J. Film Cooling Effectiveness with Injection through a Porous Section [J]. ASME Journal of Heat Transfer. 1965,8:353.

[22] Goldstein R J. Film Cooling with Helium Injection into an Incompressible Air Flow [J]. Int. J. of Heat Transfer. 1966, 9:1341.

[23] Marek C J,Tacina R R. Effect of Free − stream Turbulence on Film Cooling[M]. Washington:NASA TND − 7958, 1975.

[24] Carlson L W,Talmor E. Gaseous Film Cooling at Various Degrees of Hot Gas Ac-celeration and Turbulence Levels[J]. Int. J. of Heat Transfer. 1969, 12:1695.

[25] Burns W K. Stollery The Influence of Foreign Gas Injection and Slot Geometry on Film Cooling Effectiveness[J]. Int. J. of Heat Transfer 1969, 12:935.

[26] Emmons D L.Effects of Selected Gas Stream Parameters and Coolant Physical Properties on Film Cooling of Rocket Motors [D]. West Lafayette:Purdue Univer-sity,1962.

[27] Hatch J E,Papell S S. Use of a Therotical Flow Model to Correlate Data for Film Cooling or Heating an Adiabatic Wall by Tangential Injection of Gases of Different Fluid Properties[M]. Washington:NASA TND − 130, 1959.

第4章 推力室热防护

推力室一般采用内冷却和外冷却的防护措施,内冷却通常是膜冷却,外冷却依据发动机的推力量级、推进剂供应状态分为辐射冷却、再生冷却、发汗冷却。我国研制的发动机均采用了内冷却—膜冷却,推力量级不同组织方式不同,小推力采用头部喷注器组织,大推力量级采用环带组织或头部喷注器组织,小推力量级的外冷却采用辐射冷却、大推力量级采用再生冷却。

对于再生冷却推力室,热设计时喷管的壁温在材料允许范围之内,冷却套内应有合理的压降,冷却剂出口的温度和压力应在喷注器和涡轮泵的承受范围之内。冷却通道的换热能力受通道的表面粗糙度、入口条件、加工方式、收缩和扩张比、高宽比等因素制约。对于辐射冷却推力室,热设计时喷管壁温也应在材料允许范围之内,壁面采用耐热材料并涂敷高辐射率涂层。

4.1 推力室再生冷却

对于泵压式液体火箭发动机,保护推力室免受强大热流烧坏的最常用、最有效且经济的办法是再生冷却。再生冷却推力室的室壁一般为内外两层壁构成的冷却夹套结构(简称冷却套)。发动机工作时,冷却剂流经冷却套,对内壁进行对流冷却。通常,选用冷却性能较好的一种推进剂组元作冷却剂,全流量通过冷却套。特殊情况下,也可仅用一种组元的一部分作冷却剂;或者,两种推进剂组元都用作冷却剂,对大喷管推力室实施分段冷却。例如,750kN 发动机的再生冷却剂是燃料、40kN 发动机的再生冷却剂是氧化剂、5kN 发动机的再生冷却剂是氧化剂和燃料。

推进剂组元流经冷却套冷却推力室内壁面,自身受热升温后流出冷却套,再经喷注器进入燃烧室,使通过内壁传出的热量又回到燃烧室,得以"再生",故称再生冷却。

再生冷却是对流冷却的一种,其传热状态包括单相传热和相变传热。有一种观点认为,应避免冷却套中出现沸腾传热。实际上,单相液体的传热能力较低,难以传递燃烧室和喷管喉部前后的强大热流。通常,只在喷管后半段即热流密度较小的区域,才可能出现单相液体对流换热。其余部位,由于热流密度大,液壁温(与冷却液接触的内壁面温度)不可避免地要超过液体饱和温度或临界温度,因而传热状态实为表面沸腾传热或表面超临界传热,结果散热能力大大增加。因此,冷却套中沸腾传热不仅不可避免,而且无须避免。可以充分利用表面泡沸腾传热的高散热能力特性,但要避免膜沸腾,即冷却液主流温度达到饱和温度,这种现象在推力室冷却套中一般不存在。

还有一种看法,认为避免冷却套出口处的冷却液温度达到饱和温度,并将此作为采用再生冷却的极限。实际上,一般的推力室不会出现这种现象。像液氢那样的超低温推进剂作为冷却剂时,虽会超过临界温度而汽化为超临界氢气,但由于氢气传热性能极好,因此,不必担心汽化。相反,由于液氢温度太低,壁温与氢温的比值很大,致使换热系数显著降低。而适当提高氢温,可以强化冷却能力,所以,液氢汽化不仅不可避免,而且最好是适当提高氢温以改善冷却条件。

判断单独采用再生冷却能否保证推力室安全工作的标志是气壁温度,采用像 1Cr18Ni9Ti 这种不锈钢材作内壁时,最高气壁温度不得超过 1400K;采用锆铜合金时,不得超过 870K,对受热后会离解的冷却剂,还要限制液壁温度,例如,用煤油作冷却剂时,液壁温度不得超过 700K,否则,在液壁面将由于煤油裂解而出现固体炭沉积。积炭层为绝热层,它阻碍热量传递,从而促使气壁温度升高以致超过上限。用肼作冷却剂时,液壁温度不得超过 600K,否则肼将急剧离解以致爆炸。这种对液壁温度的限制,还与材料有关。例如,镍对煤油的热解有催化作用。当镍与煤油接触的表面温度超过 570K 时,煤油将迅速析出固体炭。若在镍表面镀金,则炭的形成可推迟到 770K。

再生冷却能力主要取决于冷却剂的热物理性质。选择适当的冷却套结构和内壁材料,也可强化传热,例如,采用良导材料的铣槽结构,就能起到散热片的作用而强化传热。

4.1.1 单相对流传热

在低热流密度下,液壁温度低于冷却液的饱和温度,通道全截面上充满单相流体,这属于单相液体对流传热。传热系数的计算通常采用的准则方程为式(4-1),或类似于式(4-1)的准则方程。

$$Nu = 0.021 Re^{0.8} Pr^{0.4} (Pr_w/Pr)^{0.25} \qquad (4-1)$$

式中　Pr_w——以壁温为定性温度的 Pr 数。其余未注下标的准则数均以主流体温度为定性温度。

电热管传热试验表明,当 $Re > 2 \times 10^4$ 时,可得出:

$$Nu = 0.005 Re^{0.95} Pr^{0.4} \qquad (4-2)$$

这与美国火箭达因公司对 N_2O_4 所做的超临界传热试验结果一致。式(4-2)与式(4-1)的差异可能是由于采用了小管径的试验件,表面相对粗糙度较大,因而在较小 Re 下已属粗糙管之故。参考文献[1]的试验结果还可整理成换热准则关系式:

$$Nu = 0.008 Re^{0.92} Pr^{0.4} \qquad (4-3)$$

单相气体对流传热与单相液体对流传热性质相同。像液氢这样的超低温推进剂,进入冷却套很快就完全汽化,成为单相超临界低温氢气。由于氢气温度太低,壁温 T_w 与主流体温度 T_b 的比值很大,壁温 T_w 与主流体温度 T_b 的比值很大,壁温对传热系数修正更显得重要,用式(4-1)就不够准确。不同文献提出的修正方法各异,参考文献[1]提出对各物理参数均取主流体温度与液壁温的积分平均值,按常用的如下准则计算:

$$Nu_{int} = 0.023 Re_{int}^{0.8} Pr_{int}^{0.4} \qquad (4-4)$$

式中　下标"int"——积分平均值。式(4-4)计算太繁,较简单的由参考文献[2]提出的黏度修正法计算式:

$$Nu_f = 0.0208 Re_f^{0.8} Pr_f^{0.4}(1 + 0.0145\mu_w/\mu_f) \qquad (4-5)$$

式中　μ_w——以液壁温为定性温度的流体运动黏度;

　　　μ_f——主流体温度下的运动黏度,下标"f"表示以膜温为定性温度。

Niid M 等人认为式(4-5)的误差太大,提出了包括各种修正因素在内的新方程:

$$Nu_f = 0.062 Re_f^{0.7} Pr_f^{0.4} \Phi_T \Phi_c \Phi_r \qquad (4-6)$$

式中 Φ_T ——温度比和入口段尺寸系数:

$$\Phi_T = 1 + (x/d)^{0.7} (T_w/T_f)^{0.1} \qquad (4-7)$$

Φ_c ——曲率修正系数(只修正凹面,如喉部;不修凸面,如收敛段),

$$\Phi_c = I^{0.02} \left[1 + \sin\left(\pi \sqrt{\frac{x_c}{L_c + 15d}} \right) \right] \qquad (4-8)$$

Φ_r ——表面粗糙度修正系数:

$$\Phi_r = \frac{1 + 1.5 Pr^{-\frac{1}{6}} Re^{-\frac{1}{8}} (Pr - 1)}{1 + 1.5 Pr^{-\frac{1}{6}} Re^{-\frac{1}{8}} \left(Pr \dfrac{f_r}{f_s} - 1 \right)} \cdot \frac{f_r}{f_s} \qquad (4-9)$$

I ——艾托准则:

$$I = Re \left(\frac{d}{2R_c} \right)^2 \qquad (4-10)$$

式中 d ——通道当量直径;

x ——距冷却剂入口的距离;

x_c ——距弯曲起点的轴向距离;

L_c ——弯曲部分的总长度;

f_r , f_s ——粗糙和光滑表面摩擦系数;

R_c ——冷却通道转弯曲率半径。

参考文献[4]同时给出了各种冷却剂的普适换热准则试验关联式:

$$Nu = C \cdot Re_f^b \cdot Pr_f^c \cdot \left(\frac{\rho_f}{\rho_{wl}} \right)^d \cdot \left(\frac{\mu_f}{\mu_{wl}} \right)^e \cdot \left(\frac{\lambda_f}{\lambda_{wl}} \right)^f \cdot \left(\frac{\bar{c}_p}{c_{p_f}} \right)^g \cdot \left(\frac{p_f}{p_{cr}} \right)^h$$
$$(4-11)$$

$$\bar{c}_p = \frac{i_{wl} - i_f}{T_{wl} - T_f} \qquad (4-12)$$

式(4-11)中的系数和指数见表4-1,其中煤油和甲烷的换热准则关联式见图4-1。

表 4-1　冷却剂换热的试验关联式中的系数和指数

燃料	系数/指数							
	C	b	c	d	e	f	g	h
煤油	0.0095	0.99	0.4	0.37	0.6	-0.2	-6.0	-0.36
	0.0068	0.94	0.4	0	0	0	0	0
化学纯丙烷	0.011	0.87	0.4	-9.6	2.4	-0.5	0.26	-0.23
	0.020	0.81	0.4	0	0	0	0	0
商用丙烷	0.034	0.80	0.4	-0.24	0.098	-0.43	2.1	-0.38
	0.028	0.80	0.4	0	0	0		0
甲烷	0.00069	1.1	0.4	1.4	-6.5	6.3	2.6	0.087
	0.0028	1.0	0.4	1.5	-6.5	6.4	2.4	0
	3.7	0.42	0.4	0	0	0	0	0
通用燃料	0.019	0.81	0.4	-0.059	0.0019	0.053	0.52	0.11
除甲烷外的所有燃料	0.044	0.76	0.4	0	0	0	0	0

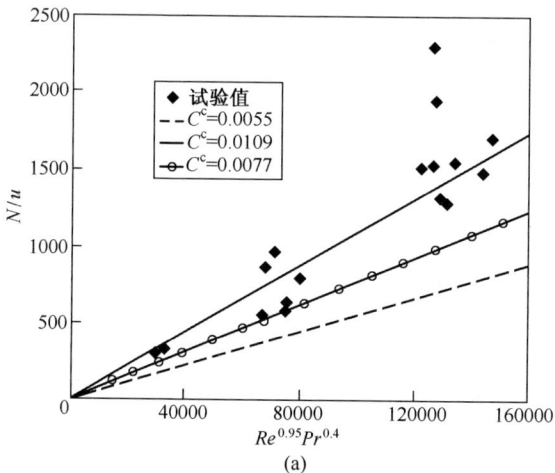

(a)

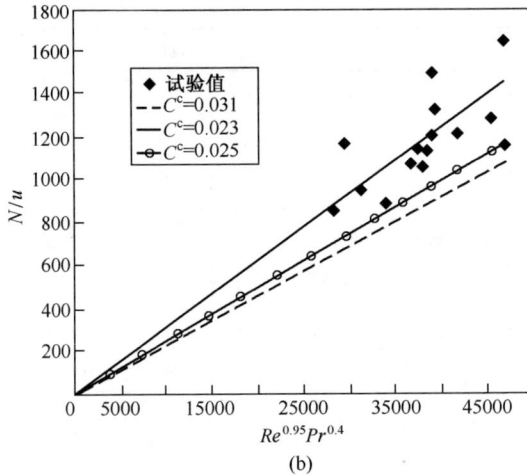

图 4-1 煤油和甲烷的换热试验关联式

(a)煤油;(b)甲烷。

4.1.2 表面沸腾传热

用低于临界压力的液体冷却内壁时,液壁温度随热流密度增大而升高,当液壁温超过液体饱和温度时,接触壁面的薄层液体的温度达到饱和温度而开始汽化。最初只产生少量微小气泡。气泡在流体重力、表面张力和冲刷力等作用下脱离壁面,进入主流体中。此时主流体仍处于欠热状态,即其温度低于饱和温度,故进入主流体的小气泡很快冷凝而消失。壁面上气泡脱离的地方,立即被附近的欠热液体填补。填补上的液体受热汽化,形成小气泡,再脱壁、冷凝。这种现象如此循环,在壁面附近形成沸腾现象,即表面沸腾,又称微沸腾。

表面沸腾分为泡沸腾和膜沸腾两种工况。如上述的气泡产生、脱壁、冷凝的循环过程即为泡沸腾。因气泡多而细微,呈泡沫状,又称泡沫沸腾或沫沸腾。由于气泡总是产生于微气核,又称核沸腾。随着热流密度继续增大,气泡数量增多,直径增大。最后,如气泡相互拥挤而连成一片,在壁面上形成一层连续的气态薄膜,就变为膜沸腾。

泡沸腾在气泡产生、脱离过程中，从壁面吸收了汽化所需的热量，同时增加了对边界层的扰动，这都使散热能力显著增强。传热系数很大，只要很小的内壁温升，就可增加很大的热流密度，泡沸腾下的壁温总是保持在比饱和温度略高一些的水平，一般只比饱和温度高 20～30K，或更少。

冷却液处于泡沸腾状态时，热流密度虽可达很高，但终有极限。当热流密度超过极限值时，就要转入膜沸腾状态。这个极限热流密度称为临界热流密度，是沸腾传热中很重要的一个参数。

泡沸腾超过临界热流密度之后，在转入稳定膜沸腾之前，还有一个短暂的过渡段，称为过渡沸腾或不稳定膜沸腾。此时，壁温升高，热流密度反而下降，实际上无法维持，很快就转入稳定膜沸腾。

在稳定膜沸腾时，有一层连续气膜把壁与冷却液隔开。气膜热导率很小，传热系数比泡沸腾低得多。要带走同样的热流密度，需要很大的壁、液温差，即要很高的壁温。如靠膜沸腾带走泡沸腾临界热流密度，内壁的温度往往会高到其结构材料无法承受而烧毁。因此，一般把临界热流密度称为烧毁热流密度。

但是临界热流密度与烧毁热流密度还是有区别的。因为膜沸腾传热系数虽小，只要壁温足够高，带走的热流密度就可能超过临界热流密度。若膜沸腾传热系数不太小，则带走临界热流密度所需的壁温仍有可能不超过壁材料的允许温度。此时，烧毁热流密度就会超过临界热流密度。液体压力与其临界压力之比 p/p_{cr} 称为对压比。在对压比小于 0.3～0.4 的低压下，临界热流密度与烧毁热流密度一般是一致的。高压，尤其是在高速流动下，烧毁热流密度就有可能超过临界热流密度。从图 4-2 可见，对压比较大时，热流密度高峰与低谷间的过渡段缩小，稳定膜沸腾的曲线斜率加大，这样就可在壁温升高到没有超过材料烧毁温度之前，热流密度已达到或超过临界热流密度。这表明，临界热流密度并非绝对不可逾越的极限膜沸腾传热也并非绝对不可接受的。当然，要以高壁温为代价，故一般还应避免出现膜沸腾。

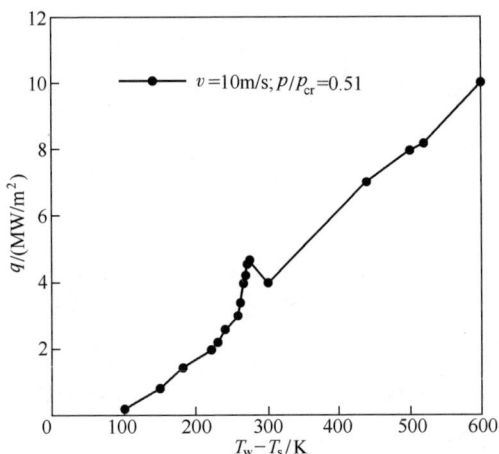

图 4-2　偏二甲肼沸腾传热曲线

临界热流密度的大小，是决定推力室能否可靠工作的重要数据，至于泡沸腾传热系数的确切值，实际上并不太重要。只要设计计算得出的热流密度不超过其临界值，壁温总是不会比饱和温度超过太多，因而一般不会影响结构的可靠性。

欲求出烧毁热流密度，须知膜沸腾传热系数，求出热平衡壁温。而膜沸腾传热系数很难求得。一般只能靠试验得到烧毁前的热流密度与壁温的关系。但烧毁热流密度的试验数据与试验件的高温强度、厚度、均匀性及受力状况等因素有关。因而试验数据也仅供参考。

4.1.3　临界热流密度计算及影响因素

1. 临界热流密度的计算

不少学者对临界热流密度的计算做过研究，但能够提出满意的准则方程，还只限于池沸腾，指池或槽中的不流动液体在自然对流传热下的沸腾。强迫对流临界热流密度的计算，都只限于各种经验方程，有一定的局限性，通常依据相似理论分析，利用大量的试验数据整理出准则方程为

$$Ku = 0.009Fr^{0.36}\Phi^{0.4}\theta^{0.35} \tag{4-13}$$

式中　　$\Phi = \rho_1/\rho_{g,s}$，ρ_1 为主流温度下的液体密度，$\rho_{g,s}$ 为气相饱和

密度；

$\theta = c_p \Delta T_s / l, \Delta T_s = T_s - T_1$，$c_p$ 为饱和液体比热容，T_s 为饱和温度，T_1 为液体主流温度，l 为汽化比潜热；

Ku ——库塔切拉兹数；

Fr ——佛劳德数（Froude）。

$$Ku = \frac{q_{cr}}{l\sqrt[4]{\rho_{g,s}^2 (\rho_1 - \rho_{g,s}) \sigma g}} \tag{4-14}$$

$$Fr = v^2 \sqrt{\frac{(\rho_1 - \rho_{g,s})}{\sigma g}} \tag{4-15}$$

式（4-14）和式（4-15）中　q_{cr} ——临界热流密度；

　　　　　　　　　　σ ——主流温度下的表面张力；

　　　　　　　　　　g ——重力加速度；

　　　　　　　　　　v ——液体速度。

推力室冷却套属缝隙结构，单面受热。当缝隙尺寸小于 2mm 时，气泡尺寸可能与缝隙尺寸接近而出现壅塞现象，使临界热流密度减小。在这种情况下，式（4-15）需乘以缝隙修正系数。

式（4-13）~式（4-16）得出的计算值与试验值的偏差在 ±20% 以内。

$$\Phi_\delta = \left[\frac{\delta}{2\sqrt{\dfrac{\sigma}{g(\rho_1 - \rho_{g,s})}}}\right]^{0.52\left(1 - \frac{10^3 \delta}{2}\right)} \tag{4-16}$$

式中　δ ——缝隙宽度（m）；

若算出 $\Phi_\delta > 1$，则取 $\Phi_\delta = 1$。

式（4-13）不适用于低流速情况，试验研究表明，气泡脱壁速度随热流密度增大而增大。到临界热流密度时，气泡脱壁频率达最大值，脱壁速度也增大很多。若流体速度 $v < 1\text{m/s}$，这相当于 $Fr < 100$，则在沸腾边界层内，影响临界热流密度的主要因素是气泡脱壁速度，而不是主流速度。即 q_{cr} 与 Fr 无关，故该式不适用。

式（4-13）中的 c_p 应是主流体温度至饱和温度的平均比热容。或者，以饱和液体与主流体的比焓差 Δh 代替式中的 $c_p \Delta T_s$ 更合理。但这样变换后,准则方程中的系数、指数和散布差都可能要变,需要重新整理。

2. 临界热流密度的影响因素

1)流速

式(4-13)改写为

$$q_{cr} = 0.009v^{0.72}l^{0.65} (\rho_1 - \rho_{g,s})^{0.43}\rho_1^{0.4} (c_p\Delta T_s)^{0.35}\rho_{g,s}^{0.1} (\sigma g)^{0.07}$$

$$\tag{4-17}$$

因为 $\rho_{g,s} \ll \rho_1$,$(\rho_1 - \rho_{g,s})^{0.43} \approx \rho_1^{0.43}$,因此式(4-17)可改写为

$$q_{cr} = 0.009\rho_1^{0.83}v^{0.72}l^{0.65} (c_p\Delta T_s)^{0.35}\rho_{g,s}^{0.1} (\sigma g)^{0.07} \tag{4-18}$$

式(4-18)表明,$q_{cr} \propto v^{0.72}$,液体流速越高,临界热流密度就越大,但是当 $v = 0$ 时,$q_{cr} \neq 0$,零速时仍有临界热流密度。

2)温度

饱和温度与液体温度之差称为欠热度 ΔT_s。从式(4-18)可得,$q_{cr} \propto \Delta T_s^{0.35}$,即 ΔT_s 越大,q_{cr} 也越大。当 $\Delta T_s = 0$ 时,出现饱和沸腾,这时,一旦气泡形成,脱离壁面进入主流后,并不消失,而是形成两相流。传热状态成为两相流传热。这也不属表面沸腾,q_{cr} 并不等于零。因此,当 ΔT_s 趋于零时,式(4-18)不适用。

3)压力

从式(4-18)可知,p 通过 l,Δh_s,$\rho_{g,s}$,σ 等参数会间接影响 q_{cr} 之值。随着 p 增大,l,σ 下降,而 Δh_s,$\rho_{g,s}$ 上升。综合影响结果是:当 p 较小时,q_{cr} 随 p 增大而增大,大约在对压比 $p/p_{cr} \approx 0.3 \sim 0.4$ 时,q_{cr} 达到极大值;随后,p 继续增大时,q_{cr} 值则减小。当 $p/p_{cr} = 1$ 时,壁面液温升到饱和温度即临界温度,近壁层液体呈临界温度,气液不分,不吸收潜热。但因主流体温度仍远低于临界温度,临界流体与主流液体之间仍有明显的密度差,其传热状态与表面超临界传热类似,传热能力并不很低。烧毁热流也不低,事实上,$p/p_{cr} > 0.4$ 后,q_{cr} 虽减小,但烧毁热流密度有可能继续升高,传热能力还相当好。用近临界压力的 N_2O_4 作冷却剂的推力室试验,也成功地证明了其冷却性能良好,能可靠工作。

4)热物理性质

从式(4-15)可见,液体密度、汽化潜热、比热容、表面张力和饱和气密度对 q_{cr} 有正的影响。其中 ρ_1 的指数与 v 的指数比较接近,可认为 q_{cr} 与 $\rho_1 v$ 的 0.72 次方成正比。这与单相对流传热类似。剩下的热物

理性能的影响因素主要是汽化比潜热和比热容。

5）表面超临界传热

流体压力高于其临界压力，主流体温度低于其临界温度，而壁面温度高于临界温度的传热状态，称为表面超临界传热。此时，近壁层液体受热升温到临界温度，立即汽化，不吸收潜热，也没有表面张力，形不成气泡，而成为气液不分的浑浊雾状介质。

在对压比 p/p_{cr} 不大的近超临界区，热导率和比热容随温度急剧变化，在临界温度附近各有一峰值。此峰值比液相和远离临界温度的超临界气相的热导率和比热容大很多，如图 4-3 所示。该峰值所对应的温度称为伪临界温度。因此，在壁温升到临近温度附近时，传热系数也有一峰值。

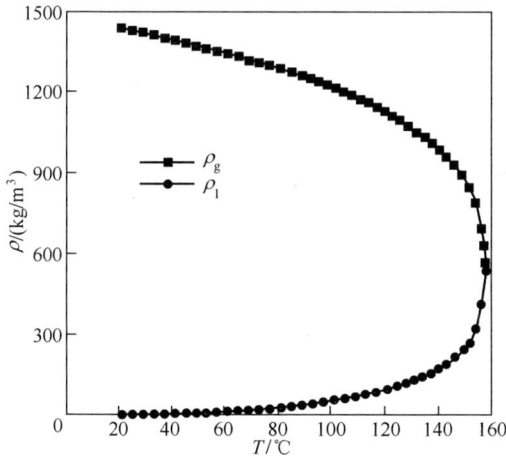

图 4-3　N_2O_4 气液态密度变化曲线

随着对压比增大，伪临界温度升高，热导率和比热容的变化渐趋平缓。对压比很大的高超临界流体，其热导率和比热容剧变现象消失，所有参数从液相到气相均为缓变过程，传热状态接近于单相传热。

近临界液体的表面超临界传热，表面虽不产生气泡，但气态的比热容比主流液体大很多，仍可产生与沸腾传热相同的对边界层扰动现象。此时，汽化虽不吸收潜热，但由于在伪临界点附近存在热导率和比热容剧增现象，也可使传热系数剧增。热流密度随壁温变化曲线与沸腾传热类似。散热能力也很高。这种现象称为伪沸腾。

4.2 排 放 冷 却

排放冷却是对流冷却的一种,过程机理与再生冷却相同,只是冷却剂吸热后不进入燃烧室,而从喷管末端排放出去。这部分推进剂未经燃烧就被排出而带走部分化学能,必然降低发动机性能。因此,其使用范围受到很大限制,只适用于以氢为冷却剂的大扩张比的喷管后段。这里,喷管内压力很低,允许壁温较高,且热流密度较小,易于冷却。氢的比热容和热导率都很高,吸热和散热能力很强,只用少量的氢作排放冷却剂(一般约为氢流量的 6%)即可,发动机比冲损失较小。另外,由于允许壁温较高,氢的出口温度和壁温常达到 1000K 以上。小摩尔质量的氢以高温排放时,可达到较高的流速。氢的排放口常做成拉瓦尔喷管(沿喷管出口壁排成一圈),以增大排放速度。

4.3 辐 射 冷 却

大扩张比的喷管延伸段的热流密度较小,为减小结构质量,省去冷却套,常采用单层薄壁的耐高温金属喷管。在高温下工作的喷管壁靠向空间辐射散热以达到热平衡,此即辐射冷却。

对于微型空间发动机,由于推力室温度、压力较低,有时还间歇工作,每次工作时间很短,故整个推力室常采用辐射冷却。

辐射冷却通常用于上面级发动机,其喷管或推力室裸露在太空中,辐射热不受遮挡和反射。喷管壁的内、外表面可同时辐射散热,但内表面的辐射热只有一部分穿过喷口,散到太空中。为确定内表面的净辐射热耗散量,需按兰贝特(Lambert)定律求出各点的角系数,还要考虑各点间的相互影响,计算过程十分繁琐。根据参考文献[4]的计算数据,可统计得出内外表面的总辐射散热热流密度的估算公式为

$$q_r \approx 1.54 \varepsilon_w \sigma T_w^4 \tag{4-19}$$

式中　　T_w——壁的外表面温度。

按式(4-19)算出的 T_w 值与参考文献[4]给出的精确计算值相差不大，一般在 5K 左右，最大不超过 10K。实际上，式(4-19)中的系数与喷管造型、扩张比、辐射冷却段长度以及计算点的位置等有关。

多管并列的辐射冷却式喷管，由于相互间热辐射，可使局部壁温升高，这也可按兰贝特定律计算，但计算复杂。其相互影响程度随喷管中心距、扩张比、角向位置等不同而异。根据参考文献[1]的计算结果，靠近喷管出口端的壁温沿圆周分布曲线见图 4-4，由图可见，当相邻二喷管轴线距离 L 与喷管出口直径 d_e 的比值 $L/d_e > 2$ 时，由相互辐射引起的局部壁温升高不明显。图 4-4 中横坐标示出的圆周角，以两喷管轴心的连线或死喷管对角轴心的连线为 0°。

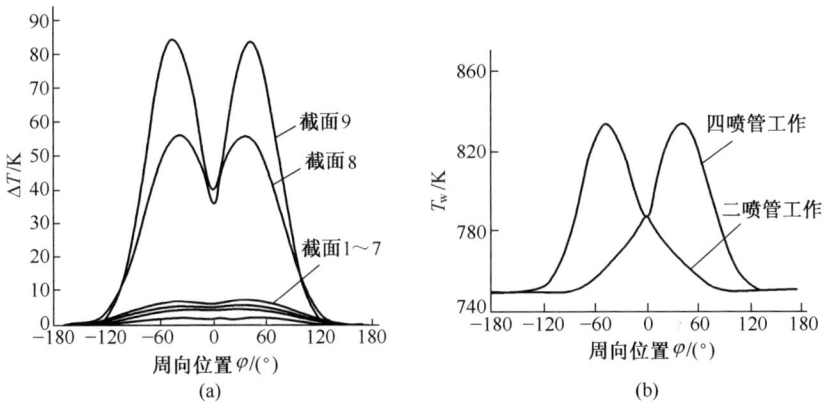

图 4-4　壁温沿圆周分布曲线
(a)不同截面温差；(b)喷管数量不同时周向温差。

辐射冷却喷管的热流密度较小，喷管内、外表面的温差也很小，一般在 10K 以下。沿壁面的纵向和周向温度梯度更小，沿壁的热传导一般可略而不计。至于空间发动机使用的厚壁全辐射冷却推力室，则存在一定的轴向热传导，使高热流密度的高温区向低热流密度区散热，起均温作用。这种推力室的辐射冷却壁温需用二维热传导计算。

为了增强喷管壁的散热能力，常在壁面喷涂耐高温的高黑度涂料。辐射冷却热流密度小，达到热稳定所需时间较长。对 1mm 的薄壁喷管，趋近稳定的时间约需 10s。壁厚增加时，所需时间成比例延长。内表面涂绝热涂层的,平衡壁温较低,热流密度较小,趋近热平衡的时间较长。这些对间歇工作的辐射冷却推力室有利。

4.4 推力室冷却计算流程

推力室冷却计算过程的流程框图见图4-5所示。

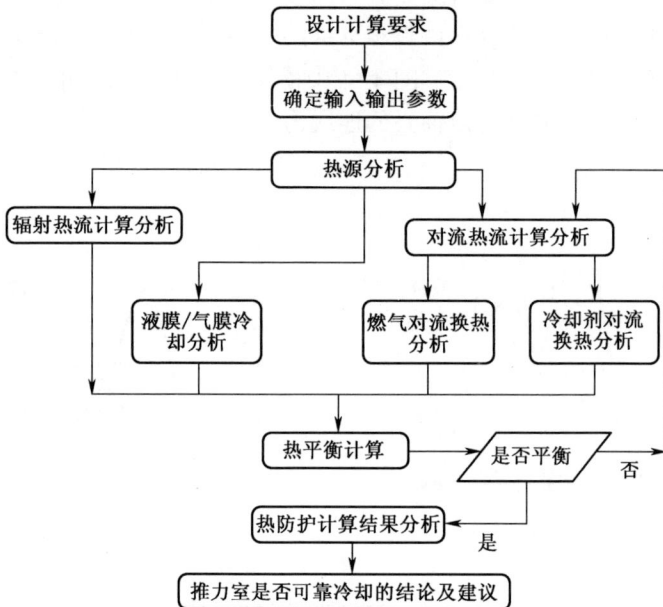

图4-5 推力室热防护计算流程框图

4.4.1 热源分析

在推力室工作过程中,明确受热部位为推力室内壁面,内壁面接收到的热量分为辐射热和对流热。在计算过程中,假设壁温在轴向同一截面微元的热状态参数相同,气壁面附近的燃气总温与喷嘴的排列方式和边界层参数有关。

设计推力室的喷注器时,常常使靠近壁面的一圈环形区形成低混合比边区,以产生燃气温度较低的近壁层,把高温中心区与壁面隔开,从而起到屏蔽作用。另一种方式是在喷注器近壁边缘特设一圈小孔，喷出燃料，形成贴壁液膜或气膜以保护壁不致过热，即液膜冷却。但液膜很快蒸发，与近邻气流混合、燃烧，最后也是形成低混合比边区。随着燃气的流动，低混合比近壁层将逐渐与附近的高混合比燃气混合，使边区混合比有所提高。在进入喷管前，横向混合较为明显。进入喷管后，气流急剧加速，在极短时间内就流出喷口，基本上来不及混合，故可认为进入喷管后，边区混合比保持不变。但若有外界干扰，例如在扩张段引入涡轮废气，扰动了边界层，则边区气流与中心气流迅速混合。

边区与中心区气流混合的结果，使推进剂混合比沿轴向、径向都发生变化。对传热起作用的，是近壁层燃气和混合比沿轴向的变化，建议的计算公式为

$$r_w = \frac{r_c + 1}{[2\Phi(\beta) - 1] \cdot \left(\dfrac{r_c + 1}{r_{w_0} + 1} - 1 \right) + 1} \tag{4-20}$$

$$\Phi(\beta) = \frac{1}{\sqrt{2\pi}} \int_{-\infty}^{\beta} e^{-\frac{\beta^2}{2}} \, d\beta \tag{4-21}$$

$$\beta = 1/\sqrt{0.014sx/\delta^2} \tag{4-22}$$

$$\frac{\delta}{d_c} = \frac{1}{2} \left(1 - \sqrt{A_{w_0}/A_{c_0}} \right) \tag{4-23}$$

$$\left(1 + \sqrt{\frac{1}{2} \frac{A_{w_0}}{A_{c_0}}} \right) \frac{A_{w_0}/A_{c_0}}{1 - A_{w_0}/A_{c_0}} = 2 \frac{q_{mw}}{q_{mc}} \sqrt{\frac{(RT^*)_w}{(RT^*)_c}} \tag{4-24}$$

式(4-20)~式(4-24)中　r_w ——近壁层燃气的推进剂混合比；

　　　　　　　　r_{w_0} ——近壁层燃气初始混合比；

　　　　　　　　r_c ——中心区燃气混合比；

　　　　　　　　$\Phi(\beta)$ ——正态概率积分；

　　　　　　　　s ——喷嘴间距；

　　　　　　　　x ——轴向坐标(坐标原点为火焰面位置，指向喷口方向)；

　　　　　　　　δ ——近壁层燃气初始厚度；

　　　　　　　　d_c ——燃烧室圆柱段内径；

A_{w_0} ——近壁层燃气初始厚度所对应的环形
面积；

A_{c_0} ——中心区燃气初始截面积；

q_m ——燃气流量，$q_m = q_{mf} + q_{mo}$；

下标"w"、"c"——近壁层和中心区参数。

对于再生冷却推力室来说，近壁层的燃气温度梯度、速度梯度及压力梯度较大，近壁层的燃气参数可以应用边界层理论进行计算，也可以将其理解成某一理想混合比下完全燃烧产生的燃气，此时的燃气总温及其他热物性参数将与此混合比有关。对于辐射冷却推力室来说，近壁层的燃气温度梯度、速度梯度及压力梯度较小，近壁层的燃气参数计算需用边界层理论进行计算分析。

在分析热源时，应画出受热部位的热流传递示意图，再生冷却推力室类似于图 4-6(a)，辐射冷却推力室类似于图 4-6(b)。

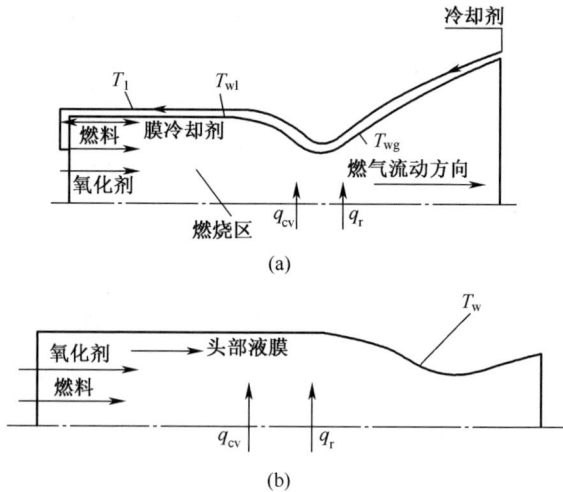

图 4-6　推力室传热计算模型
(a)再生冷却推力室计算模型；(b)辐射冷却推力室计算模型。

计算时应分析辐射热流和对流热流的影响因素，主要因素有哪些，这些因素如何影响。对于再生冷却推力室，对流热流包括三部分：第一部分为燃气与内壁面的强迫对流换热，第二部分为再生冷却剂与壁面的强迫对流换热,第三部分为液膜冷却剂与壁之间的对流换热。对于辐射冷却推力室,在喷管部分对流热流通常是燃气与壁之间的对流换热,在燃烧室内还应包括液膜冷却剂与燃烧室内壁之间的对流换热。

4.4.2 热平衡计算

推力室的热平衡过程较复杂,冷却方式不同,热平衡方程也不同。对于再生冷却推力室来说,由于耶夫列夫计算对流热流的方法编写程序较复杂,所以通常应用巴兹法列写热平衡计算。气膜冷却过程主要是计算近壁层燃气混合比,这在前文已经介绍。本节将分别介绍再生冷却传热过程的热平衡方程、辐射冷却传热过程的热平衡方程。

1. 再生冷却推力室的热平衡方程

依据图 4-6(a)的传热计算模型,以推力室内壁为研究对象,将计算的起始点选在冷却剂的入口位置。然后对此传热过程列写热平衡方程:

$$q_{tot} = q_{cv} + q_r \tag{4-25}$$

$$q_{tot} = \frac{\lambda_w}{\delta_w}(T_{wg} - T_{wl}) \tag{4-26}$$

$$q_{tot} = \eta_p h_1 (T_{wl} - T_1) \tag{4-27}$$

联立式(4-25)~式(4-27)得到:

$$q_{tot} = \frac{T_{ad} - T_1 + \dfrac{q_r}{h_g}}{\dfrac{1}{h_g} + \dfrac{\delta_w}{\lambda_w} + \dfrac{1}{\eta_p h_1}} \tag{4-28}$$

$$T_{wg} = T_{ad} - \frac{q_{tot} - q_r}{h_g} \tag{4-29}$$

$$T_{wl} = T_{wg} - q_{tot} \cdot \frac{\delta_w}{\lambda_w} \tag{4-30}$$

应用迭代法可计算得到推力室的 T_{wl},T_{wg},q_{tot} 等参数,下一截面的冷却剂温度应用下式进行计算。

$$T_1^{i+1} = T_1^i + \frac{q_{tot}\pi d\Delta x}{q_{ml}c_{p_1}\cos\theta} \tag{4-31}$$

上一截面的推进剂温度得到以后,可以重新计算下一截面的 T_{wl}, T_{wg}、q_{tot} 等参数,这样循环下去可以得到推力室的壁温、冷却剂温度、热流的变化过程。

2. 辐射冷却推力室的热平衡方程

因为推力室的内外壁温差较小,可以假设内外壁温相等。依据图 4-6(b) 的传热模型,以推力室壁面为研究对象,对其列写热平衡方程:

$$q_{tot} = q_{cv} + q_r \tag{4-32}$$

$$q_{tot} = 1.54\varepsilon_w\sigma T_w^4 \tag{4-33}$$

应用对分法即可得到推力室的壁温 T_w 及对流热流 q_{cv} 和总热流 q_{tot} 值。

4.4.3 冷却计算结果的应用

通过对推力室传热进行分析后,一般应得到以下四个方面的结论,供发动机设计使用:

(1)给出最大热流的位置及最大值。分析热流较大的原因及是否导致传热恶化,如果产生传热恶化,应如何降低热流,确保传热可靠。

(2)给出最高壁温的位置及最高壁温值。壁温是反映传热恶化的直接参数,它直接反映材料能否承受,因此最高壁温值及其位置很重要。

(3)给出最高的冷却剂温度值,判断其是否超过当地压力下的冷却剂饱和温度,如果压力超过临界压力,则饱和温度为临界温度;对于烃类燃料,应判定冷却套内的冷却剂温度是否超过相应压力下的结焦温度,还应判定冷却剂是否处于"膜沸腾"状态。

(4)判断传热是否安全,如果传热恶化,提出应采取的措施。

4.5　再生冷却推力室身部热防护分析算例

本节对再生冷却推力室身部的稳态热过程参数进行分析,得到各型号在正常工作过程中的热流、壁温、冷却剂温升等重要参数。

1. 40kN 推力室

40kN 发动机推力室冷却剂的流动路线如图 4-6(a)所示。40kN 发动机推力室为二次启动发动机,为了保证一次工作结束后残余的冷却剂尽快排出冷却套,该发动机采用了沸点低、易挥发的四氧化二氮作为冷却剂,头部设置燃料边区喷嘴进行液膜冷却,液膜流量占燃料总流量的 15%。

推进剂的混合比为:$r = 2.31$;室压为:$p_c = 4.5\text{MPa}$。推力室的燃气流量为:$q_{mg} = 16.45\text{kg/s}$;氧化剂流量为:$q_{mo} = 11.48\text{kg/s}$;燃料流量为:$q_{mf} = 4.97\text{kg/s}$。

40kN 推力室热防护分析结果见图 4-7 和表 4-2。

从图 4-7 和表 4-2 计算结果来看,40kN 推力室的气壁温最高值为 942℃,液壁温最高值为 603.0℃,冷却剂的温度从 15.0℃ 升高至 88.41℃,冷却剂在冷却套内为液态,推力室壁面所承受的最高热流为 9.957MW/m²。

2. 750kN 推力室

750kN 发动机是长征系列火箭的基本型发动机,为了适应不同任

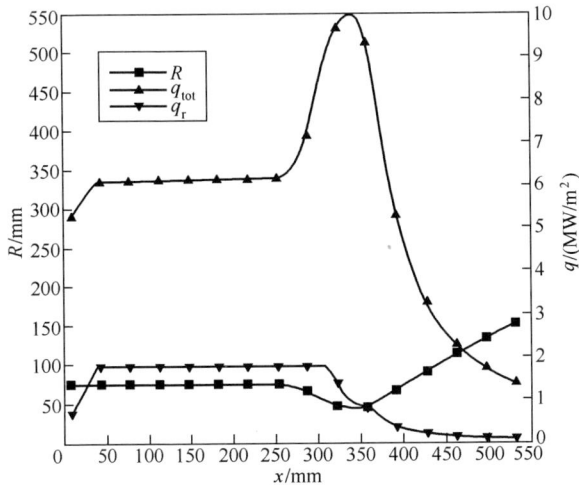

(a)

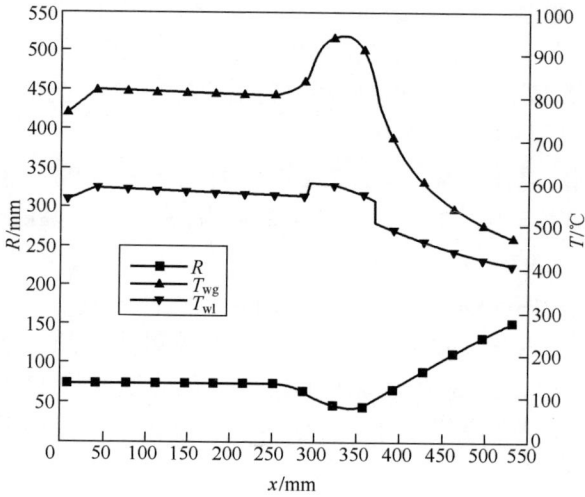

(b)

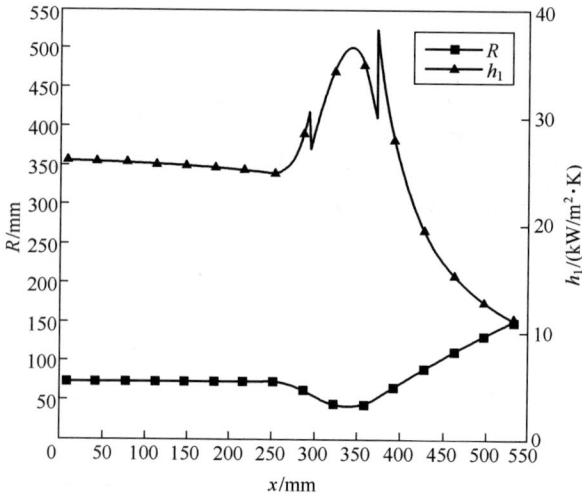

(c)

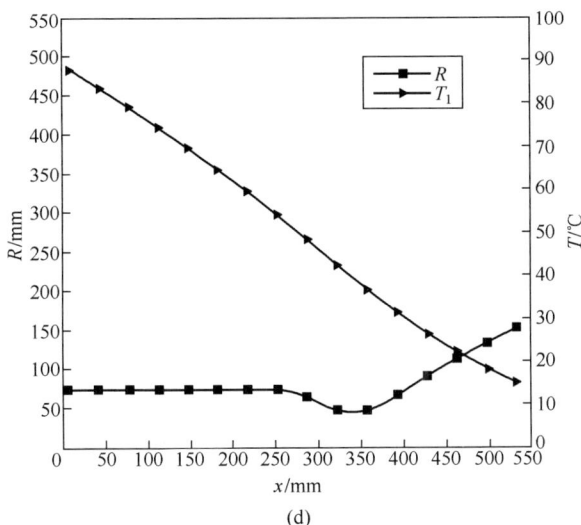

图 4-7 40kN 推力室传热分析结果

(a) 40kN 推力室壁面热流计算值; (b) 40kN 推力室壁温计算值;
(c) 40kN 推力室冷却剂换热系数计算值; (d) 40kN 推力室冷却剂温升计算值。

表 4-2 40kN 推力室传热计算结果小结

项目	T_{wg} /℃	T_{wl} /℃	T_1 /℃	h_1 / (kW/(m^2 · K))	q_{tot} / (MW/m^2)
最小值	756.9	558.8	15.0	25.94	5.123
最大值	942.0	603.0	88.41	37.50	9.957

务的需要,再生冷却喷管后面安装不同面积比的喷管。750kN 发动机冷却剂的流经路线如图 4-6(a) 所示。750kN 发动机推力室采用 UDMH 作为冷却剂,头部设置燃料边区喷嘴进行液膜冷却,液膜流量占燃料总流量的 20%~26%。

推进剂的混合比为: $r = 2.44$,室压: $p_c = 6.3$MPa;氧化剂流量为: $q_{mo} = 163.25$kg/s,燃料流量为: $q_{mf} = 66.91$kg/s;冷却套内燃料流量为: $q_{mcj} = 54.74$kg/s。

750kN 推力室热防护分析结果见图 4-8 和表 4-3。

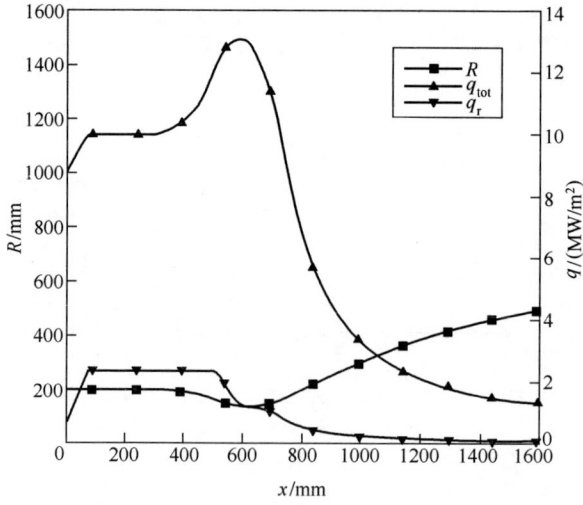

(a)

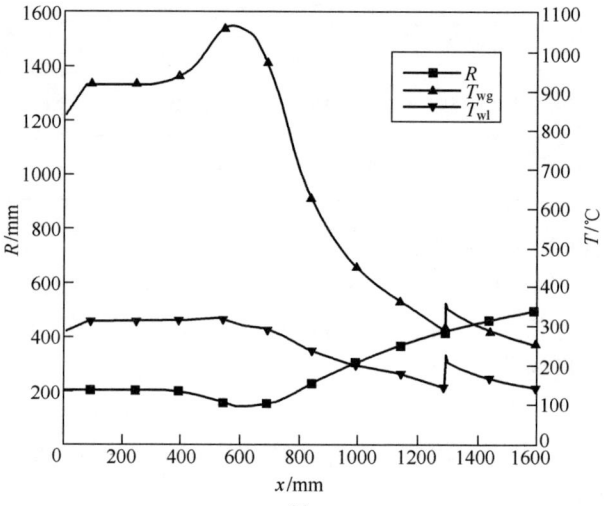

(b)

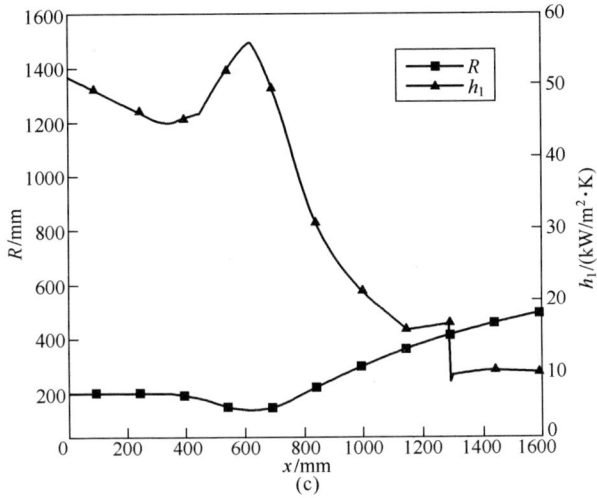

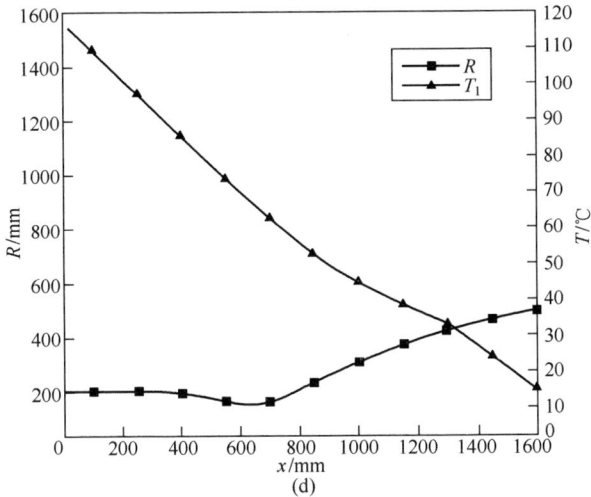

图 4-8　750kN 推力室传热计算结果

（a）推力室热流计算值；（b）推力室壁温计算值；
（c）推力室冷却剂换热系数计算值；（d）推力室冷却剂温升计算值。

表 4-3　750kN 推力室传热计算结果

项目	T_{wg} /℃	T_{wl} /℃	T_1 /℃	h_1 / （ kW/($m^2 \cdot$ K) ）	q_{tot} / （ MW/m^2 ）
最小值	254.1	143.6	15.0	10.39	1.335
最大值	1067.3	313.7	115.5	56.00	13.06

从图4-8和表4-3计算结果来看,750kN推力室的气壁温最高值为1067.3℃,液壁温最高值为313.7℃,冷却剂的温度从15.0℃升高至115.5℃,冷却剂在冷却套内为液态,推力室壁面所承受的最高热流为13.06MW/m²。

3. 150kN推力室

150kN推力室的冷却剂流动路线见图4-9,冷却剂为煤油,煤油分为两路:一路由喉部前(12截面)引入,冷却收扩段后经喷管一段(25截面)至喷管二段(29截面),沿喷管二段回流至一、二段结合处(29截面)的集合器,经管路到达第二冷却环带前(8截面)的集合器,冷却燃烧室圆柱段后至第1冷却环带(4截面),分出第1冷却环带流量,其余进入燃料集液腔,由燃料喷嘴进入燃烧室。另一路由燃料一级泵引出至第2、3冷却环带(8-9截面)集液器,形成2、3环带冷却液膜。

推进剂的混合比为: $r = 2.5$;

室压为: $p_c = 10.0 \text{MPa}$;

推力室的氧化剂流量为: $q_{mo} = 31.923 \text{kg/s}$;

燃料流量为: $q_{mf} = 12.127 \text{kg/s}$。

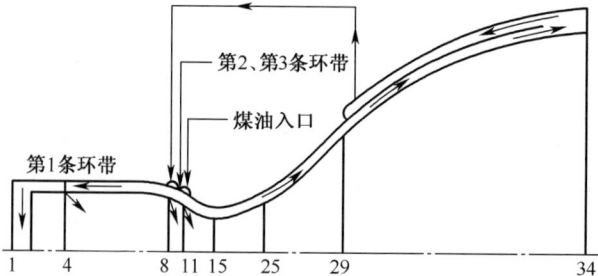

图4-9 150kN推力室冷却剂流路示意图

环带是液膜冷却的一种组织形式,该推力室的冷却环带采用燃料作为冷却剂,环带是贴壁喷注。该推力室身部采用三条燃料冷却环带,其中第1条环带在头部附近,第1、第3条环带在收敛段附近。

150kN推力室热防护分析结果见图4-10和表4-4。

104

从图 4-10 和表 4-4 计算结果来看,150kN 发动机推力室的气壁温最高值为 739.4℃,液壁温最高值为 656.3℃,冷却剂的温度从 15.0℃升高至 185.6℃,冷却剂在冷却套内为液态,推力室壁面所承受的最高热流为 21.42MW/m²。

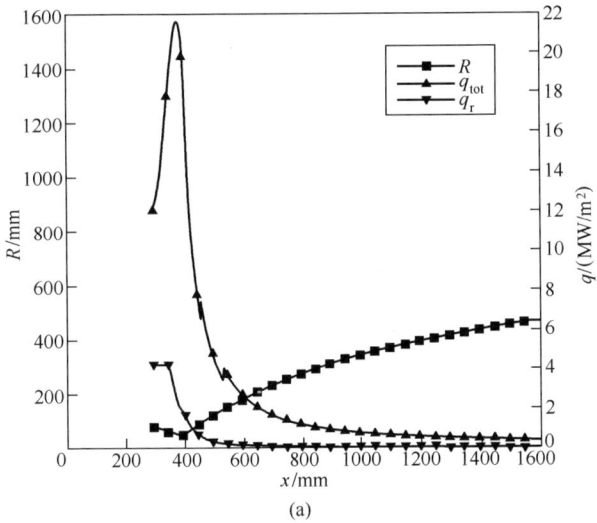

(a)

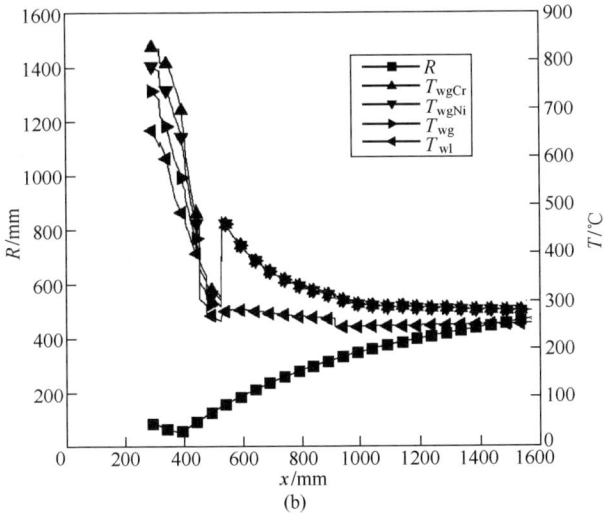

(b)

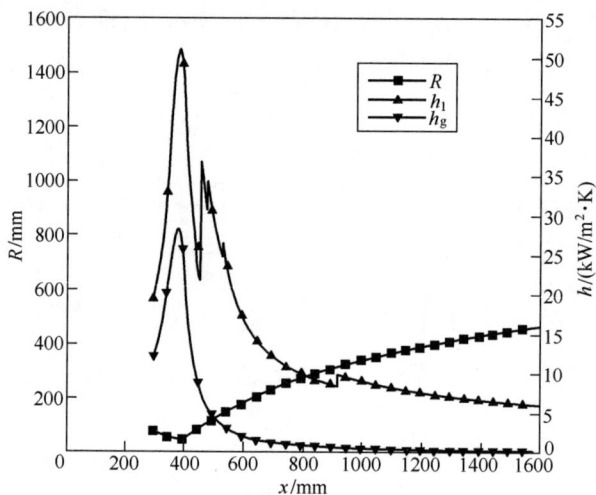

(c)

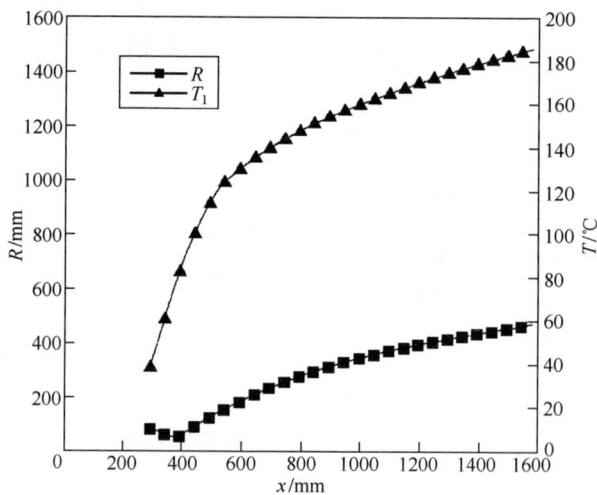

(d)

图 4-10　150kN 推力室传热计算结果

（a）150kN 推力室热流计算值；（b）150kN 推力室壁温计算值；
（c）冷却剂和燃气的换热系数计算值；（d）150kN 冷却剂温升计算结果。

表 4-4　150kN 推力室传热计算结果

项目	T_{wg} /℃	T_{wl} /℃	T_1 /℃	h_1 / (kW/(m²·K))	q_{tot} / (MW/m²)
最小值	280.0	253.3	15.0	6.117	0.024
最大值	739.4	656.3	185.6	90.48	21.42

4. 1200kN 推力室

1200kN 推力室冷却剂流动路径见图 4-11,该推力室的冷却剂为火箭煤油。一部分煤油从喷管收扩段的喉部上游引入冷却通道,这样有利于较低温度的煤油对推力室喉部附近热流密度最高的区域进行冷却。另一部分煤油从喷管扩张段进入冷却通道,利用结构实现流量分流,在满足冷却要求的前提下降低了流阻损失。两部分煤油在扩张段处汇合后引入推力室身部对其进行冷却。该发动机设置了三个冷却环带,其中第 1 冷却环带在身部圆柱段,第 2、第 3 冷却环带在收敛段处,设置三个冷却环带主要考虑应用液膜冷却来增加近壁层液膜长度。

推进剂的混合比为: $r = 2.6$;

室压为: $p_c = 18MPa$;

推力室的氧化剂流量为: $q_{mo} = 301.2kg/s$;

燃料流量为: $q_{mf} = 116.6kg/s$。

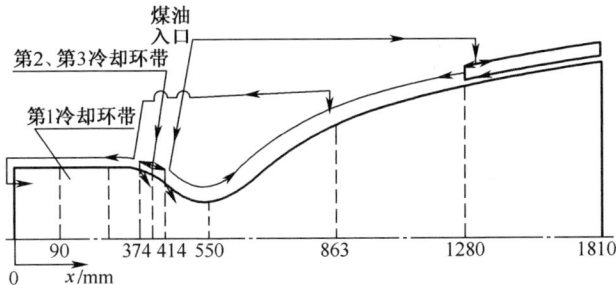

图 4-11　1200kN 推力室冷却剂流路简图

该推力室同样采用环带来加强对身部的冷却,冷却环带的喷注介

质为火箭煤油,贴壁喷注。1200kN 推力室热防护分析结果见图 4-12
和表 4-5。

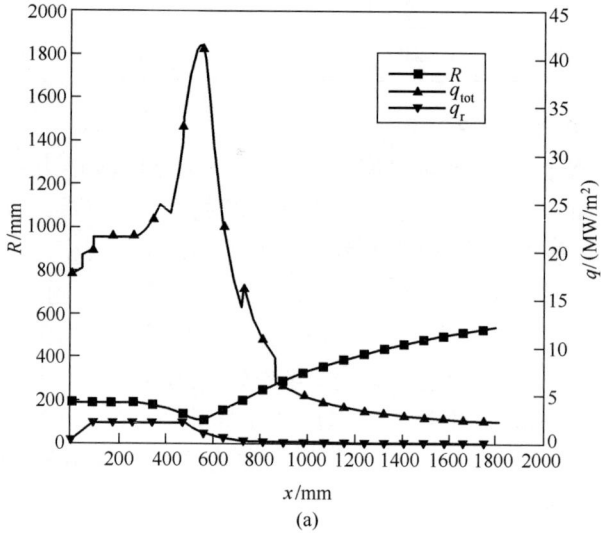

(a)

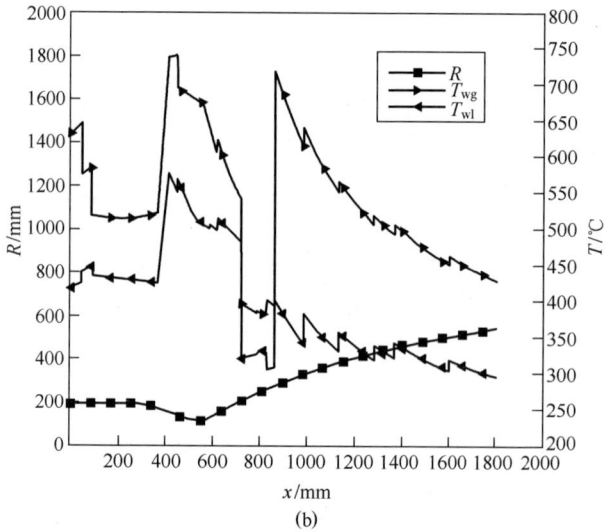

(b)

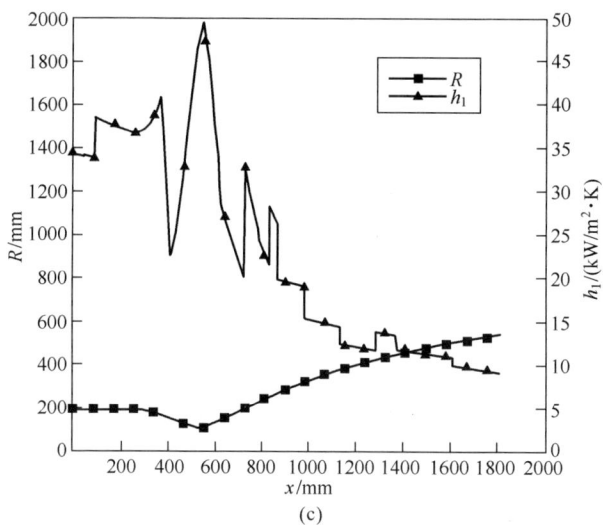

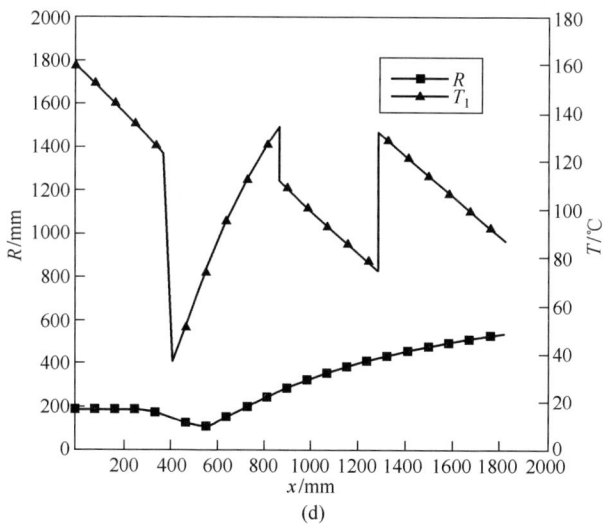

图 4-12　1200kN 推力室传热计算值

（a）推力室热流计算值；（b）推力室壁温计算值；

（c）推力室冷却剂换热系数计算值；（d）冷却剂温度计算值。

表 4-5　1200kN 推力室传热计算结果

项目	T_{wg} /℃	T_{wl} /℃	T_l /℃	h_l / (kW/(m²·K))	q_{tot} / (MW/m²)
最小值	428.1	295.4	35.0	7.74	2.29
最大值	740.5	550.3	160.1	49.4	41.5

从图 4-12 和表 4-5 计算结果来看,1200kN 发动机推力室的气壁温最高值为 740.5℃,液壁温最高值为 550.3℃,冷却剂的温度从 35.0℃升高至 160.1℃,冷却剂在冷却套内为液态,推力室壁面所承受的最高热流为 41.5MW/m²。

4.6　辐射冷却推力室热防护分析算例

本节仅以 480N 推力室热过程进行传热分析,得到其头部推进剂温升、不同液膜流量下推力室的热流、壁温等参数,计算结果得到实验验证。

1. 已知条件

480N 发动机推力室结构简图见图 4-13,使用的推进剂为 N_2O_4/MMH,额定推力为 480N。

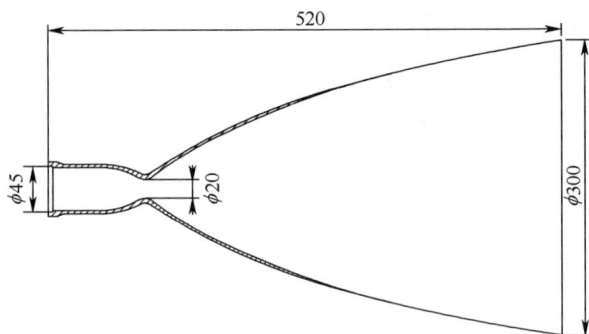

图 4-13　推力室结构简图

发动机头部各零部组件选用的材料为 TAC-1B 钛合金,身部采用铌钨合金材料并涂以抗高温氧化涂层。

110

2. 估算推进剂流过头部后的温升

推进剂流过温度较高的头部后,壁面将加热推进剂。在估算推进剂温升时,依据头部壁温的测试值。以流过头部的推进剂为研究对象,对其列写能量守恒方程:

$$h_1 A(T_w - T_1) = (mc_p)_1 \frac{dT_1}{d\tau} = \frac{m_1}{d\tau} c_{p_1} dT_1 = q_{ml} c_{p_1} dT_1 \quad (4-34)$$

式中 A ——推进剂与头部壁面的接触面积;

     q_{ml} ——流过头部的推进剂流量;

     c_{p_1} ——推进剂的比热容;

     T_w ——头部的壁温测试值;

     T_1 ——推进剂的入口温度;

     h_1 ——推进剂与壁面的换热系数。

将换热系数值及推进剂的流量代入式(4-34)即可得到推进剂流过头部后的温升值,推进剂侧换热系数及推进剂温升值计算结果见表4-6。

表4-6   推进剂侧换热系数计算结果

推进剂	位置	Re	Pr	$h_1/(\text{kW}/(\text{m}^2 \cdot \text{K}))$	$\Delta T_1/℃$
燃料	内侧	12437.0	2.9852	120.0	23.17
	外侧	16881.0	2.9852	112.9	3.79
	边区	8215.8	2.9852	86.15	8.93
氧化剂	内侧	36081.0	2.8905	62.517	12.40
	外侧	46526.0	2.8905	59.418	5.26

推进剂温升值是计算合成动量角的依据,推进剂进入推力室温度的改变将使合成动量角、流量等参数发生变化,因此,在计算推进剂合成动量角时需要考虑进入推力室初始温度的变化等因素。

3. 估算头部壁面的平均温度变化

估算头部壁面平均温度的计算模型见图4-14,头部接受的热量为燃气的对流热、辐射热、喷管壁面的导热,散发的热量有壁面与推进剂之间的对流热、喷注面附近推进剂的蒸发所吸收的热量等。

依据图4-14所示的计算模型列写热平衡方程:

$$h_g A_1(T_g - T_w) + q_r \varepsilon_w A_1 + \left(\frac{\lambda}{\delta}\right)_w A_w \Delta T_w = (q_m c_p)_1 \Delta T_1 + (mc_p)_w \frac{dT_w}{d\tau}$$

$$(4-35)$$

111

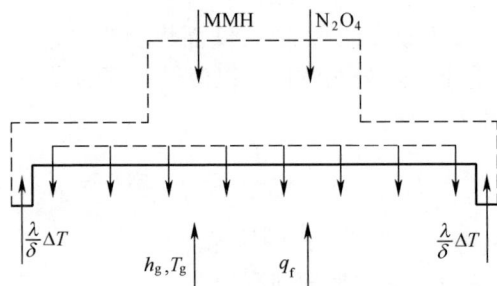

图 4-14 估算头部壁面的平均温度计算模型

令: $C_1 = (q_m c_p)_1 \Delta T_1 = \sum (q_m c_p \Delta T)_{N_2O_4} + \sum (q_m c_p \Delta T)_{MMH}$

$$\sum (q_m c_p \Delta T)_{N_2O_4} = ((q_m c_p \Delta T)_{N_2O_4})_{内} + ((q_m c_p \Delta T)_{N_2O_4})_{外}$$

$$(4-36)$$

$$\sum (q_m c_p \Delta T)_{MMH} = ((q_m c_p \Delta T)_{MMH})_{内} + ((q_m c_p \Delta T)_{MMH})_{外}$$
$$+ ((q_m c_p \Delta T)_{MMH})_{边区} \qquad (4-37)$$

将物性参数代入式(4-35)~式(4-37)即可得头部平均壁温的变化曲线,计算结果见图4-15。

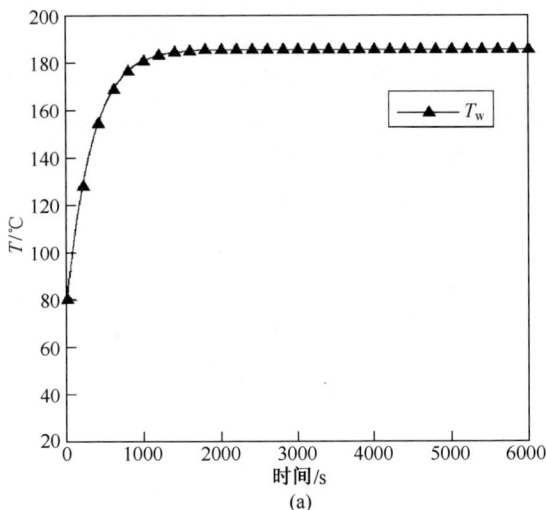

(a)

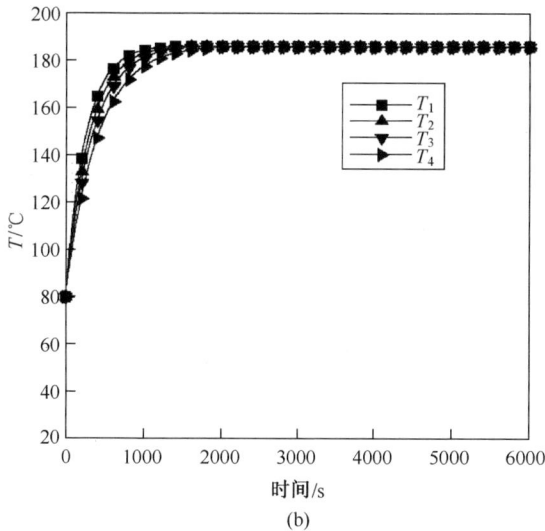

图 4-15 头部壁温随时间变化曲线

(a)头部平均壁温的变化曲线;(b)头部不同位置壁温变化曲线。

从图 4-15 看出,头部壁温的稳定需要较长时间,大约在 1500s 以后,这与试车测量数据基本接近,头部不同位置的平衡时间不同,主要是受导热距离和推进剂流道影响。

4. 推力室身部传热分析结果

1)液膜流量为 18%时的计算结果

当液膜流量为燃料流量的 18%时,液膜流量为 10.692g/s,对其传热分析后得到热流和壁温的变化曲线见图 4-16。

从图 4-16 可以看出,当液膜流量为 18%时,最大热流为 679.3kW/m², 最高气壁温为 1521.1℃、最高外壁温为 1466.3℃, 液膜长度约为 59mm。最高热流和最高壁温的位置在喉部偏上 6mm。

2)液膜流量为 20%时的计算结果

当液膜流量为燃料流量的 20%时,液膜流量为 11.88g/s,对其传热分析后得到热流和壁温的变化曲线见图 4-17。

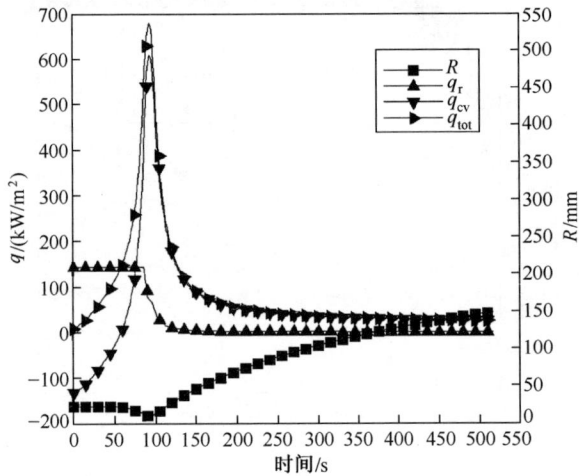

(a)

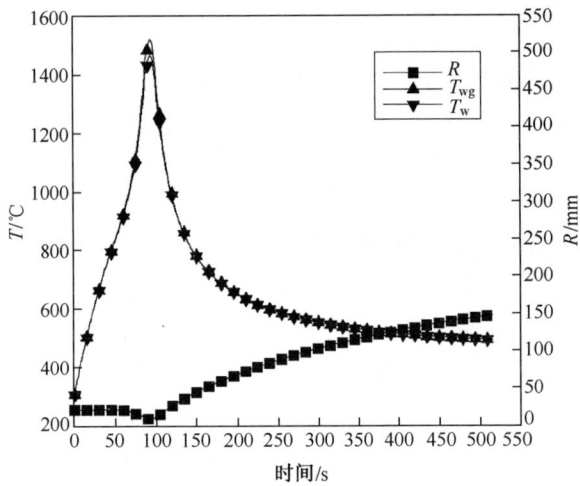

(b)

图 4-16 液膜流量为 18% 燃料流量时传热分析结果

(a)热流计算结果;(b)壁温计算结果。

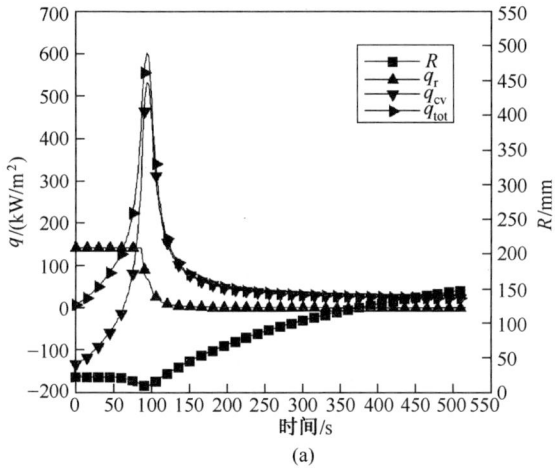

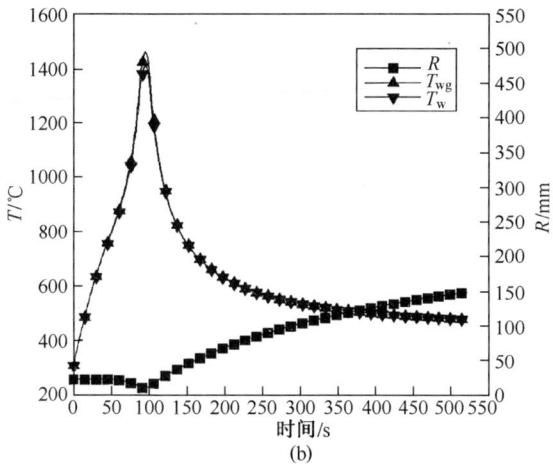

图 4-17 液膜流量为 20%燃料流量时传热分析结果

(a)热流计算结果;(b)壁温计算结果。

从图 4-17 可以看出,当液膜流量为 20% 时,最大热流为 602.1kW/m^2,最高气壁温为 1463.5℃、最高外壁温为 1414.5℃,液膜 长度约为 64mm。最高热流和最高壁温的位置在喉部偏上 5mm。

3)液膜流量为 24%时的计算结果

当液膜流量为燃料流量的 24%时,液膜流量为 14.256g/s,对其传热分析后得到热流和壁温的变化曲线见图4-18。

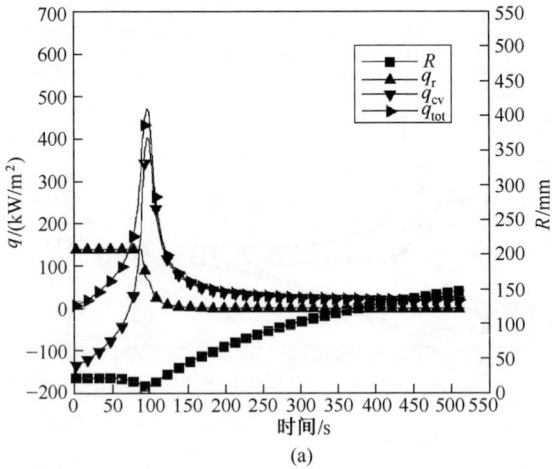

(a)

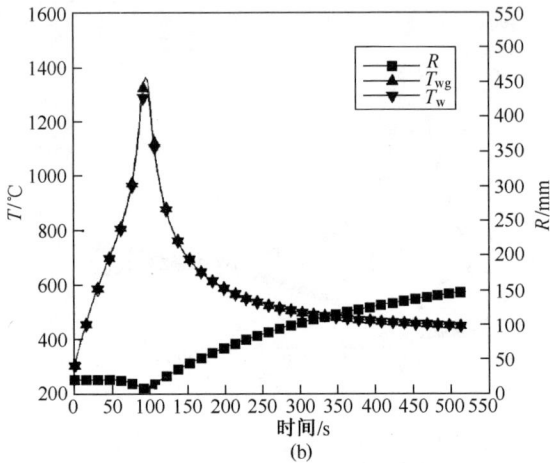

(b)

图4-18 液膜流量为24%燃料流量时传热分析结果

(a)热流计算结果;(b)壁温计算结果。

从图4-18可以看出,当液膜流量为24%时,最大热流为476.9kW/m²,最高气壁温为1358.4℃、最高外壁温为1319.2℃,液膜长度约为74mm。最高热流和最高壁温的位置在喉部偏上3mm。

4）液膜流量为 26%时的计算结果

当液膜流量为燃料流量的 26%时,液膜流量为 15.444g/s,对其传热分析后得到热流和壁温的变化曲线见图 4-19。

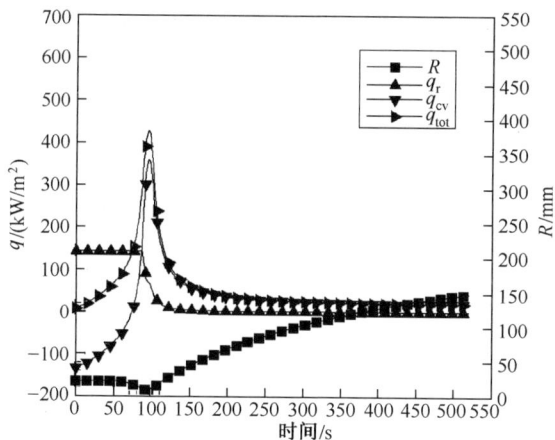

(a)

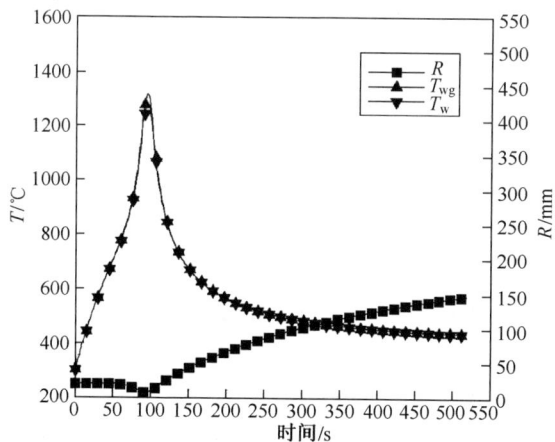

(b)

图 4-19　液膜流量为 26%燃料流量时传热分析结果

(a)热流计算结果;(b)壁温计算结果。

从图 4 - 19 可以看出,当液膜流量为 26%时,最大热流为 426.7kW/m²,最高气壁温为 1310.8℃,最高外壁温为 1275.4℃,液膜长度约为 77mm,最高热流和最高壁温的位置在喉部偏上 2mm。

5）不同工况传热分析小结

本节将不同边区液膜流量(燃料总流量的 18%,20%,22%,24%,26%)的传热分析结果进行对比,得到发动机可靠工作情况下的最佳液膜流量,比较结果见表4-7。

表4-7　不同边区液膜流量的传热分析结果

液膜流量/% (燃料总流量)	传热危险点 位置/m	Q_{tot}/ (kW/m²)	T_{WG}/ ℃	T_W/ ℃	L_F/ m
18.0	0.092	679.3	1521.1	1466.3	0.059
20.0	0.093	602.1	1463.5	1414.6	0.064
22.0	**0.094**	**535.0**	**1409.3**	**1365.6**	**0.071**
24.0	0.095	476.9	1358.4	1319.2	0.074
26.0	0.096	426.7	1310.8	1275.4	0.077
注:传热危险点位置为距离喷注面的距离					

从表4-7可看出,对于 480N 发动机来说,当液膜流量超过燃料流量的 22%后,液膜长度超过了圆柱段长度,随后收敛段在气膜的保护下可以可靠工作,传热危险点的位置也在喉部上游的收敛段位置。

4.7　发汗冷却

发汗冷却与烧蚀冷却的主要区别在于:发汗冷却的热交换主要在材料内部进行,材料外形保持不变;而烧蚀冷却的热交换在材料表面进行,材料表面被烧蚀。

发汗冷却是利用气体或液体发汗剂在压力作用下,从多孔材料中排出,通过其分解和汽化来吸收大量的热,从而降低材料的表面温度,达到防热的目的。发汗冷却按发汗机理可分为:强迫发汗、自发汗和自适应发汗。

强迫发汗:发汗剂在压力作用下,通过多孔骨架发汗,其发汗速率不随加热条件而变化。

自发汗:预先把熔点低、易挥发的固态物质作为发汗剂渗入多孔骨架中,加热时固态发汗剂熔化和挥发而吸收大量热。它不需要强迫发汗那样复杂的调节控制系统,而能随加热条件的变化而自行调节发汗量。

自适应发汗:在很大程度上综合了上述两种发汗方式的优点,同时克服其局限性,它是一种较理想的发汗方案。

发汗冷却之所以能达到防热的目的:①发汗剂通过孔壁时,吸收了大量的热量,降低了材料温度(在壁内热流方向与发汗剂的流动方向相反,在多孔壁中进行热交换);②发汗剂达到多孔壁外表面时,迅速扩散汽化,而大量吸热;同时形成一层不断更新、热容量大、热导率低的气态吸热的隔热层。调节发汗量使隔热层加厚,隔热层的温度梯度降低,从而降低热流向多孔壁的热导率,以保证材料在所要求的温度下工作。这种隔热机理称作"阻塞作用",起着防热的主导作用。

自发汗结构:把熔点较低的金属铜、银等渗入难熔金属骨架中制成自发汗防热结构。当防热结构再入遭受气动加热时,由于熔点较低的金属熔化、蒸发吸热而达到防热的目的。自发汗材料由于骨架中渗入的较低熔点金属有限,防热能力有限。如果增加渗入量,则材料的高温强度降低,抗热振性降低。

强迫发汗结构:理论上讲,大量喷射发汗剂可以解决防热问题,但实际上是不允许这样做的。因而,如何有效地利用发汗剂就是所要解决的主要问题,这要求适应结构条件精确计算发汗剂用量;研制合理的发汗壁结构和解决发汗率的调节控制问题。如果发汗壁太薄,当外部热流加大时,壁表面温度上升,壁内温度可能超过发汗剂生物沸点,在壁内形成一层气膜。由于气膜热导率太差,壁温继续上升,甚至产生飞溅,不能有效地利用发汗剂。因此,发汗壁应有适当的厚度,以利于把发汗剂的相变控制在多孔壁中。

自适应发汗结构:由于强迫发汗需要复杂的系统,其体积和质量都较大;自发汗又不能满足防热要求。自适应发汗冷却结构克服了它们的缺点,发挥发汗冷却热防护的优越性,随后提出了自适应发汗冷却结构的概念。此种结构简单不需要专门的冷却剂贮箱和增压系统。它利用气动加热使冷却剂熔化,驱动剂蒸发;再入减速力使密度较大的冷却剂位于结构的最热端,而密度较小的驱动剂位于其后部,靠驱动剂的蒸气压把冷却剂挤出多孔壳体。当气动加热强烈时,传入结构内部的热量增加,驱动剂温度升高,驱动压力增大,挤出较多的冷却剂,冷却防热能力增强;当气动加热缓和时,则发生上述相反过程,从而实现自适应发汗冷却防热。自适应发汗结构的空腔即为冷却剂和驱动剂的贮箱。其典型结构如图 4-20 所示。

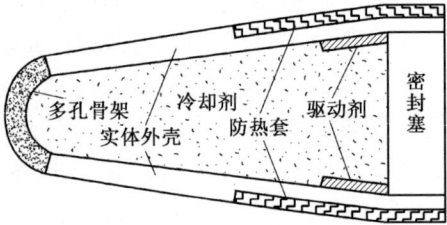

图 4-20　自适应发汗结构示意图

冷却剂和驱动剂的选择:选择冷却剂的根据是考虑蒸气压、熔点、潜热和热导率。冷却剂的沸点不能太高,沸腾时结构壳体要保持足够的强度。熔点也不能太高,否则冷却剂熔化时,驱动剂的压力过大,造成冷却剂突然喷射;而且壳体内压力过大,会超过壳体的结构强度极限,发生爆炸。当然,汽化潜热越大越好,热导率越小越好。

发汗面板材料的成型工艺有:

(1) 金属丝网复合轧制 - 烧结工艺:丝网材质为 00Cr18Ni12Ti,1Cr18Ni9Ti,GH30 合金。选用经线为 $\phi 0.3 mm$,纬线为 $\phi 0.2 mm$ 的丝材,按经线密度为 11.8 根/cm,纬线密度为 51.2 ~ 55.1 根/cm 编制成平纹网。丝网经表面净化处理、纬线密度分组、两端点焊定位、预烧、轧制、烧结、机械加工和性能测试等过程,制成面板产品。

表面净化处理:有利于轧制时层间形成金属接触,烧结时实现层间扩散烧结。

纬线密度分组:以利于轧制时控制轧后板材厚度,从而控制和调整材料的透气率。

点焊定位:由于面板材料为 17 层丝网互成 90°交错叠加构成,毛

120

坯的两端必须点焊定位,才能防止轧制时网层间错动或裂开,同时也便于喂进轧滚。

毛坯预烧:进一步净化网层表面和消除在编织过程中造成的结构应力,有利于实现层间轧合。

轧制:是整个工艺过程的关键工序。要求 17 层网复合轧制的最终轧出厚度为 (4±0.1)mm,同一块板的厚度偏差不超过 ±0.1mm;同时要保证最终材料的渗透量为 0.13 ~ 0.16g/cm^2·s。

烧结:使材料层间接触由机械接触变为扩散焊接,获得所要求的层间强度。烧结工艺参数为:温度 1280℃,时间 5h,真空度高于 0.013Pa。烧结时每块轧制板间垫以喷涂氧化铝或氧化锆隔板。材料烧结后经机械加工和性能测试获得多孔发汗面板产品。

(2) 纤维冶金工艺:纤维材质为 1Cr18Ni9Ti,选用直径为 0.04mm、长度为 5~6mm 的纤维。试验表明:纤维太长时,材料透气均匀性差;纤维太短时,材料强度较低。

采用纤维冶金工艺研制发汗面板,布料是影响制品透气均匀性的重要工序。试验表明:用甘油作为分散剂,纤维与甘油的质量比 1∶44 使纤维均匀分散后,倒入沉降塔自由沉降成毡。毛坯经 500~700MPa 的压力压制,经烧结获得空隙度为 15%~25% 的多孔材料。烧结不仅影响材料的力学性能,而且影响面板的透气性;同时 1Cr18Ni9Ti 对烧结气氛非常敏感,要求真空度控制在 0.013~0.0013Pa 范围内。选择烧结温度为 1300℃、烧结 3h 时间的工艺,能获得强度和透气率都较满意的材料。

参 考 文 献

[1] Schaeht R L,Quentmeyer R J. Coolant-side Heat Transfer Rates for a Hydrogen-Oxygen Rocket and a New Technique for Data Correlation [M]. Washington: NASA TND-7207, 1973.

[2] Hess H L,Kung H R. A Study of Forced Convection Heat Transfer to Supercritical Hydrogen[J]. Journal of Heat Transfer. Transactions of ASME(Series C),1965,

87(1):1-48.

[3] Brad Hitch. Enhancement of Heat Transfer and Elimination of Flow Oscillations in Supercritical Fuels [C]. American Institute of Astronautics, AIAA paper 98-3759.

[4] 程惠尔,牛禄. 四级并联全辐射冷却推力室的传热分析[J]. 上海交通大学学报,1999,33(8).974-978.

[5] 刘国球. 液体火箭发动机原理[M]. 北京:宇航出版社,1993.

第5章 发动机典型部组件热防护

　　液体火箭发动机的部组件包括推进剂贮箱、气瓶、推进剂供应管路、涡轮泵、阀门、电缆等,这些部件的热防护是发动机研制过程的重要组成部分,它们通常布置在喷管周围,其热环境比较恶劣,因此设计时需要考虑其热防护措施。5.1~5.3节以二次启动发动机涡轮泵滑行期间的温度变化、姿控发动机热防护过程、姿控发动机附件热防护措施为研究对象,分析这些部组件所接受的热源,然后依据热源、部件结构列写微分方程,应用数值分析方法解其温度变化;依据热防护计算结果制订热防护措施、通过地面模拟实验验证热防护措施有效性。

　　氧蒸发器是火箭自生增压和专用增压系统中的核心部件,发动机工作时,向推进剂贮箱的气垫供入气体,以确保发动机正常工作所需的推进剂供应压力,因此传热和流阻分析是结构设计的主要工作,5.4节详细地介绍了其算法。

　　引射器是高空发动机地面试验的关键设备,主要用来营造一定真空度,其气动型面和热防护是结构设计的关键,5.5节重点介绍了其气动型面设计、流场分析、传热校核过程。

5.1　涡轮泵壳体热防护

　　由于任务需要,液体火箭发动机需在高空多次启动工作。这对其部件的研制提出了苛刻的要求,特别是氧化剂泵,需使其温度在多次启动时限制在一定的工作范围。如 N_2O_4/UDMH 二次启动发动机的氧化剂泵在滑行期间受到来自涡轮壳体及喷管的能量转移,致使其温度增加很多,导致氧化剂泵二次启动时气蚀,输出流量下降等,经过测量氧化剂泵在滑行期间的温度,发现其升高很多,甚至超过了氧化剂工作时

123

的沸点和临界点,这么高的温度使第二次启动时氧化剂汽化,从而引起泵气蚀,输出流量下降等。

5.1.1 启动过程问题简介

二次启动发动机试车时,一次启动工作正常,按预定程序工作后正常关机,滑行一段时间后第二次启动,当工作至一定时间后发动机开始漏火,各测量参数迅速下降,此时对发动机实施紧急关机。二次启动后涡轮转速出现超过额定转速值的现象,0.5s前氧化剂无流量,0.6s前氧化剂泵后未建压,上述现象说明二次启动前氧化剂泵腔的 N_2O_4 已部分汽化,因而在启动之初出现了泵建压缓慢的现象,从而造成启动程序混乱引起试车失败。

仿真计算后认为在二次启动时氧化剂泵入口处 N_2O_4 将出现部分沸腾,可能引起泵入口压力及流量产生脉动,甚至产生泵建压缓慢现象,从而引起二次启动失败。基于以上原因提出了采取排放氧化剂的方法解决此问题,其原理如图 5-1 所示。其工作过程为:打开氧化剂隔离活门,将腔道中的介质排至外界环境中,这样可以使氧化剂泵壳体壁温在发动机第二次启动前降至 N_2O_4 的沸点以下。经过地面模拟试

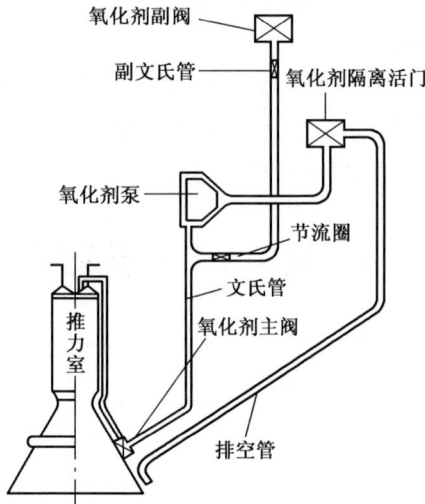

图 5-1　氧化剂泵排放冷却系统原理简图

验、热试车等方法验证了此方法可行。阿金纳发动机为保证再启动可靠工作,对涡轮泵进行了大量的再启动模拟试验,提供了涡轮泵壁温的工作范围,充分保证了涡轮泵的再启动能力。

该二次启动发动机 001、002、003 次试车时由于结构上的原因并未对氧化剂泵壳体在关机后进行冷却,同时 003 次试车的环境温度遇到了历次试车的最高值,因此该次试车的二次启动问题充分暴露出来。表 5-1 为历次试车时与氧化剂泵壳体有关的试车测量数据。

表 5-1 试车测量参数

试车代号	001	002	003
环境温度 T_{air}/℃	23.0	4.9	27.0
泵进口管壁温 T_{wpo_1}/℃	75.0	51.0	76.0
二次启动前泵进口管壁温 T_{wpo_2}/℃	71.0	48.0	72.0
二次启动前介质入口压力 p_{o_1}/MPa	0.696	0.602	0.62
相应沸点 T_{s_1}/℃	68.0	64.0	65.0
氧化剂入口压力 p_{o_2}/MPa	0.307	0.326	0.351
二次启动情况	失败	成功	失败

从表 5-1 中的试车数据看出,当 $T_{wpo_1} > T_{s_1}$ 时试车失败,当 $T_{wpo_1} < T_{s_1}$ 时试车成功,对此现象的分析是:在隔离活门打开后先进入的 N_2O_4 得到较多的热量而引起部分 N_2O_4 汽化,汽化后的 N_2O_4 体积将比液体 N_2O_4 大很多,这样引起氧化剂腔道的堵塞,部分气态 N_2O_4 可能上升到贮箱或在管路中液化,部分气体仍停留在腔道中,同时气态 N_2O_4 还在不断形成,这样在二次启动前氧化剂泵腔中气体超过一定比例时,将会引起二次启动失败,而当 $T_{wpo_1} < T_{s_1}$ 时,N_2O_4 不汽化,试车成功。要保证二次启动安全可靠,必须将氧化剂泵壳体在飞行条件下冷却到当地压力的沸点以下,最有效的方法是通过冷却涡轮壳体的方法来冷却氧化剂泵壳体,如果结构上难以实现也可以采用对氧化剂泵腔吹气(N_2 , He)或排液汽化的方式对其进行冷却。

5.1.2 氧化剂泵温度计算

发动机研制的过程中,为了确定氧化剂泵壳体在滑行期间的温度变化,首先应用数值计算的方法对氧化剂泵壳体进行仿真计算。在计算的过程中应用能量法对喷管、涡轮壳体、氧化剂泵壳体进行耦合仿真。

1. 氧化剂泵壳体仿真计算

对氧化剂泵壳体进行温度仿真计算时,因其结构及热源较为复杂,在仿真计算时需依据实际情况进行简化计算。氧化剂泵壳体接受的热源主要有涡轮壳体的辐射热和与涡轮壳体接触部件的导热,太阳的辐射以及喷管对泵壳体的辐射。

在仿真计算前依据实物的结构和实物的实际质量对其传热过程的物理模型作一些简化以利于计算,其计算结果与实际情况的偏差不大。简化后用于温度仿真计算的结构见图 5-2,与氧化剂泵壳体换热有关的结构参数见表 5-2。

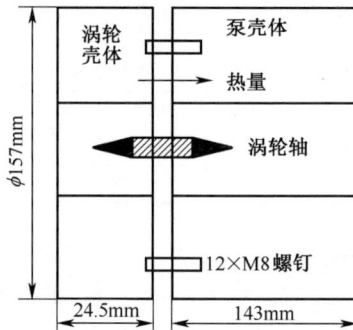

图 5-2　氧化剂泵壳体的传热结构简图

表 5-2　氧化剂泵壳体换热结构参数

质量/kg	换热面积/m²	辐射换热角系数
$m_1 = 3.65$ $m_2 = 1.95$ $m_3 = 10.5$	$A_0 = 1.20637 \times 10^{-3}$ $A_1 = 0.0508$ $A_{10} = 0.012084$ $A_2 = 0.01936$ $A_{20} = 0.0423$	$F_J = 0.382$ $F(H,R) = 0.01$

表 5-2 中各符号的定义为 m_1 代表涡轮壳体连同涡轮盘经称重后确定的质量,m_2 代表泵壳体连同进口管经称重后确定的质量,涡轮壳体材料为 1Cr18Ni9Ti,泵壳体材料为 ZL104,其比热容为 $c_p = 904$ J/(kg·K),黑度为 $\varepsilon = 0.2 \sim 0.4$;$A_0$ 代表涡轮壳体与泵壳体的接触面积;

A_1 代表涡轮壳体向外散热面积;A_{10} 代表涡轮壳体接受太阳和喷管辐射面积;A_2 代表泵壳体接受涡轮辐射面积;F_J 代表涡轮壳体与泵壳体辐射换热的角系数;A_{20} 代表泵壳体接受太阳和喷管辐射的面积。$F(H,R)$ 代表大喷管与氧化剂泵壳体之间的辐射换热角系数;m 和 A 分别代表发动机喷管的质量和表面积。

首先计算喷管在 600s 滑行期间的温度变化,令 T_0 表示喷管的温度,其能量平衡方程为:

$$m_0 c_p \frac{\mathrm{d}T_0}{\mathrm{d}\tau} + \varepsilon_0 \sigma A_0 \left(\frac{T_0}{100}\right)^4 - \frac{q\varepsilon_0 A}{2} = 0 \qquad (5-1)$$

式中　q——太阳的辐射热流密度。

式(5-1)为喷管在滑行期间的温度变化情况。

其次依据能量平衡方程计算涡轮壳体的温度 T_1:

$$m_1 c_{p_1} \frac{\mathrm{d}T_1}{\mathrm{d}\tau} + \frac{\lambda}{\delta} A_0 (T_1 - T_2) + \varepsilon_1 \sigma A_1 \left(\frac{T_1}{100}\right)^4$$

$$= q\varepsilon_1 A_{10} + \varepsilon_1 \sigma A_{10} F(H,R) \left(\frac{T_0}{100}\right)^4 \qquad (5-2)$$

关于泵壳体的温度 T_2,因为泵壳体在前 593s 内是以热传导和辐射的方式进行冷却的,接下来的 7s 采用液体 N_2O_4 进行排放冷却,其流量为 0.861kg/s,由发动机的实际尺寸可将氧化剂泵壳体进行简化,简化后流体的水力直径为 $d_e = 45\text{mm}$,经过计算得到液体 N_2O_4 与泵壳体的换热系数为:$h_1 = 817.4\text{W}/(\text{m}^2 \cdot \text{K})$,液体 N_2O_4 的初始温度 $T_1 = 20℃$,经过计算得到泵壳体与 N_2O_4 的接触面积为:$A_{pp} = 0.012\text{m}^2$。然后依据能量守恒方程计算氧化剂泵壳体温度变化情况。首先计算泵壳体在前 593s 时的温度:

$$\frac{\lambda}{\delta} A_0 (T_1 - T_2) + \varepsilon_1 \varepsilon_2 \sigma F_J A_2 \left(\frac{T_1}{100}\right)^4 + q\varepsilon_2 A_{20}$$

$$= \varepsilon_2 \sigma A_{20} \left(\frac{T_2}{100}\right)^4 + m_2 c_{p_2} \frac{\mathrm{d}T_2}{\mathrm{d}\tau} - \varepsilon_0 \varepsilon_2 \sigma A_{20} F(H,R) \left(\frac{T_0}{100}\right)^4$$

$$\qquad (5-3)$$

其次计算泵壳体在排放冷却时的温度变化情况:

$$\frac{\lambda}{\delta}A_0(T_1 - T_2) + \varepsilon_1\varepsilon_2\sigma F_J A_2\left(\frac{T_1}{100}\right)^4 + q\varepsilon_2 A_{20} - h_1 A_{pp}(T_2 - T_1)$$

$$= \varepsilon_2\sigma A_{20}\left(\frac{T_2}{100}\right)^4 + m_2 c_{p_2}\frac{dT_2}{d\tau} - \varepsilon_0\varepsilon_2\sigma A_{20}F(H,R)\left(\frac{T_0}{100}\right)^4 \quad (5-4)$$

化简式(5-1)~式(5-4)得到:

$$\frac{dT_0}{d\tau} = B_1 - B_2\left(\frac{T_0}{100}\right)^4 \quad (5-5)$$

$$\frac{dT_1}{d\tau} = B_3 + B_4(T_1 - T_2) + B_5\left(\frac{T_0}{100}\right)^4 + B_6\left(\frac{T_1}{100}\right)^4 \quad (5-6)$$

从 0s 到 593s 泵壳体的温度变化情况:

$$\frac{dT_2}{d\tau} = B_7 + B_8(T_1 - T_2) + B_9\left(\frac{T_0}{100}\right)^4 + B_{10}\left(\frac{T_1}{100}\right)^4 + B_{11}\left(\frac{T_2}{100}\right)^4$$

$$(5-7)$$

从 593s 到 600s 泵壳体的温度变化情况:

$$\frac{dT_2}{d\tau} = B_{12} + B_{13}(T_1 - T_2) + B_{14}(T_2 - T_l) +$$

$$B_{15}\left(\frac{T_0}{100}\right)^4 + B_{16}\left(\frac{T_1}{100}\right)^4 + B_{17}\left(\frac{T_2}{100}\right)^4 \quad (5-8)$$

其中:$B_1 = \dfrac{q\varepsilon_0 A}{2m_0 c_p}, B_2 = \dfrac{\varepsilon_0\sigma A}{m_0 c_p}, B_3 = \dfrac{q\varepsilon_1 A_{10}}{m_1 c_{p_1}}$,

$$B_4 = -\frac{\lambda A_0}{m_1 c_{p_1}\delta}, B_5 = \frac{\varepsilon_1\sigma A_{10}F(H,R)}{m_1 c_{p_1}}, B_6 = -\frac{\varepsilon_1\sigma A_1}{m_1 c_{p_1}},$$

$$B_7 = \frac{q\varepsilon_2 A_{20}}{m_2 c_{p_2}}, B_8 = \frac{\lambda A_0}{m_2 c_{p_2}\delta}, B_9 = \frac{\varepsilon_2\sigma B_{20}F(H,R)}{m_2 c_{p_2}},$$

$$B_{10} = \frac{\varepsilon_1\varepsilon_2\sigma A_2 F_J}{m_2 c_{p_2}}, B_{11} = -\frac{\varepsilon_2\sigma A_{20}}{m_2 c_{p_2}}, B_{12} = \frac{q\varepsilon_2 A_{20}}{m_2 c_{p_2}},$$

$$B_{13} = \frac{\lambda A_0}{m_2 c_{p_2}\delta}, B_{14} = -\frac{h_1 A_{PP}}{m_2 c_{p_2}}, B_{15} = \frac{\varepsilon_0\varepsilon_2\sigma A_{20}F(H,R)}{m_2 c_{p_2}},$$

$$B_{16} = \frac{\varepsilon_1\varepsilon_2\sigma F_J A_2}{m_2 c_{p_2}}, B_{17} = -\frac{\varepsilon_2\sigma A_{20}}{m_2 c_{p_2}}\,。$$

128

计算的初始条件为：$T_0 = 1000℃$，$T_1 = 680℃$，$T_2 = 40℃$。将初始条件和各系数值代入式(5-5)~式(5-8)，即可得到涡轮壳体和氧化剂泵壳体在600s滑行期间的温度变化。

仿真计算结果如图5-3所示。图5-4和图5-5为试车测量值与仿真计算值对比变化曲线。从图5-4和图5-5可以看出，仿真计算结果与试车测量结果比较接近，应用数值计算的方法，可以获得较好的氧化剂泵壳体冷却方案。在仿真计算时氧化剂泵壳体和涡轮壳体的初温为地面试车时发动机第一次关机时的温度。

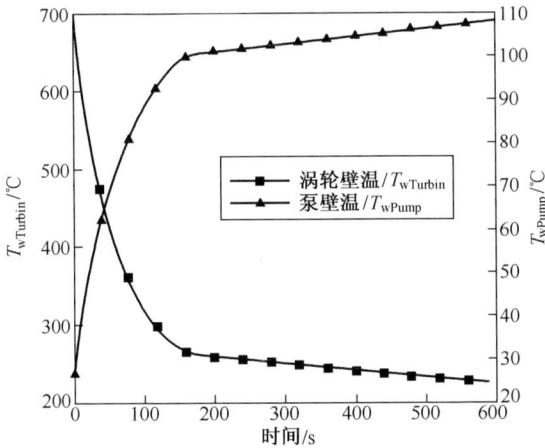

图5-3 涡轮与氧化剂泵壳体温度仿真值

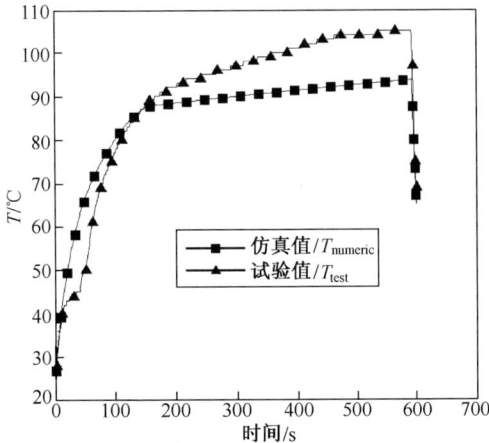

图5-4 氧化剂泵壳体温度比较

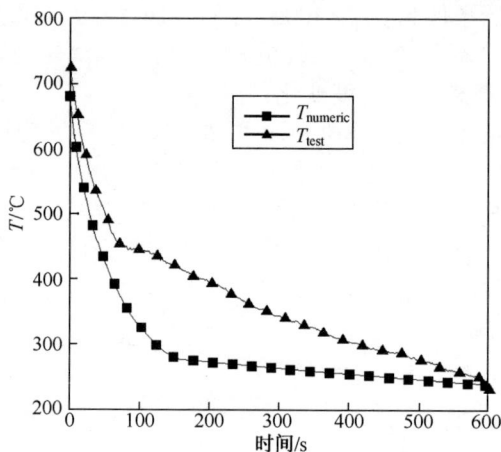

图 5-5　涡轮壳体滑行期间温度比较

从图 5-3 和图 5-4 可以看出,氧化剂泵壳体在滑行结束后其温度为 101℃,大大超过 N_2O_4 在其使用压力下的沸点,二次启动时氧化剂泵腔内 N_2O_4 将会汽化,当气体的比例超过一定值后将会气蚀。为了解决泵壳体温度过高的问题,对其进行了吹气冷却和排放冷却的计算分析。

2. 吹气冷却计算分析

氧化剂泵壳体的能量分析原理图见图 5-6。能量平衡方程为

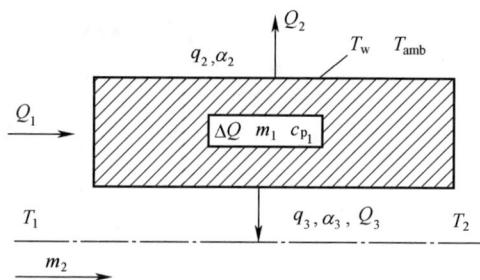

图 5-6　氧化剂泵的能量分析图

$$Q_1 = Q_2 + Q_3 + \Delta Q \qquad (5-9)$$
$$Q_1 = m_1 c_{p_1} \Delta T_1 \qquad (5-10)$$
$$Q_2 = q_2 A \qquad (5-11)$$

130

$$Q_3 = q_3 A \qquad (5-12)$$

$$Q_3 = q_3 A \qquad (5-13)$$

$$q_2 = h_2(T_w - T_{amb}) \qquad (5-14)$$

$$q_3 = h_3(T_w - T_{cg}) \qquad (5-15)$$

式中　c_{p_1}——材料的比热容（J/(kg·K))；

　　　A——泵壳体的表面积（m^2）；

　　　m_1——泵壳体质量（kg）；

　　　Q_1——涡轮导入泵壳体热量（W）；

　　　Q_2——泵壳体向外界散热热量（W）；

　　　Q_3——泵壳体向管内传热量（W）；

　　　ΔQ——泵壳体热容增加量（W）；

　　　q_2——对流换热热流密度（W/m^2）；

　　　q_3——泵壳体与冷气体的对流换热热流密度（W/m^2）；

　　　T_w——泵壳体壁温（K）；

　　　T_{cg}——泵腔内冷却介质温度（K）；

　　　T_g——泵壳体外界介质温度（K）；

　　　ΔT_1——氧化剂泵壳体的温升率（℃/s），该值为试验值，如图 5-3 所示；

　　　h_2——泵壳体与外界的对流换热系数（W/(m^2·K))；

　　　h_3——泵壳体与冷气体的换热系数（W/(m^2·K))。

计算后得到：$Q_2 \ll \Delta Q, Q_3 \ll \Delta Q$，所以 Q_2, Q_3 也可以忽略。因此有：

$$Q_1 = \Delta Q \qquad (5-16)$$

由试验得出的氧化剂泵壳体的温升率计算 ΔQ，以此作为涡轮导入氧化剂泵壳体的热量。如果对氧化剂泵壳体进行吹气（N_2、He）冷却，只要保证气体带走的热量等于涡轮导入的热量即可，那么氧化剂泵壳体的温度就不会升高。

依据传热理论推得 N_2 和 He 流量与泵壳体温升之间的关系为：

对于 N_2，$\Delta Q = 9.2902 \dot{m}_{N_2}^{0.8}$ \qquad (5-17)

对于 He，$\Delta Q = 36.367 \dot{m}_{He}^{0.8}$ \qquad (5-18)

式中 $\dot{m}_{N_2}, \dot{m}_{He}$ ——采用吹气冷却时 N_2，He 的流量。吹气流量见表 5-2。

3. N_2O_4 蒸发冷却计算分析

N_2O_4 沸点低、容易汽化，因此氧化剂泵壳体壁温容易高于使用压力下 N_2O_4 的沸点而引起二次启动失败，这是其缺点。由于 N_2O_4 容易汽化，它的汽化潜热又大，因此利用 N_2O_4 汽化吸热来冷却氧化剂泵壳体，这又是它的优点，即可以将不利条件变为有利条件。

氧化剂泵壳体从涡轮盘带来的热量为

$$Q_1 = \Delta Q = m_1 c_{p_1} \Delta T_1$$

N_2O_4 的汽化潜热为：$r = 414.5 J/g$

则 N_2O_4 流量为：$\dot{m}_{N_2O_4} = Q_1 / r$

利用 N_2O_4 蒸发冷却泵壳体所需的量计算结果见表 5-3。

表 5-3　蒸发冷却和吹气冷却所需流量对比

	$\Delta \tau / s$	120	60	100	30	20	40	100	90	40
	$\Delta T_1/(℃/s)$	0	0.1	0.2	0.3	0.2	0.1	0.05	0.033	0.03
	$\Delta Q/W$	0	155.0	310.0	465.0	309.96	155.0	77.49	51.14	38.8
N_2	$\dot{m}_{N_2}/(g/s)$	0	33.7	80.19	133.0	80.186	33.71	14.18	8.43	5.96
	m_Σ/kg	0	2.02	8.019	3.99	1.6037	1.349	1.418	0.759	0.24
He	$\dot{m}_{He}/(g/s)$	0	6.12	14.56	24.2	14.56	6.12	2.57	1.531	1.07
	m_Σ/kg	0	0.37	1.456	0.73	0.291	0.245	0.257	0.138	0.04
N_2O_4	$\dot{m}_{N_2O_4}/(g/s)$	0	0.37	0.748	1.12	0.748	0.374	0.187	0.123	0.09
	m_Σ/g	0	22.0	74.8	34.0	15.0	15.0	18.7	11.0	3.7

4. 冷却方案比较分析

从上述分析计算中得出吹气冷却时用气量太大，如果壁温在实际情况下更高，实际用气量比计算值还要大些，同时由于不能变气量供气，再加上气瓶部件结构重量，它将使重量增加很多。采用排放 N_2O_4 蒸发冷却是一个有效而简单的方法，冷却效果较好，而且高空比地面更容易蒸发，地面试验数据能够应用到高空。从第一次关机后开始排放蒸发冷却，每秒仅蒸发不超过 3g N_2O_4 即可达到冷却要求，而且所需的 N_2O_4 总量为 194.2g，从量上来看很小（不足 1kg），在结构上采用安装

132

定压单向阀,使高空飞行时管路内保持一定压力,这样模拟了地面试验条件,同时又能调节排放流量。考虑各种因素的影响,为安全起见建议排放冷却 N_2O_4 的流量为 $3g/s$。

5.1.3　地面模拟试验

1. 吹气冷却试验

地面吹气冷却试验系统如图 5-7 所示。

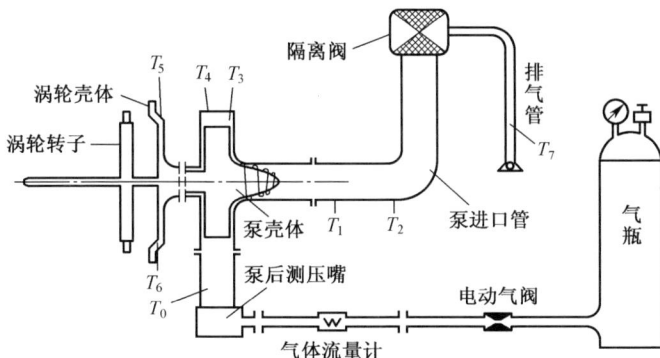

图 5-7　泵腔吹气冷却试验系统原理图

T_0— 入口气流温度;T_1— 泵进口管外壁温度;T_2— 泵进口管内壁温度;

T_3— 泵壳体内壁温度;T_4— 泵壳体外壁温度;T_5— 涡轮壳体壁温 1;

T_6— 涡轮壳体壁温 2;T_7— 出口气流温度。

在吹气试验中采用汽油喷灯加热试验件的涡轮端,涡轮壳体和转子的热量逐渐向泵端传递;当进口管壁温度超过 75℃ 后,停止加热,打开电动气阀,开始吹气冷却;一定流量的气体经泵后测压嘴进入泵腔,与泵壳体进行对流换热后,经排空管排出。记录吹气时间及进口管温度变化。达到一定时间后,关闭电动气阀,停止吹气,观察并记录进口管壁温升高过程。对吹气冷却的要求是,使进口管内壁温降至 40℃ 以下,停止吹气后 10s 以内,进口管内壁不超过 45℃。试验过程中测得的试验数据如表 5-4 所列。

从表 5-4 可以看出:吹气冷却耗气量很大,要使进口管温度由 75℃ 降到 40℃ 以下,单发动机工作耗气量最小也需 7.2kg,双发动机工作时则最少需要 14.4kg。如果运载火箭上只安装 10L 标准气瓶，瓶内压力为 23MPa（绝对压力）时，其充气量为 2.69kg。也就是说，如果采用吹气冷却，则至少需要五六个 10L 气瓶，采用 20L 气瓶也需要三四个。

表 5-4　泵腔吹气冷却参数

序号	泵进口管起始温度/℃	气体入口压力/MPa	气体流量/（kg/s）	吹气时间/s	泵进口管终了温度/℃	单机耗气量/kg
1	75	1	0.012	848	41	10.2
2	76	2	0.024	300	39	7.2
3	78	3	0.034	240	37	8.2

2. 排放冷却试验

地面排放冷却试验系统如图 5-8 所示。

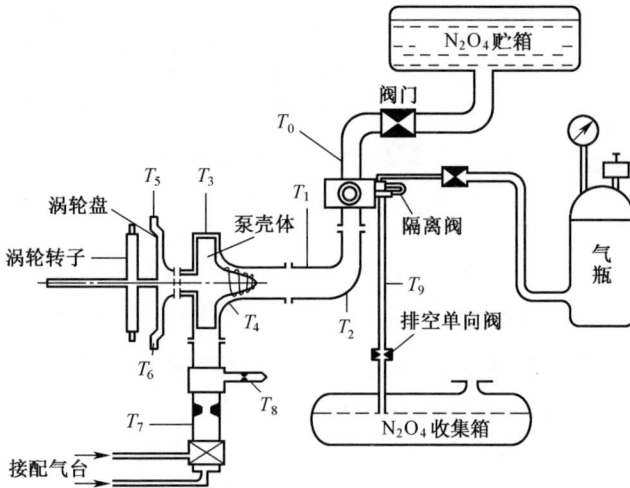

图 5-8　氧化剂泵壳体排放冷却系统原理图

测点说明：T_0—隔离阀进口管壁温；T_1、T_2—泵进口管壁温；T_3、T_4—泵壳体壁温；T_5、T_6—涡轮壳体壁温；T_7—主导管壁温；T_8—副导管壁温；T_9—排空管壁温。

在试验中采用气焊枪加热试验件涡轮端，涡轮壳体和转子的热量逐渐由涡轮端向泵端传递；当泵壳体温度达到 140℃时停止加热；打开气动阀和隔离阀，N_2O_4 在贮箱压力的挤压下进入试验件，充填泵腔、主导管和副导管，并与试验件结构进行热交换，冷却泵腔和主副导管；N_2O_4 在试验件腔道内停留预定时间后，关闭隔离阀，打开排空阀，N_2O_4 经排空阀和排空单向阀排入收集箱；N_2O_4 在排放过程中，继续吸收试验件结构热，冷却泵腔及主、副导管。

灌注排放程序如图 5-9 所示。试验时需要不断改变 N_2O_4 灌注时间 t_g、排放时间 t_p 及灌注排放次数 n 的组合，进行多种灌注排放程序的试验。

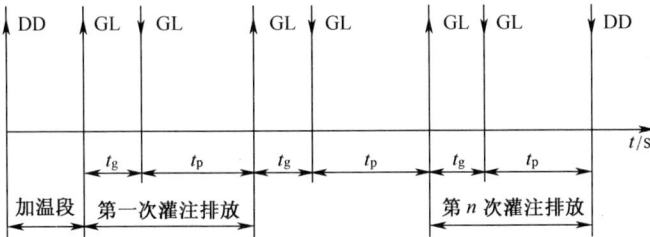

图 5-9　灌注排放试验程序

DD—气动阀；GL—隔离阀；↑—阀通电打开；↓—阀断电关闭；

t_g—N_2O_4 灌注时间；t_p—排放时间；n—灌注排放次数。

根据发动机改进方案，拟在氧化剂、燃料排空管上增设排空定压单向阀，目的有两个：①在排放过程中，保证泵腔及主、副导管内压力大于推进剂三相点压力，防止推进剂在内腔结冰；②增加降温效果。排空定压单向阀打开所需的压差设计值为 0.05MPa（绝对压力），由于模拟试验在地面条件下进行，如果采用该定压单向阀，将使试验时腔内压力保持在 0.15MPa（绝对压力）以上，这样有利于推进剂的排放，故模拟试验时采用节流圈代替定压单向阀。

为了区别模拟地面试车状态与飞行状态的冷却效果，试验件入口压力有两种状态。模拟地面试车状态时，试验件入口压力与该发动机试车氧化剂入口压力相同，为 0.6MPa（绝对压力）；模拟飞行状态时，试验件入口压力为 0.4MPa（绝对压力），因为飞行时发动机氧化剂入口压力为 0.36MPa（绝对压力）。排放冷却试验的测量数据如表 5-5 所列。

表 5-5　排放冷却试验参数

试验序号	试验状态				加热结束时试验件温度				冷却效果			
	p_0[①]	t_g[②]	t_p[③]	n[④]	T_w[⑤]	T_j[⑥]	T_{b0}[⑦]	T_{b1}[⑧]	ΔT_d[⑨]	T_{b2}[⑩]	ΔT_u[⑪]	$\sum t$[⑫]
1	0.60	20	60	4	345.8	80.4	141.5	53.1	88.4	54.3	1.2	320
2	0.41	2	40	9	349.6	80.3	142.7	46.8	95.8	51.7	4.9	378
3	0.41	2	20	9	353.2	80.6	140.2	37.7	102.5	45.7	8.0	198
4	0.41	2	20	9	313.2	94.5	137.3	36.7	100.6	45.0	8.3	198
5	0.60	2	20	7	308.1	83.9	143.6	40.4	103.2	50.4	10.0	154
6	0.41	1	15	9	348.6	95.3	144.0	44.9	99.1	54.0	9.1	144
7	0.41	2	15	9	359.3	87.4	143.0	42.9	100.1	54.6	11.7	153

① p_0——入口压力（MPa，绝对压力）；
② t_g——灌注时间（s）；
③ t_p——排放时间（s）；
④ n——灌注排放次数；
⑤ T_w——加热结束时涡轮壳体温度（℃）；
⑥ T_j——加热结束时泵进口管温度（℃）；
⑦ T_{b0}——加热结束时泵壳体温度（℃）；
⑧ T_{b1}——灌注排放程序结束时泵壳体温度（℃）；
⑨ ΔT_d——灌注排放程序结束时泵壳体温降（℃）；
⑩ T_{b2}——灌注排放结束后 100s 泵壳体温度（℃）；
⑪ ΔT_u——灌注排放程序结束后 100s 温升（℃）；
⑫ $\sum t$——灌注排放程序所需时间（s）。

　　从表 5-5 的试验数据看来，模拟试验时涡轮导向泵壳体的热流比试车测量值小，同时由于试验条件的限制，试验件环境温度只能保证在 15℃，还不能以本次试验确定飞行时的灌注排放程序及更改相关结构。但是分析认为，N_2O_4 的汽化潜热很大，$1g\ N_2O_4$ 蒸发所需的汽化潜热就大于涡轮到泵的热流，因此在灌注推进剂量较大的情况下，导热热流的偏差不会对试验结果带来本质的影响，建议进行排放冷却的试车考验。

5.1.4　排放冷却方案考验

　　为证实上述观点，在发动机试车时关机后进行灌注排放冷却方案

136

的可行性试验,试验程序为关机 300s 时对泵腔灌注 N_2O_4,320s 开始向外界自由排放 N_2O_4,在关机 400s、500s 时分别重复上述试验程序,共进行了 3 次排放冷却试验,泵壳体及涡轮壳体壁温试验结果如图 5-10 所示。从试验结果看出排放冷却方案是可行的,每次试验时泵壳体壁温及蒸发量计算值见表 5-5。从表 5-6 可以看出第一次蒸发冷却在 16s 内使泵壳体下降 33℃,第二、第三次分别下降 28℃ 和 21℃,由此看出随壁温下降而使蒸发冷却效果也下降,当绝大部分 N_2O_4 蒸发排放之后泵壳体壁温又开始缓慢上升,从泵壳体温降持续时间 $\Delta\tau_p$ 及泵壳体出口压降持续时间 $\Delta\tau_p$ 可以看出 N_2O_4 蒸发排放时间约为 14~18s,而且 $\Delta\tau_b$、$\Delta\tau_p$ 相近,单位时间内 N_2O_4 蒸发量 5.6 ~7.69g/s,蒸发率为 8.52%~13.37%,看来有大量液态 N_2O_4 随气态 N_2O_4 排走,它未起到应有的冷却效果,在高空飞行时,外界压力很低,当排放 N_2O_4 时将会快速蒸发并伴有结冰,气态 N_2O_4 伴有大量液态及固态快速排放,它使更多的 N_2O_4 未起到应有的冷却效果,为提高 N_2O_4 蒸发冷却效果安装定压阀控制 N_2O_4 蒸发量,同时保证二次启动前 10s 钟内仍能蒸发 N_2O_4,以防止壁温回升值小,这样就可以用最小量的 N_2O_4 保证泵壳体壁温在 45℃ 以下。

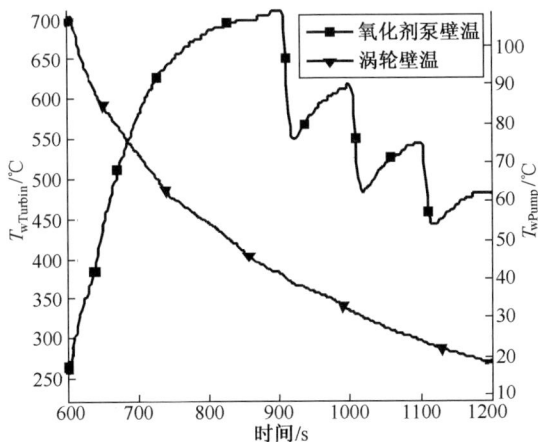

图 5-10　抽检试车测得的氧化剂泵壳体和涡轮壳体
在滑行期间的温度变化曲线

表 5-6　排放冷却热试参数

参数	τ /s	T_{WY} /℃	P_{EY} /MPa	$\Delta\tau_B$ /s	ΔT_W /℃	$\Delta\tau_P$ /s	M_G /g	M_{Y1} /g	M_G/M_{Y1} /%
第一次	900	109	0.09						
	904	108	0.59	16.0	33.0	16.0	123.1	7.69	13.37
	916	77	0.10						
	920	76	0.09						
第二次	1000	90	0.09						
	1002	89	0.59	18	28	18	104.57	5.8	11.37
	1018	62	0.10						
	1020	62	0.09						
第三次	1100	75	0.09						
	1104	74	0.27	14	21	18	78.43	5.6	8.52
	1114	55	0.10						
	1120	54	0.10						

　　图 5-10 为试车时氧化剂泵壳体和涡轮壳体在滑行期间的温度变化曲线,可以看出在地面情况下对泵壳体采取的排放冷却措施可行、效果明显,因此建议飞行时采用排放冷却可以达到冷却泵壳体的目的。图 5-11 为飞行条件下对氧化剂泵壳体在二次启动前 7s 采取排放冷却的仿真计算结果与试车测量值的对比变化曲线。从分析数据和地面试验测量数据可以看出,氧化剂泵壳体经过排放冷却后其壁温降至 54℃,已经降至使用压力下 N_2O_4 的沸点以下,如果进一步增加排放冷却量及次数氧化剂泵壳体的壁温将会下降很多。对氧化剂泵壳体的有效冷却措施还是排放冷却,这种方法简单容易实现,在副系统上安装定压单向阀即可达到使用要求。为了使飞行时更加可靠工作,在结构上增加排放和排空结构这样有利于氧化剂泵腔的气态 N_2O_4 及时排出去,不会在氧化剂泵腔结冰,这些措施已经在地面模拟试验时得到验证,所以采取的冷却措施足以保证氧化剂泵第二次可靠工作。

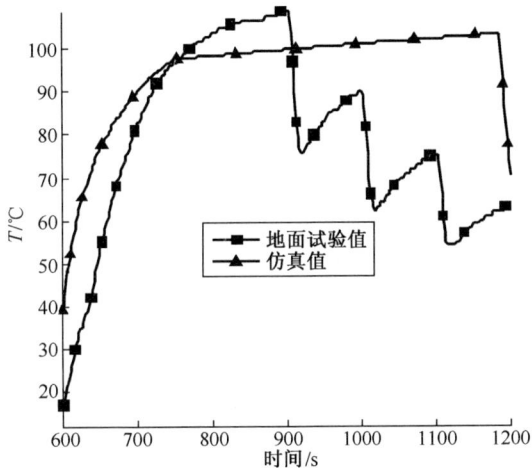

图 5-11　氧化剂泵壳体温度在滑行期间采取排放冷却后变化曲线

5.2　姿态控制发动机热防护

姿态控制发动机一般用于航天器的姿态控制和保持,需要长时间和间歇工作,其热环境比较复杂而恶劣。运载火箭的姿态控制发动机一般位于其第二级或第三级,其热源通常为游机喷管、游机燃气羽流、涡轮废气管等,这些热源通常长时间工作,从而使得姿态控制发动机的推进剂供应管路在发动机未工作时其温度超过热爆温度,从而引起故障,因此姿态控制发动机的热防护问题在设计时就很重要。

本节分析运载火箭的定向姿态控制发动机的热环境参数,针对热环境情况制订不同的热防护方案,并对热防护方案进行数值仿真及实验验证。

5.2.1　姿态控制发动机所处的热环境分析

某型定向姿态控制发动机处在二级游机和主机燃气羽流及喷管辐射的热环境中,其中燃料供应部位接受的热源有二级主机喷管和燃气、二级游机喷管和燃气、涡轮废气管、燃气发生器及火药启动器。

二级主机距离姿态控制发动机部位较远,由羽流理论可以确定二

139

级主机的燃气羽流对姿态控制发动机的热辐射及对流换热可以忽略。二级游机的燃气发生器为再生冷却,壁面温度很低,从辐射换热角度考虑,忽略该热源项。火药启动器壁面温度虽然较高,但其工作时间很短,忽略该热源项。

参考二级游机高模试车数据,铌合金大喷管壁面平均温度约为1000℃。二级游机的辐射效应包括铌合金大喷管和羽流辐射两部分。二级游机涡轮废气管壁温度500℃。

1. 游机羽流流场计算分析

应用 FLUENT 软件对二级游机的外流场进行数值计算,计算时选取二维轴对称几何模型,采用压力入口边界、压力出口边界和远场压力边界来封闭求解域,内外流场的计算均采用隐式稳态的求解法,湍流模型采用 RNG$k-\varepsilon$ 模型,用方程的离散采用精度较高的二阶迎风格式。计算边界条件:入口总压 3.28MPa,马赫数 1.0;出口及远场静压 0.0Pa,马赫数 0.0,静温 180.7K。计算结果如图 5-12 和图 5-13 所示。

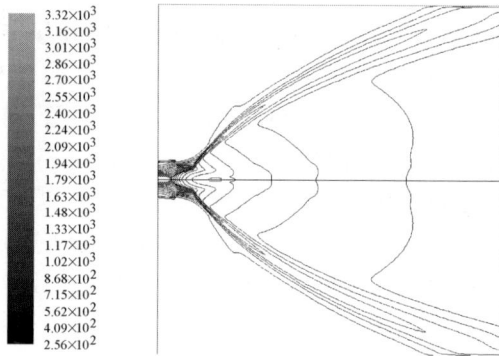

图 5-12 二级游机外流场总温分布图

由计算结果可以得出,外流场边界燃气总温、速度值都很小。姿控发动机燃料供应管路中距离热源比较近的部位有燃料导管及三通和五通,它们距游机推力室喉部的垂直距离较大,燃气速度及温度将进一步减小,因此忽略二级游机燃气羽流对这些部位的对流换热不会对燃料供应管路的热效应产生较大影响。

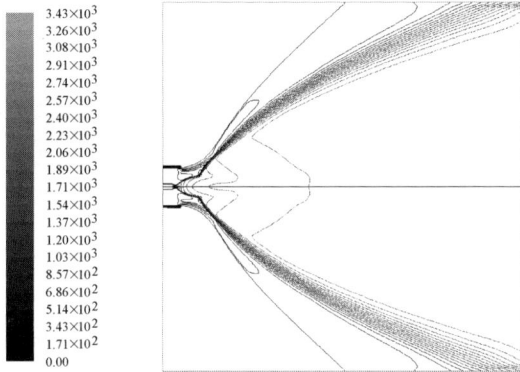

图 5-13　二级游机外流场速度分布图

2. 二级游机羽流与受热恶劣部位之间的辐射热流

二级游机燃烧室热力计算参数：$T_c = 2979.4\text{K}$，$p_{CO_2}/p_c = 0.0368$，$p_{H_2O}/p_c = 0.2695$。

应用第 2 章算法，计算得到二级游机燃烧室的燃气辐射热流：$q_{rc} = 726.6\text{kW/m}^2$。

参考文献[1]，在喷管面积比 4 处，辐射热流降至燃烧室辐射热流的 3%，在面积比 50 处，辐射热流降至燃烧室辐射热流的 1%，依据以上原则，可以计算二级游机出口处的燃气辐射热流。

二级游机出口处的面积比约为 50，那么二级游机出口处的燃气辐射热流为

$$q_r = 0.01q_{rc} = 7.266\text{kW/m}^2$$

导管外包覆镀铝薄膜，参考文献[2]，取镀铝薄膜的黑度 $\varepsilon_{tube} = 0.06$，忽略镀铝薄膜与导管之间的热阻。

3. 游机喷管与受热恶劣部位的辐射热流

游机喷管对受热危险部位的辐射换热角系数，参考文献[3]，采用同轴圆盘模型，如图 5-14 和图 5-15 所示。应用角系数的完整性和互换性可以得到游机喷管与各部位之间的辐射换热角系数。

将铌合金喷管沿轴向取一小段，按圆柱计算喷管表面积，再转化成等面积的圆环，利用角系数的可加性，并考虑机架三角横梁对热射线的阻挡，得到铌合金喷管对受热危险部位的导管、三通、五通的辐射换热

角系数:$F_{N,tube} = 0.05$,$F_{N,three} = 0.083$,$F_{N,five} = 0.122$。

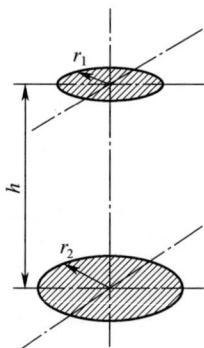

图 5-14　同轴圆盘模型　　　图 5-15　同轴圆盘对圆环模型简图

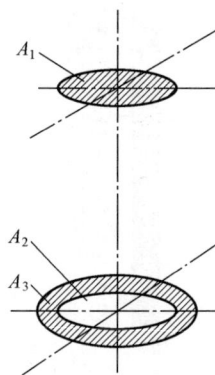

铌合金喷管表面涂抗氧化涂层,其黑度取 $\varepsilon_N = 0.85$,喷管壁温依据高模试车测得、取平均值,则导管、三通、五通接收到铌合金喷管的辐射热流为

$$q_{N,x} = \varepsilon_N \sigma \left(\frac{T_w}{100}\right)^4 F_{N,x}$$

铌合金喷管表面与受热危险部位之间的辐射热流计算结果见表 5-7。

表 5-7　铌合金喷管表面与受热危险部位之间的辐射热流

受热危险部位	导管	三通	五通
$q_r/(kW/m^2)$	6.33	10.50	15.44

4. 涡轮废气管的辐射热流

涡轮废气管对导管、三通、五通的热辐射角系数模型,参考文献[3],选用两平行管模型。

考虑机架横梁对热射线的阻挡,计算得到涡轮废气管对导管、三通、五通的辐射角系数:

$$F_{tur,tube} = 0.0275, F_{tur,three} = 0, F_{tur,five} = 0.0275$$

涡轮废气管材料为 1Cr18Ni9Ti,其黑度取 $\varepsilon_w = 0.35$,壁面温度取试车测量值中的最高值即:$T_w = 500℃$,则受热危险部位平面接受涡轮

142

废气管的辐射热流为

$$q_{\text{tur,x}} = \varepsilon_{\text{w}} \sigma \left(\frac{T_{\text{w}}}{100}\right)^4 F_{\text{tur,x}}$$

涡轮废气管与受热危险部位平面之间的辐射换热热流计算结果见表 5-8。

表 5-8　涡轮废气管与受热危险部位平面之间的辐射热流

受热危险部位	导管	三通	五通
$q_r / (\text{W/m}^2)$	195.0	0	195.0

5.2.2　受热危险部位壁温分析

1. 受热危险部位参数

按照发动机的部件位置关系,可以确定姿控发动机的燃料供应管路中 $\phi 6 \times 1$ 导管、三通、五通为受热危险部位,图 5-16 和图 5-17 为三通、五通结构简图,其几何参数如下:

导管的结构参数为:外径为 6mm,壁厚为 1mm,材料为 1Cr18Ni9Ti。

三通结构如图 5-16 所示,体积为:$V = 1.720 \times 10^{-5} \text{m}^3$,表面积为:$A_1 = 5.693 \times 10^{-3} \text{m}^2$,$A_2 = 1.055 \times 10^{-6} \text{m}^2$,$A_3 = 5.934 \times 10^{-7} \text{m}^2$,材料为铝合金。

五通结构如图 5-17 所示,体积为:$V = 4.669 \times 10^{-5} \text{m}^3$,表面积为:$A_1 = 7.712 \times 10^{-3} \text{m}^2$,$A_2 = 5.652 \times 10^{-7} \text{m}^2$,材料为铝合金。

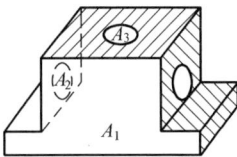

图 5-16　三通结构简图　　　　　图 5-17　五通结构简图

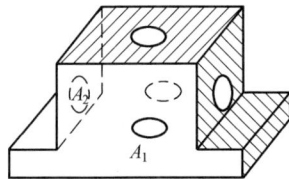

2. 受热危险部位温度分析

依据能量方程列写各部位受热壁温传热方程:

$$q_r \varepsilon_{\text{w}} A_{\text{x}} = \rho_{\text{w}} V c_{p_{\text{w}}} \frac{\text{d} T_{\text{w}}}{\text{d} \tau} + \varepsilon_{\text{w}} \sigma A_{\text{x}} \left(\frac{T_{\text{w}}}{100}\right)^4 \qquad (5\text{-}19)$$

受热危险部位接收到的最大辐射热流依据前面的方法计算得到，如表 5-9 所列。

表 5-9   受热危险部位接收到的最大辐射热流

受热危险部位	导管	三通	五通
燃气羽流辐射热流/(kW/m^2)	7.266	7.266	7.266
喷管辐射热流/(kW/m^2)	6.33	10.50	15.44
涡轮废气管辐射热流/(kW/m^2)	0.195	0	0.195
总热流/(kW/m^2)	13.791	17.766	22.901

将受热危险部位物性参数和表 5-9 的热流参数代入式(5-9)可得各部位在二级飞行时的温度变化曲线。计算的 0 时刻为一二级分离时刻，各部位的初始温度为 10.04℃，计算结果如图 5-18 所示。

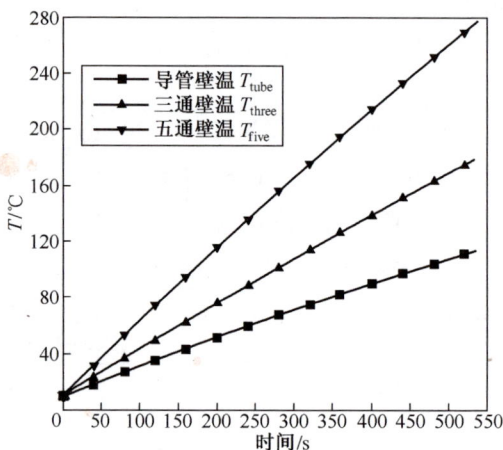

图 5-18   受热危险部位在二级飞行段的温度变化曲线

受热危险部位在二级飞行段的壁温最终值见表 5-10。

从图 5-18 和表 5-10 可以得出：三通壁温超过定向姿态控制发动机燃料的热分解温度，因此有必要对各受热危险部位进行热防护，下面将进行热防护方案分析及实验验证。

表 5-10　受热危险部位在二级飞行段的终温计算值

受热危险部位	导管	三通	五通
$T/\mathrm{℃}$	116.25	272.42	191.26

5.2.3　热防护方案传热分析及验证

1. 热防护方案传热分析

定向姿态控制发动机受热危险部位的防热措施是应用防热材料包覆,因为包覆方案的实施方法比较简单。在进行防热材料包覆方案分析时为了使结构在较复杂环境下更安全工作,在制订热防护方案时选取的最高辐射热流为所有部位在最恶劣工况下的热流再放大 $5\mathrm{kW/m^2}$,即 $28\mathrm{kW/m^2}$ 。

采用的热防护方案是用一层镀铝薄膜加多层无碱玻璃纤维带(简称"无碱带")或高硅氧玻璃纤维布(简称"高硅氧布")包覆受热危险部位,结构如图 5-19 所示,以其为研究对象,对其列写热平衡方程为

$$q_r \varepsilon_1 = \rho_1 c_{p_1} \delta_1 \frac{\mathrm{d}T_1}{\mathrm{d}\tau} + \frac{\lambda_1}{\delta_1}(T_1 - T_2) + \varepsilon_1 \sigma \left(\frac{T_1}{100}\right)^4 \quad (5-20)$$

$$\frac{\lambda_1}{\delta_1}(T_1 - T_2) = \rho_2 c_{p_2} \delta_2 \frac{\mathrm{d}T_2}{\mathrm{d}\tau} \quad (5-21)$$

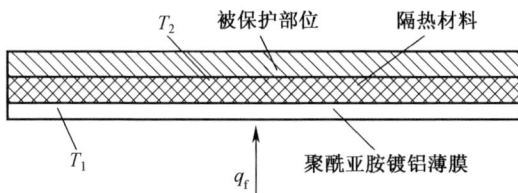

图 5-19　多层隔热材料包覆方案

如果受热部位是三通或五通,那么式(5-21)将变为

$$\frac{\lambda_1}{\delta_1}A_x(T_1 - T_2) = \rho_2 c_{p_2} V_x \frac{\mathrm{d}T_2}{\mathrm{d}\tau} \quad (5-21)$$

整理式(5-20)和式(5-21)得到:

$$\frac{dT_1}{d\tau} = B_1 + B_2(T_1 - T_2) + B_3\left(\frac{T_2}{100}\right)^4 \qquad (5\text{-}22)$$

$$\frac{dT_2}{d\tau} = B_4(T_1 - T_2) \qquad (5\text{-}23)$$

其中:$B_1 = \dfrac{q_r \varepsilon_1}{\rho_1 c_{p_1} \delta_1}$,$B_2 = -\dfrac{\lambda_1}{\rho_1 c_{p_1} \delta_1^2}$,

$B_3 = -\dfrac{\varepsilon_1 \sigma}{\rho_1 c_{p_1} \delta_1}$,$B_4 = \dfrac{\lambda_1}{\rho_2 c_{p_2} \delta_1 \delta_2}$,$B_{4p} = \dfrac{\lambda_1 A_x}{\rho_2 c_{p_2} V_x}$。

初值条件为:$T_1^0 = T_2^0 = 10.04℃$;边界条件为:$q_r = 28.0\text{kW/m}^2$。

将热流边界条件和初值条件及材料物性参数代入式(5-22)和式(5-23),即可得到防护方案下试件的壁温变化过程,如图5-20和图5-21所示。可以看出,无论采用哪种材料组合,导管的壁温最高、三通壁温最低、五通壁温介于二者之间;从两种材料防护后壁温值来看,无碱带的防热效果要比高硅氧布的防热效果好。

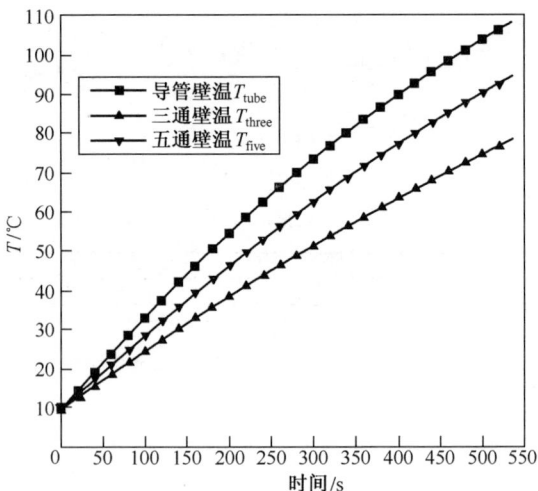

图5-20　隔热材料为无碱带的传热分析结果

2. 热防护方案实验验证

为了检验分析的正确性,需对上节的热防护方案进行实验验证。实验验证方法为真空热辐射试验,热辐射实验的真空环境采用真空泵

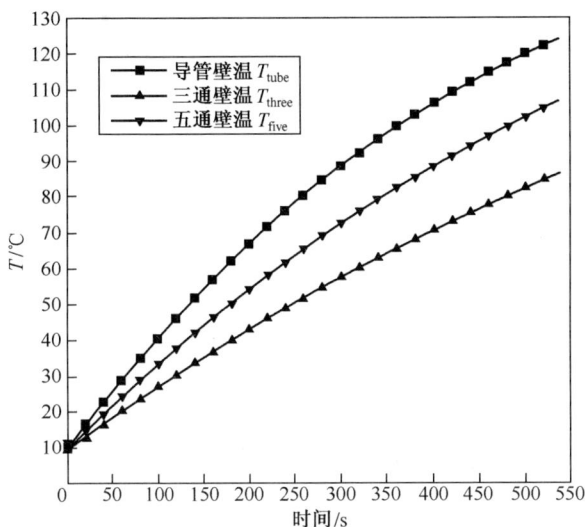

图 5-21　隔热材料为高硅氧布的传热分析结果

抽吸至一定压力值后,认为该环境接近真空,热源采用石英灯阵,试件与分析所用模型相近,试验时试件壁面的辐射热流与计算时所用的热流基本相同,即设定试验热流值为 $28kW/m^2$,试验时采集试件表面的热流值和包覆层内表面的壁温。图 5-22 为试件表面的热流变化曲

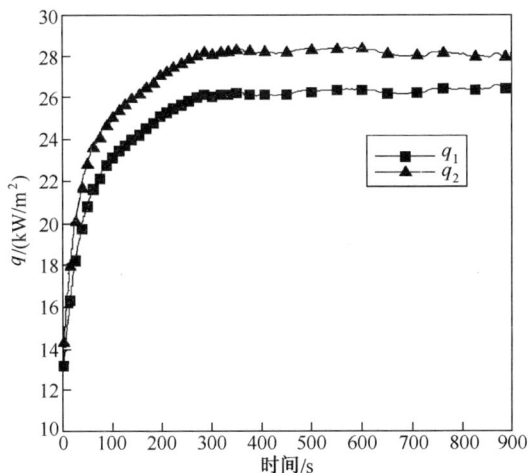

图 5-22　试件表面热流变化曲线

线,图 5-23 和图 5-24 为试件表面壁温变化曲线,其中图 5-23 试件为 $\phi6 \times 1$ 不锈钢管外壁包覆 1mm 无碱带和 1 层镀铝薄膜,图 5-24 试件为 $\phi6 \times 1$ 不锈钢管外壁包覆 1mm 高硅氧布和 1 层镀铝薄膜。

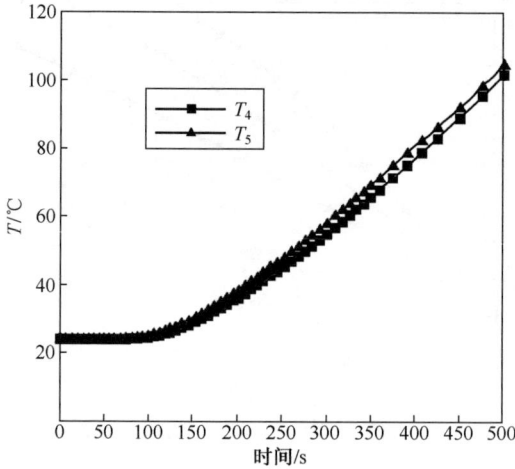

图 5-23　无碱带的试件壁温变化曲线

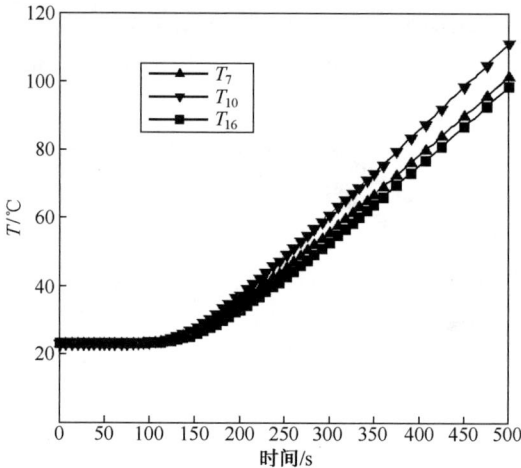

图 5-24　高硅氧布的试件壁温变化曲线

从图 5-22~图 5-24 可以得到:当试件表面的辐射热热流为 28kW/m² 时,在试验时间为 500s 时,当试件壁面缠绕 1mm 无碱带及 1

层镀铝薄膜时试件表面壁温约为 102℃；当试件壁面缠绕 1mm 高硅氧布及 1 层镀铝薄膜时试件表面壁温约为 115℃；从试验测量值来看，无碱带与镀铝薄膜的防热效果比高硅氧布与镀铝薄膜的防热效果好。

将防护材料为无碱带与镀铝薄膜的试件试验测量值与分析值进行对比，对比曲线见图 5-25。从图 5-25 可以看出，无碱带试件的温度测量值与分析值变化规律一致，最终温度也接近，但变化过程略有差异。在开始时分析值的温升率较测量值的温升率高，但在 200s 以后，分析值的温升率较测量值的温升率小。究其原因：在试验开始时由于加热热流未达到预先设定值，这需要一个过程，当试验进行一段时间后，热流基本达到平衡状态，材料的物性参数将发生微小变化，试件的温升率随后发生变化，但最终测量值与分析值相近，因此应用数值仿真的方法可以预估试验的温度范围。

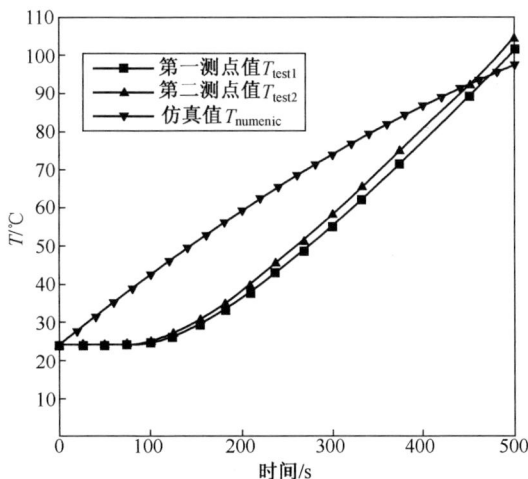

图 5-25　无碱带试件分析值与试验值壁温比较

5.3　姿态控制发动机附件热防护

姿态控制发动机通常用于给卫星、探测器、飞船、航天飞机、导弹弹头、运载火箭上面级提供冲量及执行姿态控制。导弹主推力通常是固体火箭发动机,其姿态控制发动机附件有液体推进剂贮箱、管路、阀门、电缆等部件,这些附件通常位于末修舱内,其所在部位的热源通常有固体发动机的燃气羽流、自身正推发动机的喷管辐射,这些热源长时间工作时对附属部件的影响较大。本节以末修姿态控制发动机附件为研究对象,分析各部件在固体火箭发动机及末修姿态控制发动机工作过程中各部件的温度变化,为热防护方案制订提供依据。

假设末修姿态控制发动机所处的热环境为:在 $0 \sim 50s$ 接受固体火箭发动机工作时的燃气羽流,$50 \sim 60s$ 接受自身的 100N 或 200N 推力室工作时喷管所发出的辐射热,以后是 300N 推力室工作 80s 时喷管的辐射热,由于末修姿态控制发动机处于一个密闭舱,因此可以认为末修舱内部件在 $50 \sim 60s$ 间接受的辐射热流为 0,$60 \sim 150s$ 间 300N 推力室连续工作。

末修姿态控制发动机的 200N 和 100N 推力室外面有隔热套筒,外露部分面积很小,挡住了大部分的辐射热量,并且这些推力室都是脉冲工作,因此 200N 和 100N 推力室对部件的热辐射可略去。

在以下的分析中,因为氧化剂贮箱和燃料贮箱结构一致,受热情况相同,而氧化剂的沸点较低,因此在贮箱的热防护计算中,重点对氧化剂贮箱进行传热分析。末修姿态控制发动机舱内的初始环境温度为 40℃。

末修舱内的主要热源是固体发动机燃气所产生的羽流热,其热流密度可折算为辐射热流密度,计算该热流的经验公式为

$$q_r = \varepsilon \sigma \left(\frac{T_r}{100} \right)^4 F \tag{5-24}$$

式中 q_r ——部件接受的燃气辐射热流;

ε ——燃气的辐射黑度;

C_0 ——绝对黑体的辐射系数;

T_r ——燃气出口温度;

F ——角系数。

其中,$\varepsilon = 0.8$,$\sigma = 5.76 \mathrm{W/(m^2 \cdot K^4)}$,$T_r = 1848\mathrm{K}$。

喷口处燃气对舱内任一位置上的部件辐射换热角系数的计算公式为

$$F(H,R) = \frac{1}{180}\sin\beta'_0 \arctan(\sin\beta'_0 \tan\varphi_0)$$

其中,$\beta'_0 = \frac{1}{2}\left(\arctan\left(\frac{R-r}{H}\right) + \arctan\left(\frac{R^2-r^2}{RH}\right)\right)$

$$\varphi_0 = \arcsin\left(\frac{r}{R}\right)$$

式中　r——喷管出口半径,$r = 0.547$m;

　　　R——距喷管中心线径向距离;

　　　H——距喷口平面垂直距离。

固体火箭发动机喷口周围的辐射热流由以上计算方法可得到,计算结果见图 5-26。

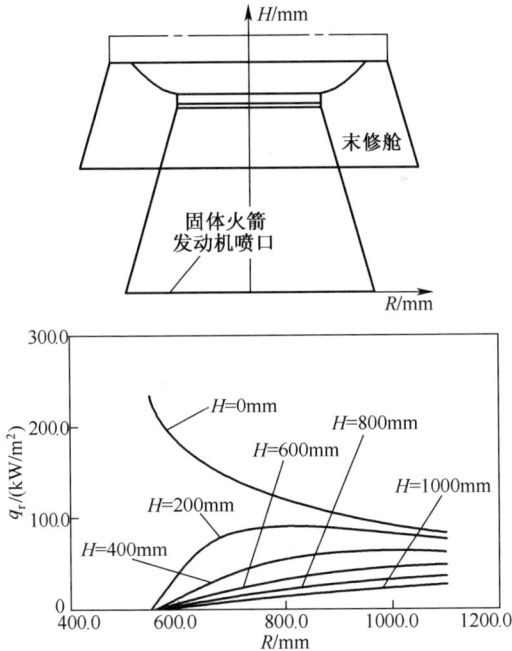

图 5-26　固体火箭发动机底部热流分布

1. 氧化剂贮箱及氧化剂的传热分析

贮箱的物性参数及几何参数:

平均厚度 $\delta = 0.0015$m;贮箱直径 $D = 0.384$m;

151

材料为 TC4，$\rho = 4440\text{kg/m}^3$，$c_\text{p} = 527\text{J/}(\text{kg} \cdot \text{K})$；

贮箱表面黑度 $\varepsilon = 0.5$。

氧化剂四氧化二氮的参数：

贮箱内 N_2O_4 的质量 $m_1 = 37.5\text{kg}$，$c_{p_1} = 2050\text{J/}(\text{kg} \cdot \text{K})$。

贮箱的表面积 $A_1 = 0.4632\text{m}^2$；贮箱的质量 $m_1 = 3.085\text{kg}$。

用 T_1 表示贮箱的温度，T_2 表示推进剂的温度，q 为贮箱接收到的辐射热流，然后依据能量平衡列写传热方程：

$$q\varepsilon A_1 = m_1 c_\text{p} \frac{\text{d}T_1}{\text{d}\tau} + \varepsilon\sigma A_1 \left(\frac{T_1}{100}\right)^4 + h_1 A_1 (T_1 - T_2) \qquad (5\text{-}25)$$

$$h_1 A_1 (T_1 - T_2) = m_1 c_{p_1} \frac{\text{d}T_2}{\text{d}\tau} \qquad\qquad (5\text{-}26)$$

式（5-25）和式（5-26）两式中 h_1 为推进剂与贮箱的自然对流换热系数，依据经验选取：$h_1 = 100 \sim 200 W/(\text{m}^2 \cdot \text{K})$。

下面对其进行传热计算分析：

（1）在 0~50s 期间，只有固体发动机工作。贮箱与喷管轴线中心的相对位置尺寸为：$H = 0.565\text{m}$，$R = 0.617\text{m}$，由图 5-26 得固体发动机对贮箱的辐射热流为：$q = 11.56\text{kW/m}^2$，取初始条件为：$T_1^0 = T_2^0 = 40℃$，将以上条件代入式（5-25）和式（5-26）得：$T_1^{50} = 46.93℃$，$T_2^{50} = 41.56℃$。

（2）在 50~60s 期间，只有 200N 和 100N 推力室脉冲工作，依据以前的假设，此时贮箱接受的辐射热流为：$q = 0$。将（1）中的结果作为初始条件代入式（5-25）~式（5-26）得：$T_1^{60} = 41.69℃$，$T_2^{60} = 41.65℃$。

（3）在 60~150s 期间，末修姿控的两个 300N 推力室工作，贮箱受到这两个推力室的辐射，作为极限情况，认为推进剂已经下降至最后状态时的质量：$M = 37.5 - 0.32 \times 80 = 11.9\text{kg}$，贮箱与 300N 推力室喷管轴线中心之间空间位置为：$H = 0.335\text{m}$，$R = 0.473\text{m}$，由图 5-26 得 300N 推力室对贮箱的辐射热流为：$q = 290\text{kW/m}^2$，将（2）中的结果作为初始条件代入式（5-25）和式（5-26）得：$T_1^{150} = 44.47℃$，$T_2^{150} = 43.40℃$。

贮箱及氧化剂在 0~144s 期间的温度变化关系曲线如图 5-27 所示。

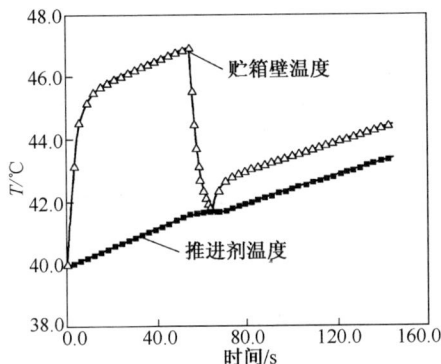

图 5-27 贮箱及介质的温度变化曲线

2. 气瓶的传热分析

气瓶内装有高压氮气,如果气瓶温度升高很多,则会使其内部压力升高,可能存在安全隐患。

气瓶的受热过程与贮箱相同,只考虑固体发动机喷管工作时的辐射与两个 300N 推力室的辐射。气瓶的材料为 TC_4。

气瓶的几何参数如下:

气瓶的壁面厚度 $\delta = 0.0033m$;直径 $D = 0.254m$;

表面积 $A_1 = \pi D^2 = 0.20268m^2$;质量 $m_1 = 2.9697kg$。

气瓶内气体质量及物性参数:

气瓶容积 $V = \dfrac{4}{3}\pi R^3 = 8.58 \times 10^{-3}m^3$;

气体质量 $m_g = 1.846kg$;

气体比热容 $c_{p_g} = 1172.3J/(kg \cdot K)$。

用 T_1 表示气瓶的温度,T_2 表示氮气的温度,q 为气瓶接收到的辐射热流,然后依据能量平衡列写传热方程:

$$q\varepsilon A_1 = m_1 c_p \frac{dT_1}{d\tau} + \varepsilon\sigma A_1 \left(\frac{T_1}{100}\right)^4 + h_g A_1 (T_1 - T_2) \quad (5\text{-}27)$$

$$h_g A_1 (T_1 - T_2) = m_g c_{p_g} \frac{dT_2}{d\tau} \quad (5\text{-}28)$$

式中 h_g——气瓶与氮气的自然对流换热系数,依据经验选取为:$h_g = 10W/(m^2 \cdot K)$。

153

下面对气瓶进行传热计算分析:

(1) 在 0~50s 期间,只有固体发动机工作。气瓶与喷管轴线中心的相对位置尺寸为:$H = 0.73\text{m}$,$R = 0.647\text{m}$,由图 5-26 得固体发动机对气瓶的辐射热流为:$q = 6.44\text{kW/m}^2$,取初始条件为:$T_1^0 = T_2^0 = 40℃$,将以上条件代入式(5-17)和式(5-18)两式得:$T_1^{50} = 54.43℃$,$T_2^{50} = 43.59℃$。

(2) 在 50~60s 期间,只有 200N 和 100N 推力室脉冲工作,依据以前的假设,此时气瓶接受的辐射热流为:$q = 0$。

将(1)中的结果作为初始条件代入式(5-27)式(5-28)两式得:$T_1^{60} = 53.66℃$,$T_2^{60} = 44.56℃$。

(3) 在 60~150s 期间,末修姿控的两个 300N 推力室工作,气瓶受到这两个推力室的辐射。气瓶与推力室轴线中心的空间位置为:$H = 0.335\text{m}$,$R = 0.473\text{m}$,由图 5-26 得 300N 推力室对气瓶的辐射热流为:$q = 2.90\text{kW/m}^2$,将(2)中的结果作为初始条件代入式(5-27)和式(5-28)两式得:$T_1^{144} = 50.03℃$,$T_2^{144} = 48.0℃$。

气瓶及氮气在 0~144s 期间的温度变化关系曲线如图 5-28 所示。

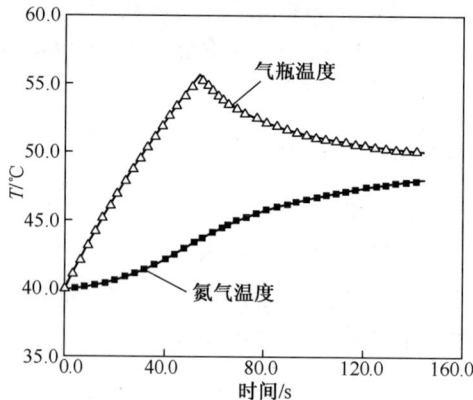

图 5-28　气瓶壁面及氮气温度随时间的变化曲线

3. 电磁阀和减压阀传热分析

电磁阀和减压阀的受热过程与气瓶的受热过程相同。

电磁阀的几何参数及物性参数为:

几何尺寸为 0.064m×0.026m;表面积 $A_1 = 5.2276 × 10^{-3}\text{m}^2$;

质量为 0.185kg；材料为软耐蚀软磁；代号为 1J16；

此材料的比热容 $c_p = 460 J/(kg \cdot K)$。

减压阀的几何参数和物性参数：

几何尺寸为 0.160m×0.074m；表面积 $A_1 = 3.7196 \times 10^{-2} m^2$；

质量为 1.7kg；材料为 LD10；比热容 $c_p = 837.16 J/(kg \cdot K)$。

下面依据能量平衡方程对电磁阀和减压阀进行传热分析，用 T 代表其温度，ε 代表其黑度，对其列写传热分析方程：

$$q\varepsilon A_1 = \varepsilon \sigma A_1 \left(\frac{T}{100}\right)^4 + mc_p \frac{dT}{d\tau} \tag{5-29}$$

（1）在 0~50s 期间，电磁阀与固体火箭喷管轴线中心的相对位置为：$H = 0.70m$，$R = 0.647m$，由图 5-27 得固体火箭发动机对电磁阀的辐射热流为：$q = 8.76 kW/m^2$，取初始条件为：$T^0 = 40℃$，将以上条件代入式（5-29）得：$T^{50} = 48.15℃$。

减压阀与固体火箭喷管轴线中心的相对位置为：$H = 0.880m$，$R = 0.747m$，由图 5-27 得固体火箭发动机对减压阀的辐射热流为：$q = 10.55 kW/m^2$，取初始条件为：$T^0 = 40℃$，将以上条件代入式（5-29）得：$T^{50} = 44.23℃$。

（2）在 50~60s 期间，电磁阀和减压阀接受的辐射热流为：$q = 0$，将（1）中的结果作为初始条件代入式（5-29）得：电磁阀的温度 $T^{60} = 48.04℃$，减压阀的温度 $T^{60} = 44.23℃$。

（3）在 60~180s 期间，电磁阀与末修姿态控制的两个 300N 推力室轴线中心的相对位置为：$R = 0.093m$，$H = 0.490m$，由图 5-27 得 300N 推力室对电磁阀的辐射热流为：$q = 0.51 kW/m^2$，将（2）中的计算结果代入式（5-29）得：电磁阀的温度为 $T^{50} = 47.92℃$。减压阀与末修姿态控制的两个推力室轴线中心之间的相对位置为：$H = 0.660m$，$R = 0.353m$，由图 5-27 得 300N 推力室轴线中心对减压阀的辐射热流为：$q = 0.51 kW/m^2$，将（2）中的计算结果代入式（5-29）得：减压阀的温度为 $T^{150} = 44.22℃$。

电磁阀和减压阀在发动机工作期间的温度变化关系见图 5-29。

4. 双组元自锁阀传热分析

双组元自锁阀的热环境与舱内其他部件相同。

双组元自锁阀的结构参数：

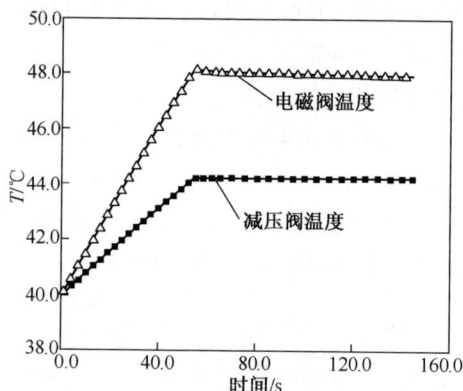

图 5-29　减压阀和电磁阀温度随时间的变化关系

几何尺寸为 0.095m×0.048m;表面积 $A_1 = 1.4326 \times 10^{-2} m^2$;质量为 0.495kg;材料为锻铝 LD10;比热容 $c_p = 837.16J/(kg \cdot K)$。双组元自锁阀的传热分析方程与式(5-29)相同。

在 0~50s 期间,双组元自锁阀只受到固体火箭发动机喷管的辐射,它们之间的相对位置为:$R = 0.647m, H = 0.50m$,由图 5-27 得固体火箭发动机对它的辐射热流为:$q = 15.86kW/m^2$,取初始条件为:$T^0 = 40℃$,将以上条件代入式(5-29)得:$T^{50} = 48.56℃$。

在 50~60s 期间,没有热源对双组元自锁阀的辐射,并且双组元自锁阀的温度也不是很高,忽略其对外的热辐射,认为该阶段其温度不变。

在 60~150s 期间,由于双组元阀位于推力室的头部,喷管身部、喉部以及燃气对双组元阀的辐射热流全被推力室和隔热套筒挡住,所以推力室对其的热辐射可不予考虑。双组元自锁阀在发动机工作期间的温度变化关系曲线见图 5-30。

5. 电缆的传热分析

在电缆的传热分析中只考虑固体火箭发动机对电缆的热辐射,作用时间为 0~50s。依据电缆与固体火箭发动机的位置及图 5-27 得其对电缆的辐射热流变化范围为:$q = (4.113 \sim 19.99) kW/m^2$。电缆结构外层是一厚度为 0.3mm 的薄层无碱玻璃纤维套管,内层是一厚度为 1mm 的硅橡胶管。为了得到在最恶劣情况下各层的温度。

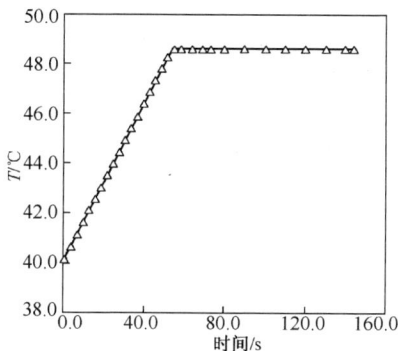

图 5-30　双组元自锁阀的温度变化曲线

电缆各层的物性参数为：

（1）无碱玻璃纤维套管：

密度 $\rho_1 = 1400\text{kg/m}^3$；比热容 $c_{p_1} = 1047.65\text{J/(kg·K)}$；

吸收率 $\alpha_1 = 0.22$；黑度 $\varepsilon_1 = 0.88$；壁厚 $\delta_1 = 0.0003\text{m}$；

导热系数 $\lambda_1 = 0.2\text{W/(m·K)}$。

（2）硅橡胶套管：

密度 $\rho_2 = 1200\text{kg/m}^3$；比热容 $c_{p_2} = 1381.65\text{J/(kg·K)}$；

壁厚 $\delta_2 = 0.001\text{m}$。

用 T_1 代表无碱玻璃纤维套管的温度，用 T_2 代表硅橡胶的温度，然后对其列写热平衡方程为

$$q\alpha_1 = \rho_1 c_{p_1} \delta_1 \frac{\text{d}T_1}{\text{d}\tau} + \varepsilon_1 \sigma \left(\frac{T_1}{100}\right)^4 + \frac{\lambda_1}{\delta_1}(T_1 - T_2) \qquad (5-30)$$

$$\frac{\lambda_1}{\delta_1}(T_1 - T_2) = \rho_2 c_{p_2} \delta_2 \frac{\text{d}T_2}{\text{d}\tau} \qquad (5-31)$$

式（5-30）和式（5-31）的初始条件为：$T_1^0 = T_2^0 = 40℃$。将初始条件和物性参数代入式（5-30）和式（5-31），当 $q = 19.99\text{kW/m}^2$ 时，$T_1^{50} = 126.1℃$，$T_2^{50} = 121.9℃$；当 $q = 4.113\text{kW/m}^2$ 时，$T_1^{50} = 40.4℃$，$T_2^{50} = 40.38℃$。

5.4 氧蒸发器传热与流阻计算

氧蒸发器是火箭自生增压和专用增压系统中的核心部件,发动机工作时,向推进剂贮箱的气垫供入气体,以确保发动机正常工作所需的推进剂供应压力,因此氧蒸发器的传热和流阻分析是其结构设计的主要工作。本节介绍氧蒸发器传热与流阻计算的依据、计算流程、计算方法,适用于氧蒸发器设计计算和校核计算的传热与流阻计算分析。

5.4.1 计算依据

1. 设计计算

设计计算依据为计算要求,内容包括:

(1) 氧蒸发器拟采用的介质流型结构简图;

(2) 燃气参数,一般包括换热通道/调节通道的流量 q_{mevg}、入口压力 p_{ievg}、入口温度 T_{ievg} 等;

(3) 氧路参数,一般包括氧流量 q_{mevo}、入口压力 p_{ievo}、入口温度 T_{ievo}、氧出口温度 T_{eevo} 等;

(4) 燃气通道的结构参数,一般包括槽底宽 a_{evg}、肋宽 b_{evg}、槽高 H_{evg} 等;

(5) 氧通道的结构参数,一般包括槽底宽 a_{evo}、肋宽 b_{evo}、槽高 H_{evo}、螺旋角 β_{evo} 等;

(6) 需要求解的参数,一般包括蒸发器结构长度 L_{evo}、氧路和燃气路的流阻损失。

2. 校核计算

校核计算依据为计算要求,内容包括:

(1) 氧蒸发器拟采用的介质流型结构简图;

(2) 燃气参数,一般包括换热通道/调节通道的流量 q_{mevg}、入口压力 p_{ievg}、入口温度 T_{ievg} 等;

(3) 氧路参数,一般包括氧流量 q_{mevo}、入口压力 p_{ievo}、入口温度

T_{ievo} 等;

（4）燃气通道的结构参数,一般包括槽底宽 a_{evg}、肋宽 b_{evg}、槽高 H_{evg} 等;

（5）氧通道的结构参数,一般包括槽底宽 a_{evo}、肋宽 b_{evo}、槽高 H_{evo}、螺旋角 β_{evo}、氧通道长度 L_{evo} 等;

（6）需要求解的参数,一般包括氧及燃气的出口温度、氧路和燃气路的流阻损失。

5.4.2 计算流程

（1）氧蒸发器设计计算时的传热计算流程,见图5-31所示。

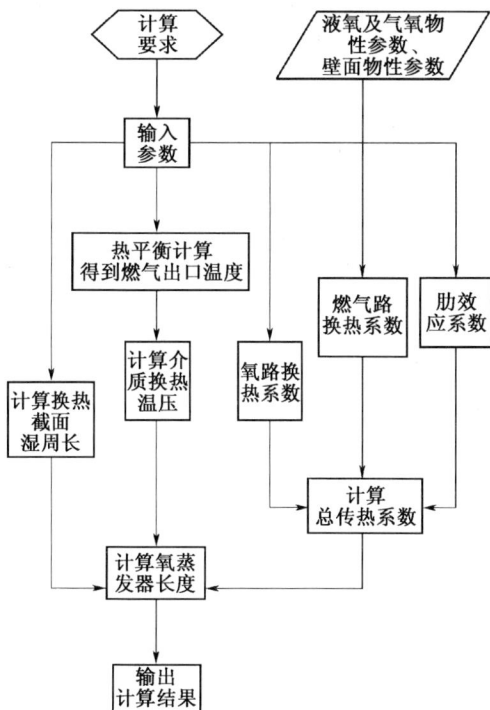

图5-31 设计计算时传热计算流程框图

（2）氧蒸发器校核计算时传热计算流程,见图5-32所示。

（3）氧蒸发器流阻计算流程,见图5-33所示。

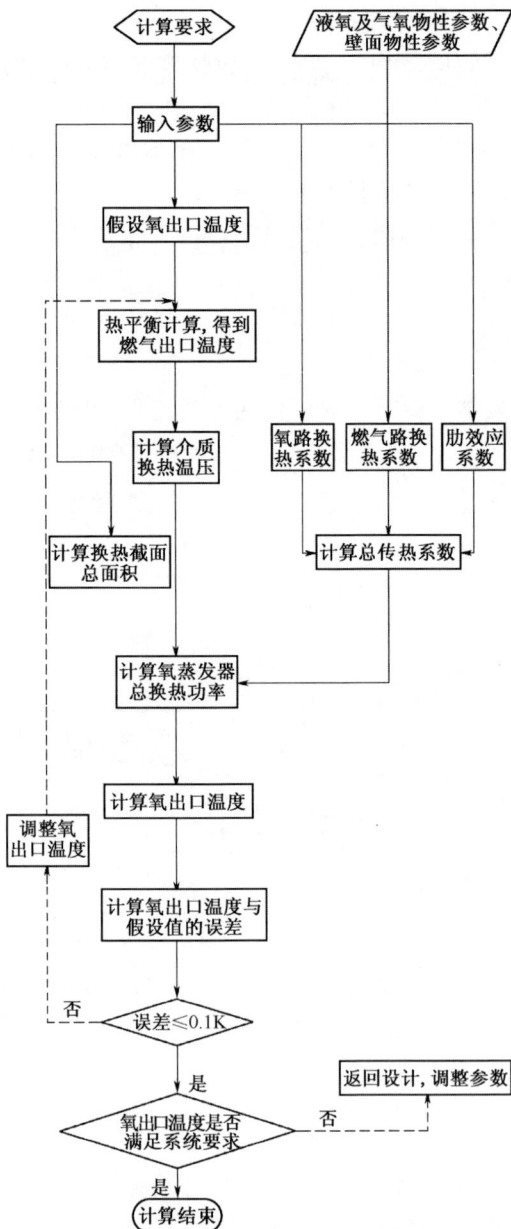

图 5-32 氧蒸发器校核计算时传热计算流程框图

160

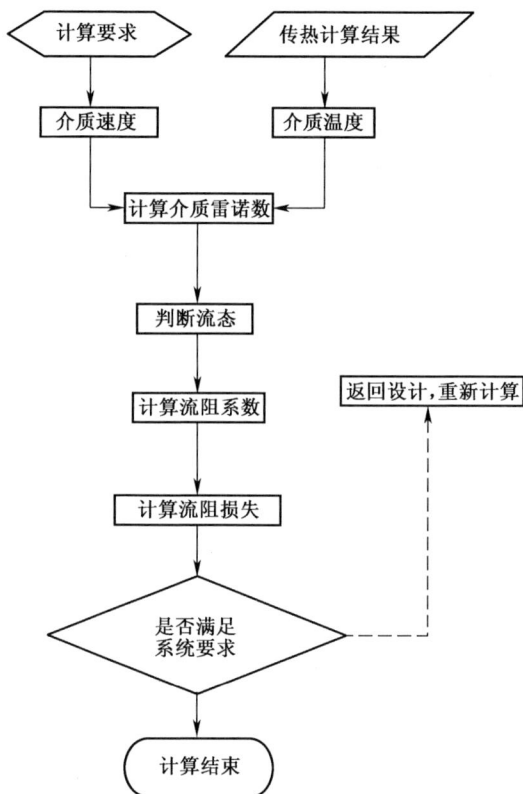

图 5-33 氧蒸发器流阻计算流程框图

5.4.3 氧蒸发器传热与流阻计算过程

氧蒸发器的介质流型结构简图见图 5-34。燃气和氧在蒸发器内是顺流和逆流的组合流,流型结构比较复杂,氧从上下两面同时受热,将采用复杂的流型计算结果和采用单一的逆流计算结果与试车测量结果进行比较分析,表明采用单一的逆流计算结果与试车结果比较接近,故计算时采用单一的逆流即可满足要求。本节以逆流过程作为样例,介绍设计计算和校核计算时的传热分析过程。

流阻计算方法在设计计算过程和校核计算过程中所用的方法相同。

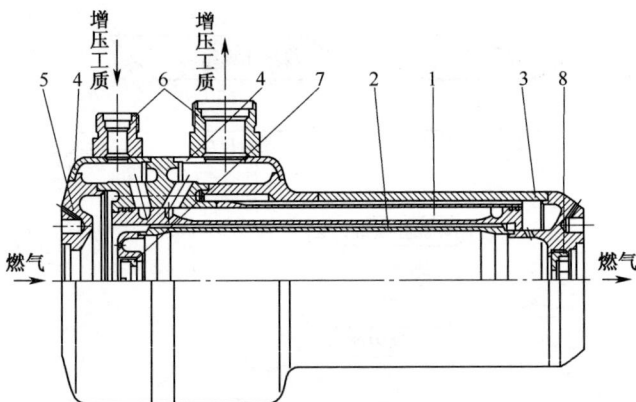

图 5 - 34 氧蒸发器介质流型结构简图

1—钎焊夹套;2—换热调节通道;3—外壁组件;4—集合器环;
5—进口法兰;6—进出口接管嘴;7—旁路节流圈;8—出口节流圈。

氧蒸发器介质逆流的流型简图见图 5 - 35。

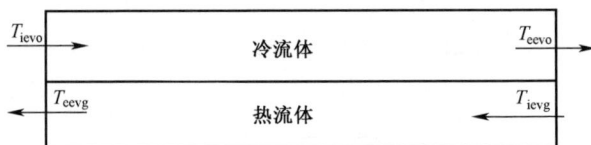

图 5 - 35 氧蒸发器传热及流阻计算模型

1. 设计计算时的传热分析过程

1) 计算燃气的出口温度 T_{eevg}

燃气的出口温度 T_{eevg} 依据热平衡方程计算,氧吸热功率 Q_1 包括三部分:①低温液氧变成饱和液氧的吸热功率;②饱和液氧的汽化吸热功率;③过热氧气的吸热功率。燃气放热功率为 Q_2。

$$Q_1 = q_{\mathrm{mevo}} c_{\mathrm{p_{l_0}}} (T_{\mathrm{s}} - T_{\mathrm{ievo}}) + q_{\mathrm{mevo}} \lambda_{\mathrm{q}} + q_{\mathrm{mevo}} c_{\mathrm{p_{g_0}}} (T_{\mathrm{eevo}} - T_{\mathrm{s}})$$

$$(5 - 32)$$

$$Q_2 = q_{\mathrm{mevg}} c_{\mathrm{p_g}} (T_{\mathrm{ievg}} - T_{\mathrm{eevg}}) \qquad (5 - 33)$$

$$Q_1 = Q_2 \qquad (5 - 34)$$

整理公式(5-32)~式(5-34)得到：

$$T_{eevg} = T_{ievg} - \frac{Q_1}{q_{mevg}c_{p_g}} \qquad (5-35)$$

2）计算冷热流体的平均温压 ΔT_m

依据冷热流体的进出口温度计算平均温压 ΔT_m，平均温压的计算公式为

$$\Delta T_m = \frac{(T_{ievg} - T_{eevo}) - (T_{eevg} - T_{ievo})}{\ln \dfrac{(T_{ievg} - T_{eevo})}{(T_{eevg} - T_{ievo})}} \qquad (5-36)$$

3）计算总传热系数 K

（1）氧路换热系数。

液氧的换热准则关联式为

$$Nu_1 = Nu_{ref} \left(\frac{\rho_1}{\rho_w}\right)^{-\frac{1}{2}} \left(\frac{\lambda_1}{\lambda_w}\right)^{\frac{1}{2}} \left(\frac{c_p}{c_{p_1}}\right)^{\frac{2}{3}} \left(\frac{p}{p_{cr}}\right)^{-\frac{1}{5}} \left(1 + \frac{\frac{2}{L}}{d_e}\right) \qquad (5-37)$$

$$Nu_{ref} = 0.0025 Re_1 Pr_1^{0.4} \qquad (5-38)$$

$$h_{1_o} = \left(Nu \frac{\lambda}{d_e}\right)_1 \qquad (5-39)$$

其中 Re_1、Pr_1 计算式如下：

$$Re_1 = \left(\frac{\rho u d_e}{\mu}\right)_1 \qquad (5-40)$$

$$Pr_1 = \left(\frac{\mu c_p}{\lambda}\right)_1 \qquad (5-41)$$

式(5-37)~式(5-41)中没有下标的用液壁温与中心流体温度的平均值作为定性温度，有下标的以该处温度作为定性温度。

换热通道的结构参数见图 5-36，液氧热物性参数：

$$\begin{pmatrix} \rho \\ c_p \\ \lambda \\ \mu \times 10^4 \end{pmatrix} = \begin{pmatrix} c_{01} \\ c_{02} \\ c_{03} \\ c_{04} \end{pmatrix} + \begin{pmatrix} c_{11} \\ c_{12} \\ c_{13} \\ c_{14} \end{pmatrix} T + \begin{pmatrix} c_{21} \\ c_{22} \\ c_{23} \\ c_{24} \end{pmatrix} T^2 + \begin{pmatrix} c_{31} \\ c_{32} \\ c_{33} \\ c_{34} \end{pmatrix} T^3 \qquad (5-42)$$

163

公式(5-42)的系数见表5-8。

表5-8　液氧热物性参数计算式系数

系数	c_{0i}	c_{1i}	c_{2i}	c_{3i}
ρ	1389.5279	-0.49994	-0.02054	4.14983×10^{-5}
c_p	2030.88982	-9.57512	0.06373	-1.37795×10^{-4}
λ	0.31246	-0.00167	2.13898×10^{-6}	2.19882×10^{-9}
μ	112.46112	-0.18803	0.00107	-2.14535×10^{-6}

换热通道的水力直径为

$$d_e = \frac{4A}{C} = \frac{2ab}{a+b} \tag{5-43}$$

气氧的换热系数计算式为

$$h_{go} = 0.023 \, Re_{go}^{0.8} \, Pr_{go}^{0.4} \frac{\lambda_{O_2}}{d_e} \tag{5-44}$$

气氧的热物性参数随温度的变化值由下式给定。

$$\begin{pmatrix} c_p \\ \lambda \\ \mu \times 10^4 \end{pmatrix} = \begin{pmatrix} d_{01} \\ d_{02} \\ d_{03} \end{pmatrix} + \begin{pmatrix} d_{11} \\ d_{12} \\ d_{13} \end{pmatrix} T + \begin{pmatrix} d_{21} \\ d_{22} \\ d_{23} \end{pmatrix} T^2 + \begin{pmatrix} d_{31} \\ d_{32} \\ d_{33} \end{pmatrix} T^3 \tag{5-45}$$

公式(5-45)的系数见表5-9。

表5-9　气氧热物性参数计算式系数

系数	d_{0i}	d_{1i}	d_{2i}	d_{3i}
c_p	1154.75605	3.76034	-0.00294	-2.87145×10^{-5}
λ	0.31185	-0.00163	2.26748×10^{-6}	1.5096×10^{-9}
μ	5.24379	-0.004956	1.801×10^{-4}	-2.32298×10^{-7}

（2）燃气路换热系数计算。

在换热通道内的燃气是高压富氧燃气，其换热准则关系式可采用巴兹公式：

$$h_g = 0.026 \, Re_g^{0.8} \, Pr_g^{0.4} \left(\frac{\lambda}{d_e} \right)_g \tag{5-46}$$

$$Re_g = \left(\frac{\rho u d}{\mu} \right)_g \tag{5-47}$$

$$Pr_g = \left(\frac{\mu c_p}{\lambda} \right)_g \tag{5-48}$$

燃气热物性参数的定性温度为 T_g,在蒸发器换热计算时不考虑物性参数随温度的变化,具体值由设计计算任务书给出。

(3)肋效应系数计算。

对于铣槽式换热通道,在计算换热工质与壁面的对流换热量时可以利用热效应系数来考虑肋化表面对传热的强化。铣槽结构简图见图 5-36。

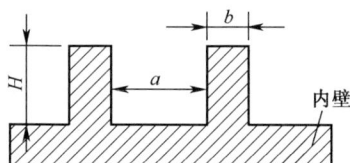

图 5-36 换热通道结构简图

肋效应系数的计算公式为

$$\eta_P = \frac{a}{a+b} + \frac{2H}{a+b} f(\xi) \tag{5-49}$$

$$f(\xi) = \frac{th\xi}{\xi} \tag{5-50}$$

$$\xi = \sqrt{\frac{2h_1 b}{\lambda_w}} \frac{H}{b} \tag{5-51}$$

式中 a ——槽宽;

b ——肋宽;

H ——肋高。

(4)总传热系数计算。

依据氧蒸发器的结构,计算出相应工作条件下的传热系数 K 值:

$$K = \cfrac{1}{\cfrac{1}{(\eta_p h)_O} + \cfrac{1}{(\eta_p h)_g} + \left(\cfrac{\delta}{\lambda} \right)_w} \tag{5-52}$$

165

4）计算蒸发器长度 L

由公式（5-32）已经计算得到氧蒸发器完成换热功能所需的热功率 Q_1，换热通道的湿周长为 C，由集总参数法可得到交换热量所需的结构面积为 A、换热长度 L，计算公式见式（5-53）和式（5-54）。

$$A = \frac{Q_1}{K\Delta t_m} \tag{5-53}$$

$$L = \frac{A}{C}\sin\beta \tag{5-54}$$

5）蒸发器长度修正

为了考虑设计余量，通常设计尺寸加上计算长度的 2%~5% 即可。

由以上 1）~5）五步可以设计计算氧蒸发器的长度。

2. 校核计算时的传热分析过程

（1）由于氧蒸发器氧出口温度 T_{eevo}^i 未知，首先假定一个氧出口温度。

（2）依据热平衡方程计算燃气的出口温度 T_{eevg}。

氧吸热功率 Q_1 包括三部分：①低温液氧变成饱和液氧的吸热；②饱和液氧的汽化吸热；③过热氧气的吸热。燃气放热为 Q_2，其计算过程为

$$Q_1 = q_{mevo}c_{p_{l_O}}(T_s - T_{ievo}) + q_{mevo}\lambda_q + q_{mevo}c_{p_{g_O}}(T_{eevo}^i - T_s) \tag{5-55}$$

$$Q_1 = Q_2 \tag{5-56}$$

整理式（5-45）和式（5-46）得到

$$T_{eevg} = T_{ievg} - \frac{Q_1}{q_{mevg}c_{p_g}} \tag{5-57}$$

（3）计算冷热流体的平均温压 Δt_m：依据冷热流体的进出口温度计算平均温压 Δt_m，平均温压的计算见公式（5-36）。

（4）计算总传热系数 K：校核计算时总传热系数的计算过程与设计计算的过程相同，可采用（5-52）式计算。

（5）依据换热器结构核定氧出口温度 T_{eevo}^p：由集总参数法首先计算在现有换热通道结构的总换热功率 Q_p，然后依据热平衡方程计算

166

氧出口温度 T_{eevo}^p。

$$Q_p = KA\Delta T_m \tag{5-58}$$

$$T_{eevo}^p = T_s + \frac{Q_p - q_{mevo}c_{p_{l_0}}(T_s - T_{ievo}) - q_{mevo}\lambda_q}{q_{mevo}c_{p_{g_0}}} \tag{5-59}$$

（6）氧出口温度计算值与假设值误差 ΔT_{eevo} 按下式计算：

$$\Delta T_{eevo} = |T_{eevo}^p - T_{eevo}^i| \tag{5-60}$$

（7）判断是否收敛：如果 $\Delta T_{eevo} > 0.1K$，重新假设氧出口温度，假设过程为

$$T_{eevo}^i = \frac{1}{2}(T_{eevo}^i + T_{eevo}^p) \tag{5-61}$$

回到步骤（1），重新计算，直至满足 $\Delta T_{eevo} \leqslant 0.1K$。

（8）计算结束，输出氧蒸发器介质出口温度。

3. 流阻计算过程

当氧路和燃气路的进出口温度确定以后，然后计算氧路和燃气路的流阻。介质在换热器内的流阻包括两部分：①管路的沿程流阻损失；②为局部流阻损失。当换热通道的局部突变较小，计算氧和燃气的流阻时主要计算沿程流阻损失。

计算沿程流阻损失时首先确定氧气和燃气流动过程中的流阻系数 λ_p，计算过程为：

（1）当 $Re < 10^5$ 时，λ_p 按下式计算：

$$\lambda_p = \frac{0.3164}{Re^{0.25}} \tag{5-62}$$

（2）当 $10^5 \leqslant Re \leqslant 10^6$ 时，λ_p 按下式计算：

$$\lambda_p = \frac{1}{\left(1.14 + 2\lg\dfrac{d_e}{\Delta}\right)^2} \tag{5-63}$$

公中 d_e——介质流动的水力直径；

     Δ——通道壁的表面粗糙度，表面粗糙度取值依据是通道壁材和表面状态，具体值见表5-10。在流阻系数确定以后，依据公式（5-43）确定介质的沿程流阻损失。

表 5 - 10　通道壁的表面粗糙度 Δ

材料	内壁状态	表面粗糙度 $\Delta/\mu\mathrm{m}$
黄铜、铜合金	新的、光滑的	1.5~10
钢材	新的冷拉无缝钢管	10~30
	新的热拉无缝钢管	50~100

$$\Delta p = \lambda_{\mathrm{p}} \frac{L}{d_{\mathrm{e}}} \frac{1}{2} \rho u^2 \qquad (5-64)$$

式中　L——通道长度；

　　　ρ——介质密度；

　　　u——介质速度。

由式(5-41)~式(5-43)即可计算得到氧蒸发器的氧气路和燃气路的流阻损失。

5.4.4　氧蒸发器壁温校核计算过程

在氧蒸发器壁温计算过程中,将燃气侧和氧侧均看作肋片的换热模式。因为壁较薄,且燃气和氧流量较大,只分析稳态的温度即可满足氧蒸发器的设计要求。

以壁面(图 5-46)为研究对象,对其列写热平衡方程:

$$q_{\mathrm{tot}} = (\eta_{\mathrm{p}} h)_{\mathrm{g}} (T_{\mathrm{evg}} - T_{\mathrm{wg}}) \qquad (5-65)$$

$$q_{\mathrm{tot}} = \left(\frac{\lambda}{\delta}\right)_{\mathrm{w}} (T_{\mathrm{wg}} - T_{\mathrm{wl}}) \qquad (5-66)$$

$$q_{\mathrm{tot}} = (\eta_{\mathrm{p}} h)_{\mathrm{l}} (T_{\mathrm{wl}} - T_{\mathrm{l}}) \qquad (5-67)$$

由公式(5-55)~式(5-57)得

$$T_{\mathrm{wg}} = T_{\mathrm{evg}} - \frac{q_{\mathrm{tot}}}{(\eta_{\mathrm{p}} h)_{\mathrm{g}}} \qquad (5-68)$$

$$T_{\mathrm{wl}} = T_{\mathrm{wg}} - q_{\mathrm{tot}} \cdot \left(\frac{\delta}{\lambda}\right)_{\mathrm{w}} \qquad (5-69)$$

由式(5-68)~式(5-69)即可得到氧蒸发器燃气侧壁面及氧侧壁面的温度。

蒸发器材质有两种,对于 QCr0.8 材料,其导热系数计算式为

168

$$\lambda_{\mathrm{w}} = 183.121 - 0.708681 T_{\mathrm{w}} + 0.00261172 T_{\mathrm{w}}^{2} - 2.55708 T_{\mathrm{w}}^{3} + 7.63009 \cdot 10^{-10} T_{\mathrm{w}}^{4}$$

$$\tag{5-70}$$

对于 0Cr18Ni10Ti，其导热系数计算式为

$$\lambda_{\mathrm{w}} = 0.0157741(T_{\mathrm{w}} - 273.15) + 10.6843 \tag{5-71}$$

5.4.5 氧蒸发器设计算例

下面以某型发动机氧蒸发器的设计计算过程为例，论述在已知换热通道结构截面尺寸及系统参数的条件下，通过传热计算得到换热器长度与沿程流阻损失的过程。

1. 已知参数

氧蒸发器的设计参数见表 5 - 11，换热通道结构参数见表 5 - 12，蒸发器内流体流动路线见图 5 - 37。

表 5 - 11　蒸发器设计参数

参 数 名 称	符 号	数 值
蒸发器氧入口压力/MPa	p_{ievo}	1.25
蒸发器氧出口压力/MPa	p_{eevo}	0.6(绝对压力)
蒸发器液氧入口温度/K	T_{ievo}	110
蒸发器气氧出口温度/K	T_{eevo}	180
增压氧气流量/(kg/s)	q_{mevo}	0.36
蒸发器燃气入口压力/MPa	p_{ievg}	20
蒸发器燃气入口温度/K	T_{ievg}	730
蒸发器燃气流量/(kg/s)	q_{mevg}	0.34(其中调节通道0.05)

表 5 - 12　蒸发器换热通道结构参数

通道号	名称	槽底径 /mm	槽深 /mm	肋宽 /mm	槽宽 /mm	内壁厚 /mm	槽数	槽螺旋角	材　料
1	燃气通道	77.5	2.0	1.2	2.23	1.4	30	-25°	0Cr18Ni10Ti
2	氧通道	61.1	6.7	1.6	2.10	1.4	18	45°	QCr0.8
3	氧通道	61.1	6.7	1.6	2.10	1.4	18	45°	QCr0.8
4	燃气通道	54.8	1.5	1.2	3.58	2	18	-30°	0Cr18Ni10Ti
5	燃气通道	调节通道							

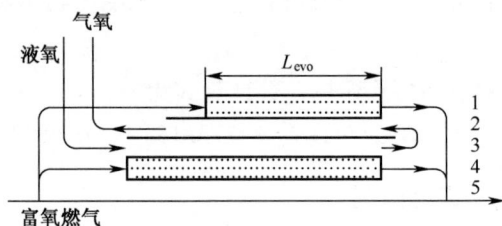

图 5-37 氧蒸发器流体流动路线结构简图

2. 热平衡计算

由公式(5-32)可计算得到：

$$Q_1 = 109051.64\text{W}$$

由式(5-33)~式(5-35)计算得到：

$$T_{\text{eevg}} = 427.2\text{K}$$

3. 换热系数计算

由式(5-37)~式(5-39)计算得到液氧及饱和氧侧的换热系数：

$$h_{l_{O_2}} = 2410\text{W}/(\text{m}^2 \cdot \text{K})$$

由式(5-43)~式(5-45)计算得到氧气侧的换热系数：

$$h_{g_{O_2}} = 2650.0\text{W}/(\text{m}^2 \cdot \text{K})$$

由公(5-25)~式(5-27)计算得到燃气侧换热系数：

$$h_{g_u} = 1739.0\text{W}/(\text{m}^2 \cdot \text{K}) , \quad h_{g_d} = 1734.0\text{W}/(\text{m}^2 \cdot \text{K})$$

4. 肋热效应系数计算

由式(5-50)~式(5-52)计算得到肋效应系数：

$$\eta_{p_{l_O}} = 1.28 , \quad \eta_{p_{g_O}} = 1.24 , \quad \eta_{P_{gas}} = 1.16$$

5. 传热系数计算

由公式(5-37)计算得到

$$K_u = 924.7\text{W}/(\text{m}^2 \cdot \text{K})$$

$$K_d = 1040.7\text{W}/(\text{m}^2 \cdot \text{K})$$

6. 平均温压计算

由公式(5-36)计算得到：$\Delta t_m = 405.3\text{K}$。

7. 蒸发器长度计算

由式(5-54)~式(5-55)得

170

$$Q_1 = \left(K_u A_u + K_d A_d \right) \Delta t_m$$

$$A_u = C_u \frac{L}{\sin\beta}$$

$$A_d = C_d \frac{(L + \Delta l)}{\sin\beta}$$

$$L = 251.44\text{m}$$

8. 蒸发器流阻计算

由式(5-62)~式(5-64)计算得到氧路及燃气路的沿程流阻损失为

$$\Delta p_O = 372.17\text{kPa} , \quad \Delta p_g = 82.2\text{kPa}$$

5.5 引射器气动传热结构设计

本节简介了液体火箭发动机引射器气动传热结构参数的计算方法,并依据该方法设计计算了某型发动机地面试车所用引射器的结构型面,应用 CFD 软件对其进行了流场分析和传热分析,并与试验数据进行了对比。

5.5.1 超声速二次喉道引射器气动参数计算

超声速二次喉道引射器的气流总压损失比圆柱形引射器小,它的压力恢复比圆柱形引射器要快,在相同启动压力下超声速二次喉道引射器比圆柱形引射器的混合室压力小,它更适宜作为创造低压环境的结构件。超声速二次喉道的结构示意图如图 5-38 所示。

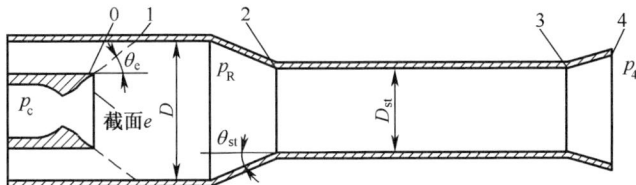

图 5-38 超声速二次喉道引射器结构示意图

0—工作喷嘴;1—喷嘴射流与混合室相交的截面;

2—二次喉道入口截面;3—二次喉道出口截面;4—亚声速扩散段出口截面。

171

由于超声速二次喉道扩压器的几何形状和气流附面层的影响,并且存在由正激波和斜激波构成的激波系,因此,燃气的流动情况比较复杂,采用数值方法计算轴向流动的气流特性比较困难,通常采用普朗特-迈耶尔膨胀流来分析气体的流动特性,也就是利用动量守恒方程来确定最大排气压力。

采取的假设如下:

(1) 气体为理想气体;

(2) 气体流动为绝热、稳态一维流;

(3) 引射器达到稳定工作时,它流出的气体只是工作喷嘴内流出的气体;

(4) 气体出口处的静压等于外界大气压力;

(5) 忽略摩擦损失。

基于以上假设,在截面1、2间的动量方程为

$$A_e p_e (1 + k M_e^2) + p_0 (A_d - A_e) - \int_{r_{st}}^{r_d} p_R 2\pi r \mathrm{d}r = A_{st} p_2 (1 + k M_2^2)$$

$$(5-72)$$

用马赫数 Ma 表示工作喷嘴的气体质量流量公式为

$$\dot{m} = p_c A M a \sqrt{\frac{k}{RT_c}} \left(1 + \frac{k-1}{2} M a^2\right)^{-\frac{k+1}{2(k-1)}}$$

由 $\dfrac{p_c}{p} = \left(1 + \dfrac{k-1}{2} M a^2\right)^{\frac{k}{k-1}}$ 公式可得

$$\dot{m} = p A M a \sqrt{\frac{k}{RT_c} \left(1 + \frac{k-1}{2} M a^2\right)} \qquad (5-73)$$

当 $Ma = 1$ 时,由式(5-73)得临界截面上的质量流量为

$$\dot{m}_1^* = \frac{p_c A^*}{\sqrt{RT_c}} \sqrt{k \left(\frac{2}{k+1}\right)^{\frac{k+1}{k-1}}}$$

由式(5-73),对于截面2的气流的质量流量为

$$\dot{m}_2 = \frac{p_2 A_{st} M a_2}{\sqrt{RT_c}} \sqrt{k \left(1 + \frac{k-1}{2} M a_2^2\right)}$$

由式(5-73),对于截面3的气流的质量流量为

172

$$\dot{m}_3 = \frac{p_3 A_3 Ma_3}{\sqrt{RT_c}} \sqrt{k\left(1 + \frac{k-1}{2}Ma_3^2\right)}$$

依据以上假设和连续方程可得：$\dot{m}_1^* = \dot{m}_2^* = \dot{m}_3^*$，所以上述三个截面公式左端相等，因此可得

$$p_c A^* \sqrt{k\left(\frac{2}{k+1}\right)^{\frac{k+1}{k-1}}} = p_2 A_{st} Ma_2 \sqrt{k\left(1 + \frac{k-1}{2}Ma_2^2\right)} \quad (5-74)$$

$$p_c A^* \sqrt{k\left(\frac{2}{k+1}\right)^{\frac{k+1}{k-1}}} = p_3 A_3 Ma_3 \sqrt{k\left(1 + \frac{k-1}{2}Ma_3^2\right)} \quad (5-75)$$

令：$\gamma = \sqrt{k\left(\frac{2}{k+1}\right)^{\frac{k+1}{k-1}}}$ $\qquad Z = \dfrac{1 + kMa_2^2}{Ma_2\sqrt{k\left(1 + \dfrac{k-1}{2}Ma_2^2\right)}}$

由式(5-72)除以式(5-73)得

$$\frac{1}{\gamma}\left(\overline{A_e}\,\overline{p_e}(1 + kMa_e^2) + \overline{p_0}(\overline{A_d} - \overline{A_e}) - \int_{r_{st}}^{r_d} \frac{2\pi r}{A^*} \overline{p_R}\,\mathrm{d}r\right) = Z$$

$$(5-76)$$

方程(5-76)的右边，给定等熵指数 k 值，左边值确定以后，即可求得 Ma_2 值，对于超声速二次喉道引射器，$Ma_2 > 1$，由式(5-53)求得 p_2 值。

当超声速二次喉道引射器圆柱段后带有亚声速扩散段时，令出口截面面积为 A_4，由试验及有关研究资料可知，正激波一般出现在圆柱段，那么正激波后的气流马赫数 Ma_3 由下式计算：

$$Ma_3 = \sqrt{\frac{(k-1)Ma_2^2 + 2}{2kMa_2^2 - (k-1)}} \quad (5-77)$$

气流经过激波的前后压比由下式计算：

$$\frac{p_3}{p_2} = \frac{2k}{k+1}Ma_2^2 - \frac{k-1}{k+1} \quad (5-78)$$

由下式可计算 $\dfrac{p_3}{p_{30}}$，p_{30} 为截面 3 上的气流总压，A_{st}^* 为虚拟的使气流的马赫数 $Ma = 1$ 的二次喉道处的截面积。

$$\frac{p_3}{p_{30}} = \frac{1}{\left(1 + \dfrac{k-1}{2} Ma_3^2\right)^{\frac{k}{k-1}}} \qquad (5-79)$$

$$\frac{A_{st}^*}{A_{st}} = Ma_3 \left(\frac{2}{k+1}\left(1 + \frac{k-1}{2} Ma_3^2\right)\right)^{-\frac{k+1}{2(k-1)}} \qquad (5-80)$$

出口截面的气流马赫数 Ma_4 可以通过以下方法进行计算:

$$\frac{A_4}{A_{st}^*} = \frac{A_4}{A_{st}} \cdot \frac{A_{st}}{A_{st}^*} \qquad (5-81)$$

$$\frac{A_{st}^*}{A_4} = Ma_4 \left(\frac{2}{k+1}\left(1 + \frac{k-1}{2} Ma_4^2\right)\right)^{-\frac{k+1}{2(k-1)}} \qquad (5-82)$$

在计算(5-82)式时,出口气流的马赫数 $Ma_4 < 1$。然后通过下式可计算 4 截面上的气流压力与总压的关系。

$$\frac{p_4}{p_{40}} = \frac{1}{\left(1 + \dfrac{k-1}{2} Ma_4^2\right)^{\frac{k}{k-1}}} \qquad (5-83)$$

在计算引射器的起动压力时,因为 3、4 截面处气流均为跨过激波的亚声速流,所以其总压相等。

$$p_{30} = p_{40} \qquad (5-84)$$

起动压力的计算公式为

$$\frac{p_c}{p_4} = \frac{p_c}{p_3} \cdot \frac{p_3}{p_{30}} \cdot \frac{p_{40}}{p_4} = \frac{p_c}{p_2} \cdot \frac{p_2}{p_3} \cdot \frac{p_3}{p_{30}} \cdot \frac{p_{40}}{p_4} \qquad (5-85)$$

在上面的计算中,在求 $\int_{r_{st}}^{r_d} \bar{p}_R \dfrac{2\pi r}{A^*} \mathrm{d}r$ 项时,二次喉道收敛段斜面上的比压力 $\bar{p}_R = \dfrac{p_R}{p_c}$ 采用下面的方法进行计算。假设气流经过二次喉道前的收敛段处的流动与绕钝角产生斜激波的流动相似,且激波前气流的马赫数 Ma_d 由 A_d/A^* 按一维等熵关系确定,气流的转角 θ_t 假定为喷管出口的气流角 θ_e 和收敛段的斜角 θ_{st} 之和,即: $\theta_t = \theta_e + \theta_{st}$。

经过斜激波的压力 p_R 由下式计算:

$$\frac{p_R}{p_d} = \frac{2k}{k+1} Ma_d^2 \sin^2\beta - \frac{k-1}{k+1} \quad\quad (5-86)$$

式中　β——马赫数为 Ma_d 时的气流与斜激波面的夹角,由下式计算得:

$$\tan\theta_t = \frac{Ma_d^2 \sin^2\beta - 1}{\left[Ma_d^2\left(\dfrac{k+1}{2} - \sin^2\beta\right) + 1\right]\tan\beta} \quad\quad (5-87)$$

假定收敛段沿斜面的压力不变(已用试验证明),则压力积分项的计算式为

$$\int_{r_{st}}^{r_d} \overline{p}_R \frac{2\pi r}{A^*} dr = \overline{p}_R(\overline{A}_d - \overline{A}_{st}) \quad\quad (5-88)$$

在引射器的特性计算中,混合室的压力为气流完全膨胀到引射器壁 A_d 时对应的压力,这里考虑截面 $1-d$ 的动量方程,以确定混合室的压力。

截面 $1-d$ 的动量方程为

$$\overline{p}_e \overline{A}_e(1 + kMa_e^2) + \overline{p}_0(\overline{A}_d - \overline{A}_e) = \overline{p}_d \overline{A}_d(1 + kMa_d^2) \quad (5-89)$$

由此可得:

$$\overline{p}_0 = \frac{\overline{p}_d \overline{A}_d(1 + kMa_d^2) - \overline{p}_e \overline{A}_e(1 + kMa_e^2)}{\overline{A}_d - \overline{A}_e} \quad\quad (5-90)$$

式中　$\overline{A}_e = \dfrac{A_e}{A^*}$;

$\quad\quad\ \overline{A}_d = \dfrac{A_d}{A^*}$;

然后由式(5-70)~式(5-73)可计算出 Ma_e,Ma_d,$\overline{p}_e$,$\overline{p}_d$,$\overline{p}_e$。

$$\overline{A}_e = \frac{1}{Ma_e}\left(\frac{2}{k+1}\left(1 + \frac{k-1}{2}Ma_e^2\right)\right)^{\frac{k+1}{2(k-1)}} \quad\quad (5-91)$$

$$\overline{A}_d = \frac{1}{Ma_d}\left(\frac{2}{k+1}\left(1 + \frac{k-1}{2}Ma_d^2\right)\right)^{\frac{k+1}{2(k-1)}} \quad\quad (5-92)$$

$$\bar{p}_e = \frac{p_e}{p_c} = \frac{1}{\left(1 + \dfrac{k-1}{2}Ma_e^2\right)^{\frac{k}{k-1}}} \quad (5-93)$$

$$\bar{p}_d = \frac{p_d}{p_c} = \frac{1}{\left(1 + \dfrac{k-1}{2}Ma_d^2\right)^{\frac{k}{k-1}}} \quad (5-94)$$

在式(5-91)和式(5-93)中,$Ma_e > 1$,$Ma_d > 1$。

5.5.2 引射器型面结构设计及流场分析

1. 引射器型面结构设计

依据 5.5.1 节的分析方法和某型号发动机的性能试验参数计算得到了两种结构型式的引射器,即圆柱型引射器和二次喉道型引射器,这两种引射器均为轴对称结构,其结构简图见图 5-39。

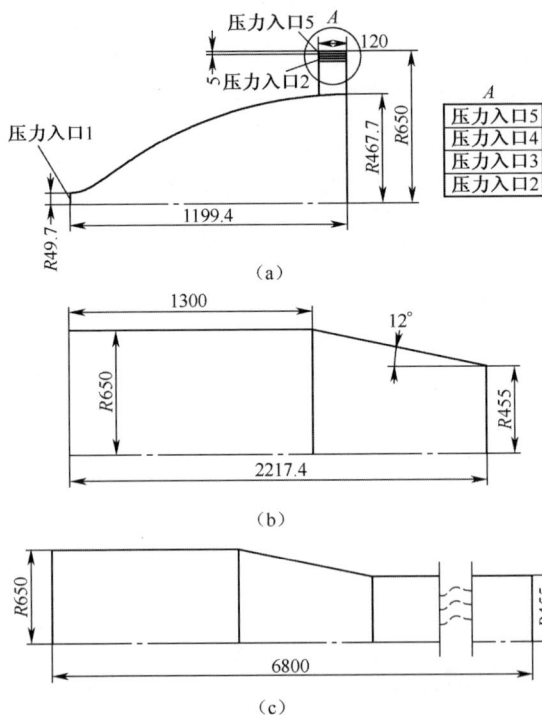

(a)

(b)

(c)

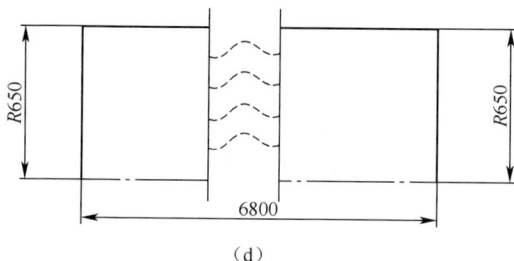

（d）

图 5 - 39　引射器结构简图

（a）推力室与引射器安装平面结构简图；（b）二次喉道型面结构简图；

（c）二次喉道型引射器结构简图；（d）圆柱型引射器结构简图。

在引射器与喷管的对接位置处，设置了空气泄入环缝，环缝的高度分别为 0mm,5mm,10mm,15mm,20mm,环缝间隙与真实发动机的安装间隙基本相同。设置连续间隙的目的之一是保证真空舱的压力满足发动机试车时对真空舱的压力要求；目的之二是检验更改环缝长度后真空舱内气流的压力变化情况，以及舱内的压力能否满足发动机试车要求。

2. 引射器流场分析

在引射器流场分析时，入口采用压力入口边界条件，出口采用压力出口边界条件，入口和出口边界值及物性参数见表 5 - 13，入口边界型面结构参见图 5 - 39。

表 5 - 13　入口和出口边界值及物性参数

边界	$p*/$ Pa	$p_g/$ Pa	$T/$K	物性参数
入口边界	10×10^6	5.632×10^6	3751.96	$R_c = 340.492$ J/（kg・K） $\kappa = 1.2066$ $\lambda_f = 0.3327$ W/（m・K）
出口边界	1.0×10^5	9.8×10^4	300.0	$c_p = 1998.3$J/（kg・K） $\mu_f = 1.025\times10^{-4}$（Pa・s） $Ma_0 = 24.92$

应 CFD 软件和边界参数对图 5 - 39 的引射器结构进行了流场分析，得到了二次喉道型和圆柱型引射器在安装间隙为 20mm 时的静压、

总压、速度、马赫数、静温、总温分布云图,见图5-40和图5-41。

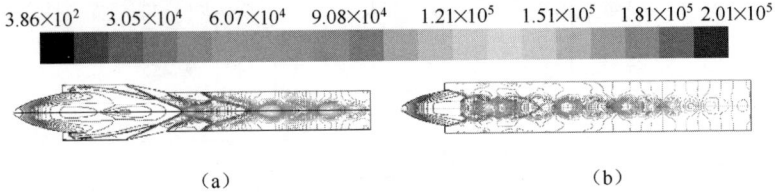

3.86×10²   3.05×10⁴   6.07×10⁴   9.08×10⁴   1.21×10⁵   1.51×10⁵   1.81×10⁵ 2.01×10⁵

（a）   （b）

图5-40 静压分布云图

（a）二次喉道型；（b）圆柱型。

从图5-40看出,喷管内的气流速度变化规律基本未受外界气流的影响,即为满流状态。从整个速度分布云图来看,无论是二次喉道型还是圆柱型引射器,喷管出口外均会产生斜激波,圆柱型引射器的激波强度较大。

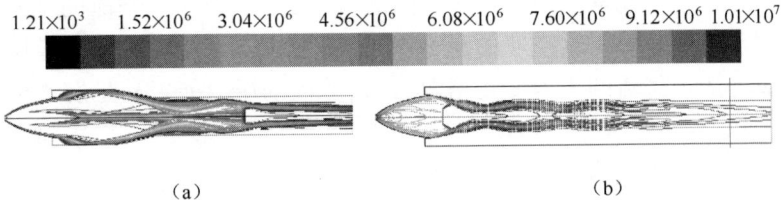

1.21×10³   1.52×10⁶   3.04×10⁶   4.56×10⁶   6.08×10⁶   7.60×10⁶   9.12×10⁶ 1.01×10⁷

（a）   （b）

图5-41 总压分布云图

（a）二次喉道型；（b）圆柱型。

从图5-41可看出,喷管内的气流总压基本没有损失,即气流在喷管的流动为等熵状态。从总压分布云图来看,二次喉道型引射器内的正激波出现在混合段,圆柱型引射器内正激波出现在喷管出口附近。从激波强度来看,圆柱型引射器的激波强度明显高于二次喉道型,虽然喷管外的激波不会对喷管内的流动产生影响,但是它会改变喷管出口处的压力,从而影响喷管的性能。

从图5-42和图5-43看出,喷管内的气流速度和马赫数基本未受外界气流的影响,喷管内的气流处于满流状态。对于一定间隙高度的引射器来说,二次喉道型引射器的气流出口斜激波的位置较圆柱型引射器远。从速度和马赫数分布云图来看,二次喉道型引射器的喷管内及喷管所处的真空舱气流速度和马赫数较大,有利于该发动机的高模试车。

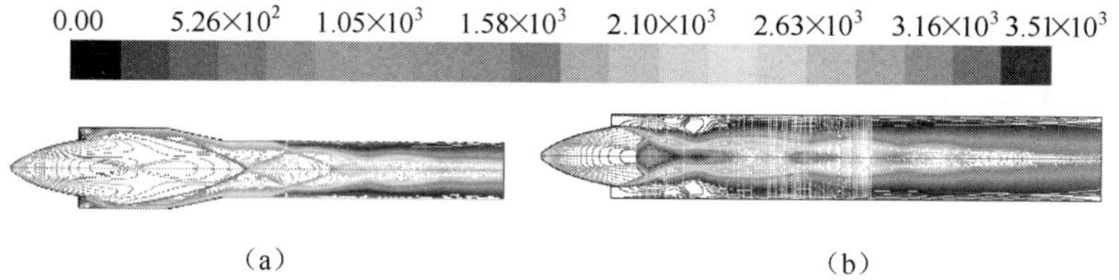

0.00   5.26×10² 1.05×10³ 1.58×10³ 2.10×10³ 2.63×10³ 3.16×10³ 3.51×10³

（a）   （b）

图 5-42   速度分布云图

（a）二次喉道型;（b）圆柱型。

6.71×10⁻⁵ 1.01   2.02   3.04   4.05   5.06   6.07   6.75

（a）   （b）

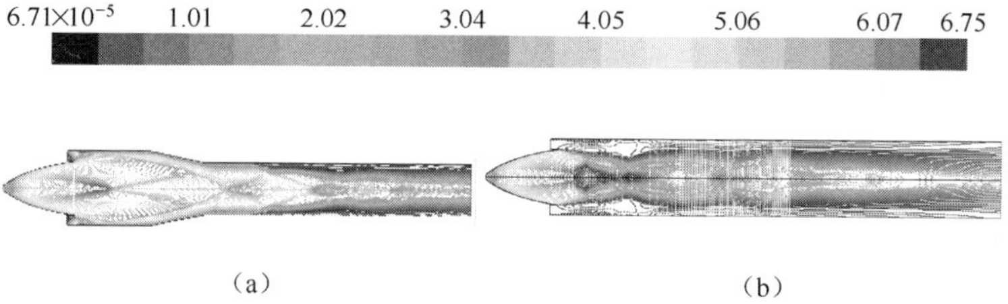

图 5-43   马赫数分布云图

（a）二次喉道型;（b）圆柱型。

从图 5-44 和图 5-45 看出,喷管内的气流静温和总温基本未受外界气流的影响,喷管内的气流处于满流状态。喷管与引射器连接处的气流静温低温区长度圆柱型引射器较大,这是由于主流燃气对环缝空气的引射流量增加,从而加长了低温区的长度。

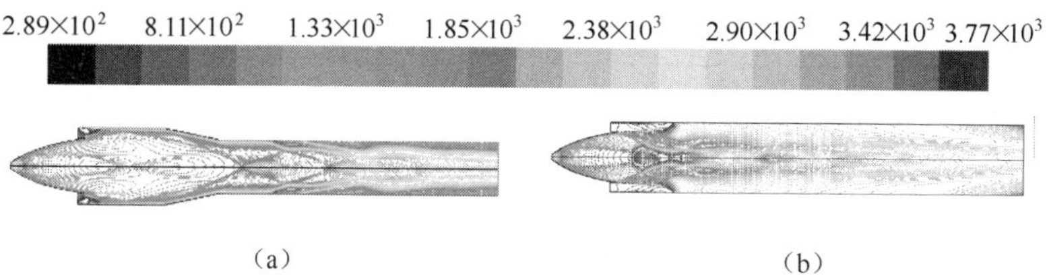

2.89×10² 8.11×10² 1.33×10³ 1.85×10³ 2.38×10³ 2.90×10³ 3.42×10³ 3.77×10³

（a）   （b）

图 5-44   静温分布云图

（a）二次喉道型;（b）圆柱型。

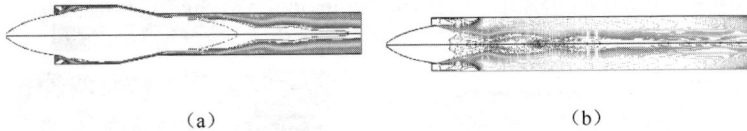

2.78×10² 8.09×10² 1.34×10³ 1.87×10³ 2.40×10³ 2.93×10³ 3.46×10³ 3.81×10³

（a）　　　　　　　　　　　　（b）

图 5-45　总温分布云图

（a）二次喉道型；（b）圆柱型。

　　将二次喉道型和圆柱型引射器轴线方向的流场参数以曲线的形式表示出来,这样可以研究这两种形式引射器的性能参数。

　　从图 5-46 看出,对于一定安装间隙的二次喉道型引射器来说,在喷管出口处气流的马赫数呈现波浪式的变化规律,随着距离的增加,波峰和波谷的高度都在减小,这说明激波的强度逐渐增加,对于圆柱型引射器同样也存在此规律。从马赫数分布的数值来看,圆柱型引射器喷管后是正激波,二次喉道型引射器喷管后是斜激波。

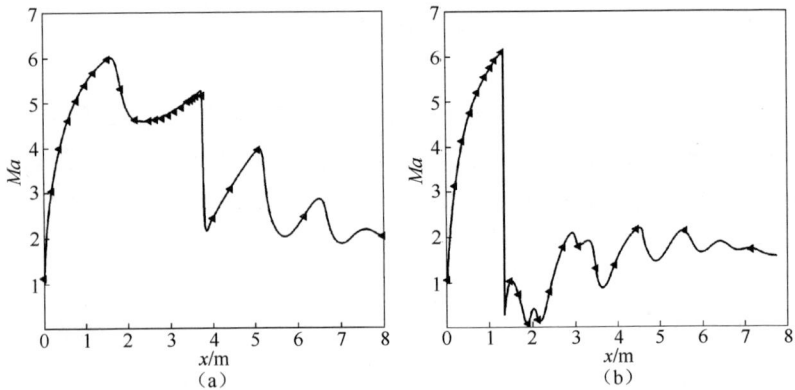

（a）　　　　　　　　　　　　（b）

图 5-46　引射器轴线方向的马赫数对比曲线

（a）二次喉道型；（b）圆柱型。

　　从图 5-47 看出,对于二次喉道型引射器来说,壁面附近的燃气总温先急剧减小再慢慢升高,到一定距离时气流总温接近中心区的燃气总温。圆柱型引射器也呈现此规律,所不同的圆柱型引射器壁面附近

180

气流总温低温区较长,因为它没有截面面积变化。

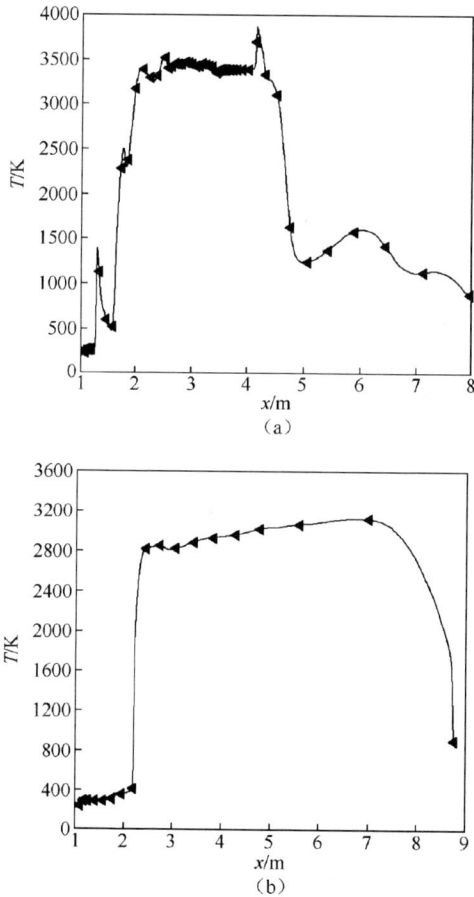

图 5‑47　引射器轴线方向静温对比曲线
(a)二次喉道型;(b)圆柱型。

从图 5‑48 看出,对于二次喉道型引射器来说,引射器轴线附近的气流静压在喷管出口较长距离内较小,因为气流的流动未受外界的影响,在二次喉道内气流的静压随着激波的变化,气流静压也在不断变化,由于引射进来的气流与引射器后部气流的综合作用,致使气流静压偏高,并逐渐减小,最后与外界环境压力接近一致。圆柱型引射器的变化规律与二次喉道型引射器的变化基本一致,所不同的是轴线方向静压值低压区长度较二次喉道型引射器短。表 5 - 16 为不同结构引射器引射流量对比。

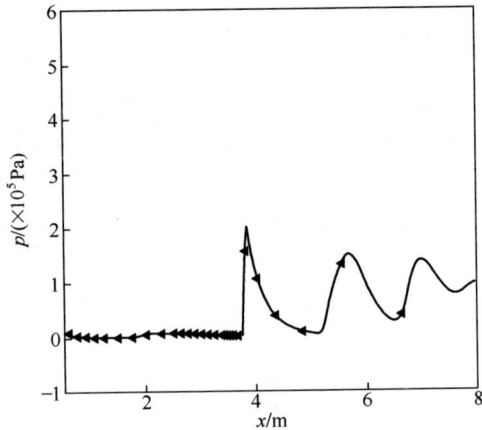

（a）

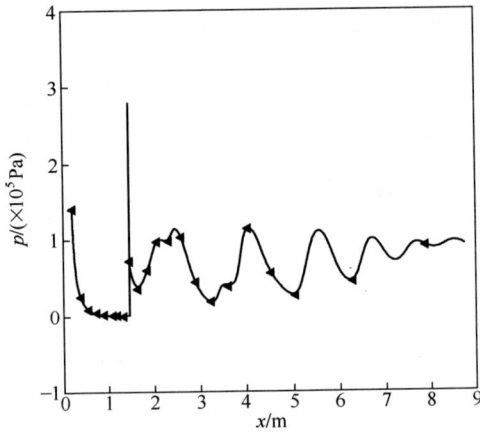

（b）

图 5 - 48　引射器轴线方向静压对比曲线

（a）二次喉道型;（b）圆柱型。

从表 5-14 可以得到，当发动机的流量一定时，并且环逢高度相同时，二次喉道型引射器的引射系数高于圆柱型引射器；从轴线方向的气流马赫数、静压的变化曲线来看，二次喉道型引射器的变化趋势较圆柱型引射器的变化趋势缓慢，从变化趋势来看，二次喉道型引射器的引射效果较圆柱型引射器的引射效果好；从静温变化曲线来看，二次喉道引射器气膜的流动长度较圆柱型引射器长。

表 5-14 引射器引射流量对比

引射器结构		燃气流量 $\dot{m}_g$ /(kg/s)	被抽吸的空气流量 $\dot{m}_e$ /(kg/s)	引射系数 $u = \dot{m}_e / \dot{m}_g$
环缝宽度 $H = 20\text{mm}$	二次喉道型	44.615	7.2190	0.16181
	圆柱型	44.615	6.2583	0.14022

5.5.3 引射器引射能力测试

二级液体火箭发动机的室压高、喷管面积比大，出口压力远低于大气压，因此在地面试车时需使用引射器。为了简化设计、节约研制成本，试车时采用了圆柱型引射器。

该发动机的喷管出口外径为 0.950m，考虑到调节的需要、试验过程中产生振动等因素，引射器内径为 φ1.300m，发动机喷管与引射器插入对接，插入深度为 0.120m。引射器长径比取 6，总长为 7.920m。引射器的顶部设置三个空气泄入口，泄入口的截面为 0,1,2,3，为了研究需要，对这 4 个截面的压力变化进行分析，引射器安装示意图见图 5-49。

图 5-50 为两次试验时 0 截面的压力测量值，从图 5-50 看出，0 截面的 4 个压力测量值稳定时间约需 0.5s，这与发动机的正常启动时间基本一致，4 个压力测点的测量值基本接近，均在 10~20kPa 之间，低于推力室正常工作所需的压力，其中图 5-50(a)的压力测量值稍低于图 5-50(b)试车的测量值。

从图 5-48 的仿真值和图 5-50 的测量值对比来看，两者基本接近。试验时该引射器正常启动，发动机的主要性能参数全部获得，说明该引射器可满足发动机的试验要求。

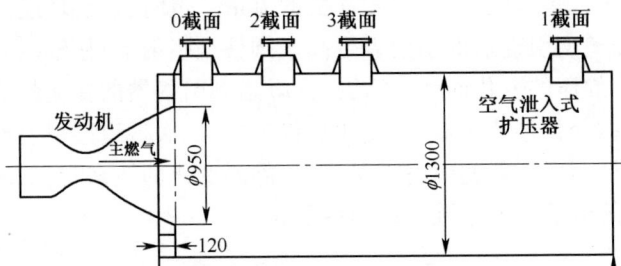

（a）

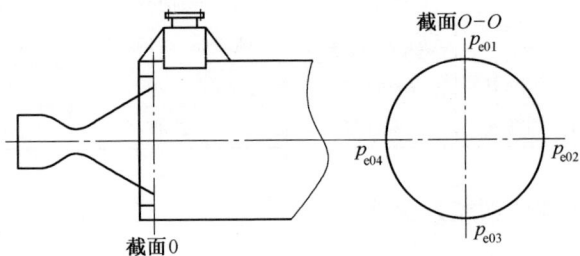

（b）

图 5 – 49　引射器试验系统图

（a）引射器安装示意图；（b）引射器真空舱内 0 截面压力测点位置。

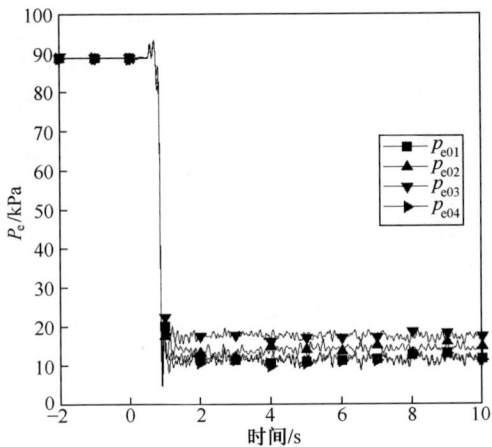

（a）

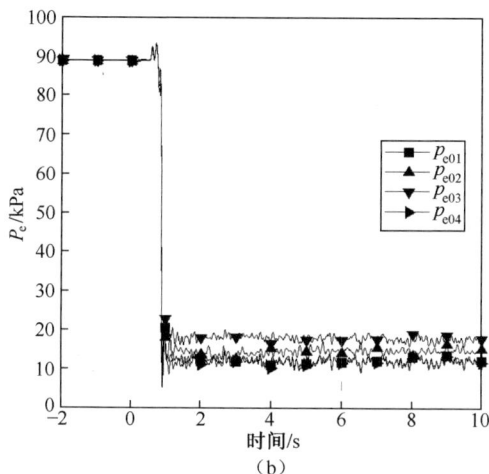

图 5 - 50 引射器 0 截面压力测量曲线

5.5.4 引射器传热分析

引射器正常工作时,经受着高温燃气与壁面的强迫对流换热和辐射换热,因此引射器的冷却方案设计与气动方案设计同样重要。引射器冷却结构设计时通常考虑燃气流量、燃气总压、燃气温度,引射器的气动结构等参数。下面介绍引射器冷却结构设计时所用的传热特性分析方法,同时以地面试验用引射器为算例对其进行传热分析,分析其地面试车时引射器不被烧蚀所需的冷却水流量范围。

研究对象是再生冷却式引射器,冷却通道数量的确定依据是流阻损失和能否可靠冷却,因为引射器为地面设备,为了节约试验费通常情况下冷却剂选取常温自来水。对于均匀分布的冷却通道,通常认为周向温度基本一致,因此可以不考虑周向的传热。在传热分析时通常取一条通道作为研究对象,分析其温度变化。

对于图 5 - 51(a)的冷却通道,一边为冷却水进口、另一边为冷却水出口。为了方便传热分析,可以不考虑集液环内流体带走的能量,原因有二:①这样得到的壁温及冷却水温升略高实际测量值,如果计算分析结果可以可靠冷却,那么实际工作时引射器结构肯定是安全的;

②集液环内液体带走的能量经过精确传热分析后仅占总传热量的1%,因此可以忽略集液环的影响,把冷却通道入口作为冷却剂的入口可以满足工程设计要求。

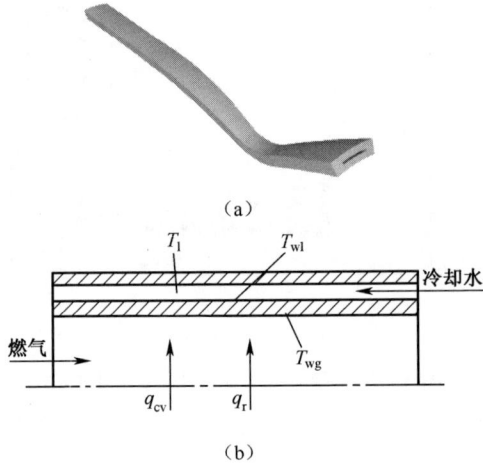

(a)

(b)

图 5-51　引射器传热分析

(a)物理模型;(b)传热分析模型。

对图 5-51(a)的物理模型应用二维传热计算方法对模型简化处理后,可以得到问题的近似解,但应基于一定的假设条件。首先,计算冷却剂与冷却通道之间的对流换热时把肋简化为一维散热片处理,这种处理方法会给计算结果带来一些偏差,但作为工程设计计算完全可以接受;其次,不考虑冷却剂与通道外壁之间的换热,因为该换热量与冷却剂和冷却通道内壁之间的换热量相比很小,可以忽略;再次,认为冷却通道壁与冷却通道结构变化是线型的,考虑通道流通面积与换热面积大小;另外,计算时应将冷却水的最高温度控制在当地压力的沸点以下,全部按照液体性质进行计算,传热计算分析模型见图 5-51(b)。

对于图 5-51(b)所示的分析模型,将从燃气到冷却剂之间的换热看作是一个串联换热问题,燃气与内壁面之间的热量传递由对流换热和辐射换热两部分组成;引射器壁内部为导热;冷却剂与冷却通道之间为对流换热,这种热量传递关系可以表示为:

$$\left.\begin{aligned} q_{tot} &= q_r + q_{cv} = q_r + h_g(T_{ad} - T_{wg}) \\ q_{tot} &= \frac{\lambda}{\delta}(T_{wg} - T_{wl}) \\ q_{tot} &= h_{1,eq}(T_{wl} - T_1) \end{aligned}\right\} \Rightarrow q_{tot} = \frac{T_{ad} - T_1 + \dfrac{q_r}{h_g}}{\dfrac{1}{h_g} + \dfrac{\delta}{\lambda} + \dfrac{1}{h_{1,eq}}}$$

$$(5-95)$$

式中　q_{tot}——总换热的热流密度；

q_r——辐射热流密度；

q_{cv}——对流热流密度,其中对流换热是主要形式；

h_g——燃气与引射器壁的对流换热系数；

$h_{1,eq}$——冷却剂与冷却通道的等效换热系数；

T_{ad}——绝热壁温；

δ——引射器的壁厚；

λ——壁材料的导热系数。

计算冷却剂与冷却通道对流换热时,引入肋片效率概念,其等效对流换热系数为

$$h_{1,eq} = h_1 \cdot (\eta A_1 + A_2)/A_0 \qquad (5-96)$$

式中　A_1——肋片表面积；

A_2——肋基未装肋的光滑表面积；

A_0——未装肋时壁表面积；

h_1——对流换热系数,根据管内湍流试验关联式确定；

η——肋片效率,对于等截面直肋,η 计算公式为

$$\eta = \text{th}(mh)/mh \qquad (5-97)$$

在引射器壁的冷却通道内均匀划分网格,冷却通道内相邻网格之间通过流体流动传递的热量联系起来,即认为冷却通道某一网格内,引射器壁传给冷却剂的热量全部传给下一网格内的冷却剂,但在引射器壁内部不考虑热量沿轴向传递,因此计算程序严格地讲应为准二维。计算时,边区燃气总温依据流场分析结果。

1. 圆柱型引射器传热分析

对于地面试车用引射器,考虑到研发成本,采用的引射器为夹套式水冷圆柱型结构,如图 5-52 所示,流量参数见表 5-15。

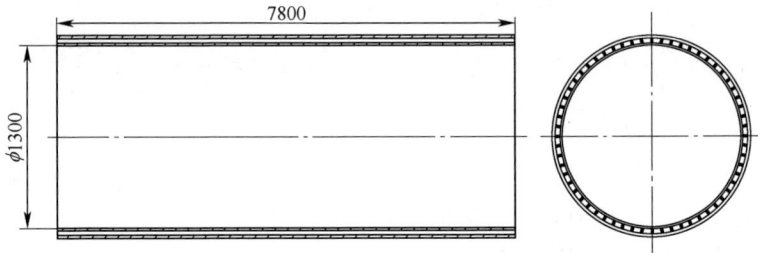

图 5 - 52 圆柱型引射器冷却结构简图

表 5 - 15 引射器流量参数

参数	物理量	数值	备注
燃气 入口参数	$q_{mg}/(\text{kg/s})$	44. 615	不带引射缝隙
	T_g/K	3100. 0	
	p_g*/MPa	5. 72	
冷却水 入口参数	$q_{ml}/(\text{kg/s})$	300. 0,450. 0,600. 0	水流量较大, 控制较困难
	T_l/K	293. 0	
	p_l/MPa	2. 5	

从图 5 - 52 可以看出,该引射器采用的水冷夹套结构,在夹套内焊接了 60 条筋板,筋板是内外壁连接的桥梁,兼顾支撑内外壁和分流冷却水的作用,使冷却水在夹套内不致产生死区,从而产生引射器局部烧蚀。

传热分析结果见图 5 - 53 和图 5 - 54 和表 5 - 16。

从图 5 - 51 和图 5 - 52 得到,引射器在冷却水的作用下,随着冷却水流量的增加,气壁温 T_{wg} 在不断减小,液壁温 T_{wl} 也在不断减小,冷却水出口温度也在不断减小;总热流在不断升高。从以上分析结果来看,该引射器不被烧蚀的冷却水流量范围为 300~600kg/s。

2. 二次喉道引射器传热分析

二次喉道型引射器也采用夹套式水冷圆柱形结构,如图 5 - 55 所示,流量参数见表 5 - 15。

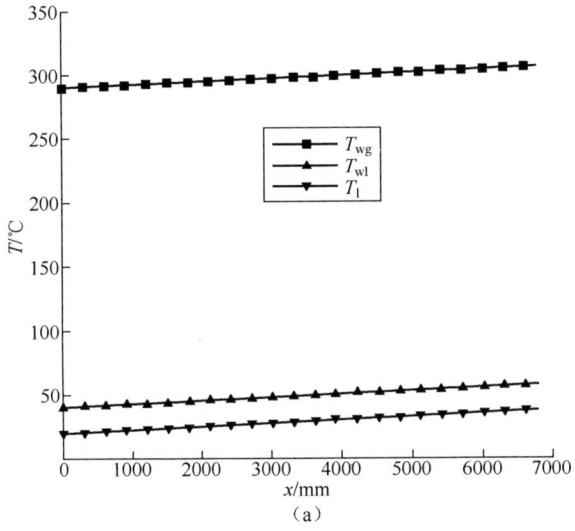

（a）

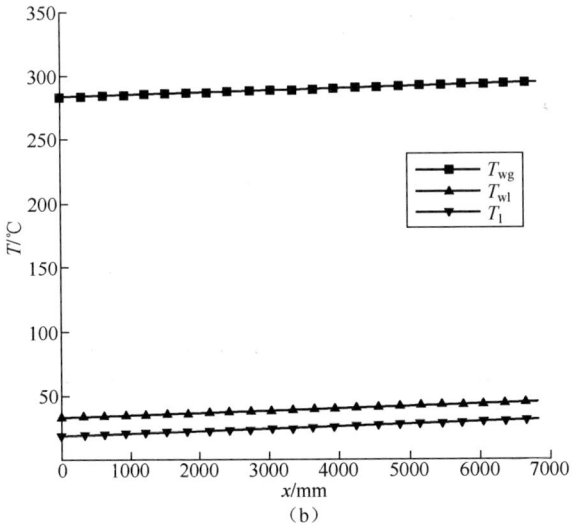

（b）

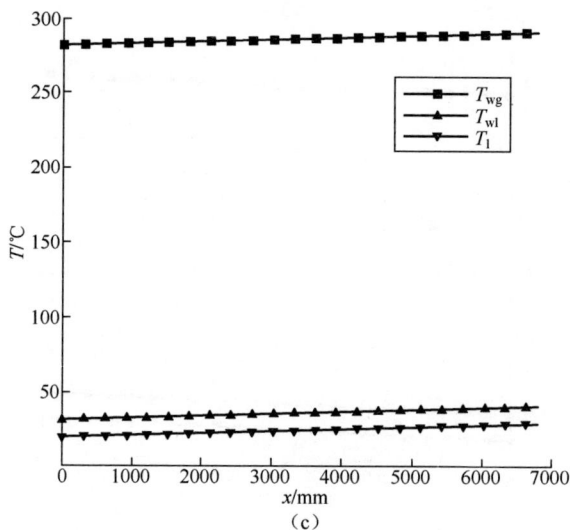

図5-53 引射器沿轴线温度变化曲线

（a）冷却水流量为300kg/s；（b）冷却水流量为450kg/s；

（c）冷却水流量为600kg/s。

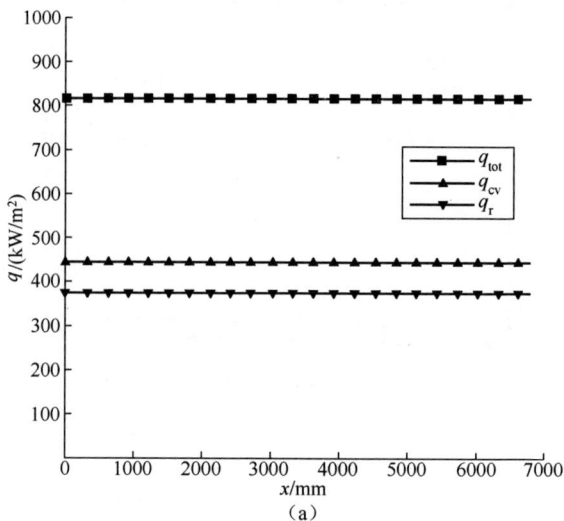

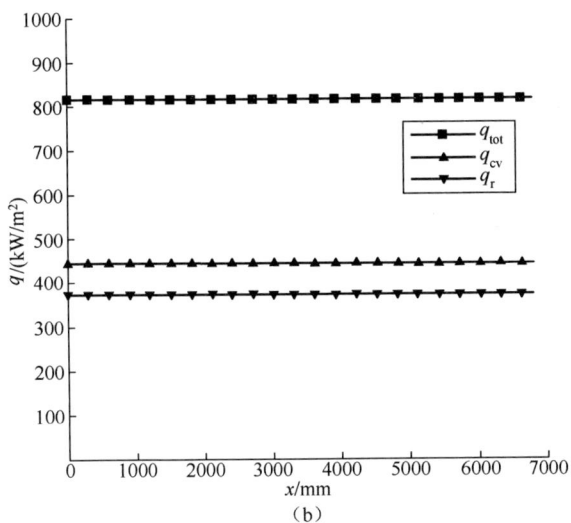

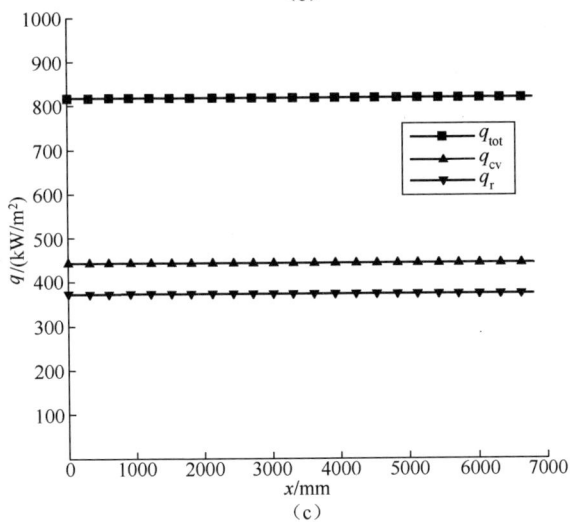

图 5-54 引射器沿轴线热流变化曲线

(a)冷却水流量为 300kg/s;(b)冷却水流量为 450kg/s;

(c)冷却水流量为 600kg/s。

表 5 - 16   圆柱型引射器传热分析结果

$q_{ml}/(kg/s)$	300.0	450.0	600.0
$T_{1,in}/°C$	20.0	20.0	20.0
$T_{1,out}/°C$	38.20	32.16	29.13
$T_{wg,in}/°C$	289.49	284.19	281.34
$T_{wg,out}/°C$	306.68	295.68	289.97
$T_{wl,in}/°C$	40.22	34.64	31.64
$T_{wl,out}/°C$	58.33	46.74	40.73
$q_{tot,in}/(kW/m^2)$	817.60	818.53	819.03
$q_{tot,out}/(kW/m^2)$	814.59	816.52	817.52

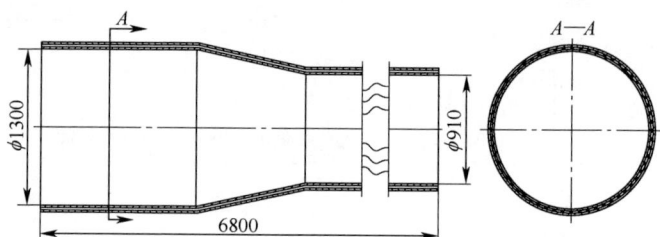

图 5 - 55   二次喉道型引射器冷却结构简图

传热分析结果见图 5 - 56 和图 5 - 57 和表 5 - 17。

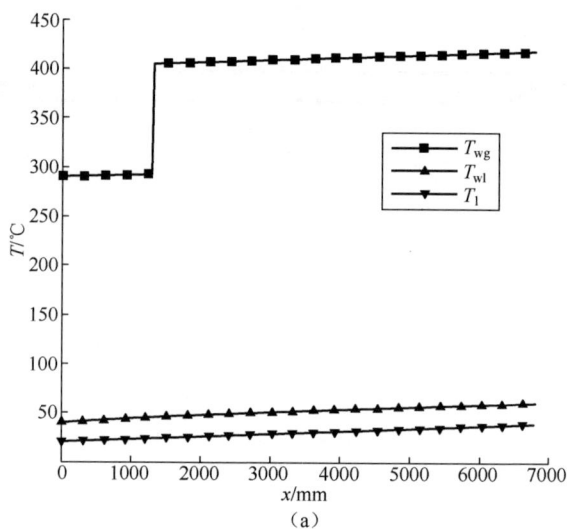

（a）

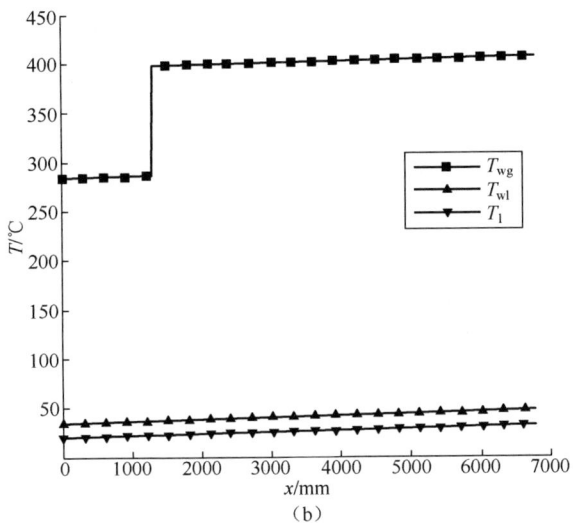

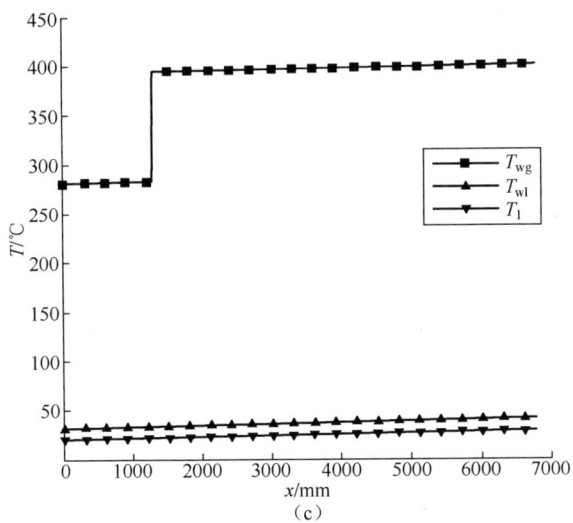

图 5-56 二次喉道型引射器
沿轴线温度变化曲线
(a)冷却水流量为 300kg/s;(b)冷却水流量为 450kg/s;
(c)冷却水流量为 600kg/s。

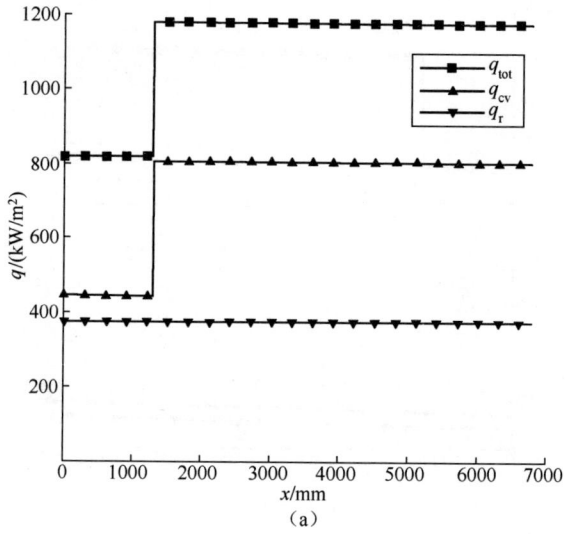

(a)

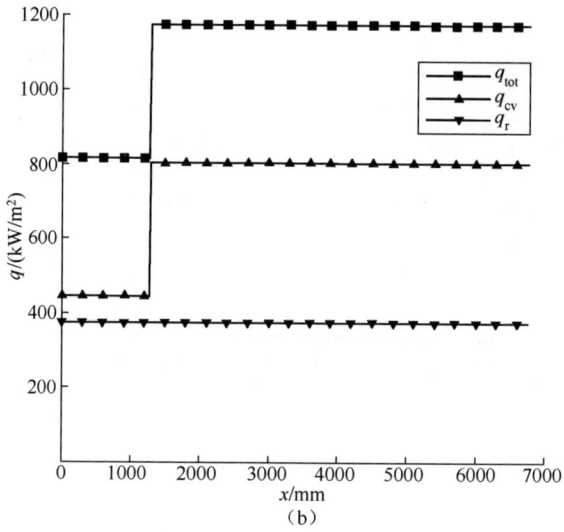

(b)

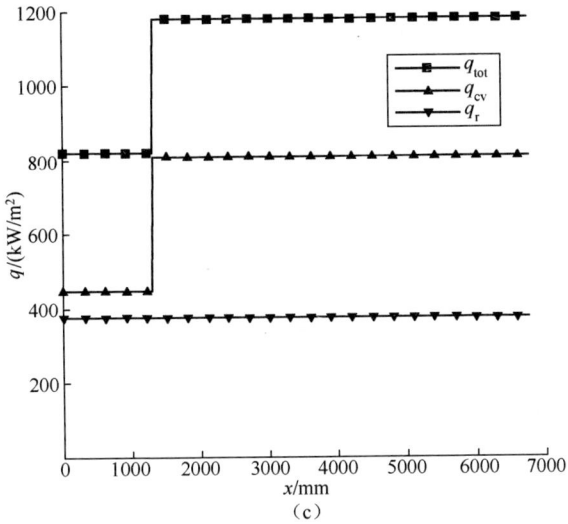

图 5-57　引二次喉道射器

沿轴线热流变化曲线

（a）冷却水流量为 300kg/s；（b）冷却水流量为 450kg/s；

（c）冷却水流量为 600kg/s。

表 5-17　二次喉道型引射器传热分析结果

$q_{mL}/(kg/s)$	300.0	450.0	600.0
$T_{1,in}/℃$	20.0	20.0	20.0
$T_{1,out}/℃$	38.43	32.24	29.30
$T_{wg,in}/℃$	289.52	284.20	281.35
$T_{wg,out}/℃$	418.45	407.37	401.74
$T_{wl,in}/℃$	40.25	34.65	31.65
$T_{wl,out}/℃$	60.35	48.14	41.95
$q_{tot,in}/(kW/m^2)$	817.60	818.52	819.02
$q_{tot,out}/(kW/m^2)$	1174.57	1178.26	1180.13

　　从图 5-56 和图 5-57 得到，引射器在冷却水的作用下，随着冷却水流量的增加，气壁温 T_{wg} 在不断减小，液壁温 T_{wl} 也在不断减小，冷却

195

水出口温度也在不断减小;总热流在不断升高。从以上分析结果来看,该引射器不被烧蚀的冷却水流量范围为 300~600kg/s。

该引射器也经历了实验验证,所用发动机而高空工作发动机,该发动机喷管面积比大,出口压力远低于大气压,在地面试车时需使用引射器。试验时采用了圆柱型引射器。冷却结构与圆柱型结构相同,引射器安装简图见图 5－58。

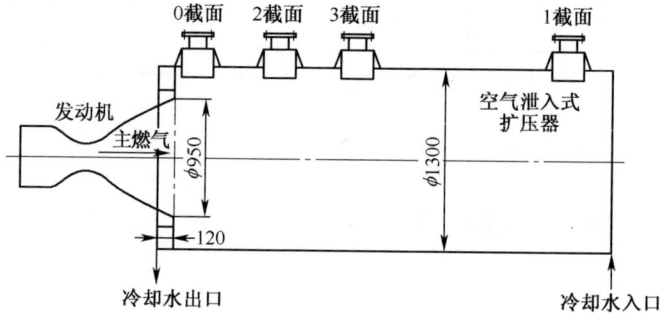

图 5－58　引射器安装简图

该型引射器采用自来水作为冷却剂,冷却水从引射器的后部进入,前端流出。冷却水流量约为 600kg/s,冷却水入口温度约为 20℃。冷却水测试数据见表 5－18,其中图 5－59 为 003 次试车冷却水温的测试值变化曲线。

表 5－18　冷却水测试数据

试车代号	001	002	003
冷却水流量 q_{ml} /(kg/s)	602.0	599.5	601.8
冷却水入口温度 $T_{L,in}$ /℃	20.3	11.5	19.5
冷却水出口温度 $T_{L,out}$ /℃	30.5	23.5	30.1
冷却水温升 ΔT /℃	10.2	12.0	10.6

从表 5－20 和图 5－57 可以看出,对于该型号发动机试应用引射器试车时,当冷却水流量为 600kg/s 时冷却水温升约为 10℃,这与分析结果一致。

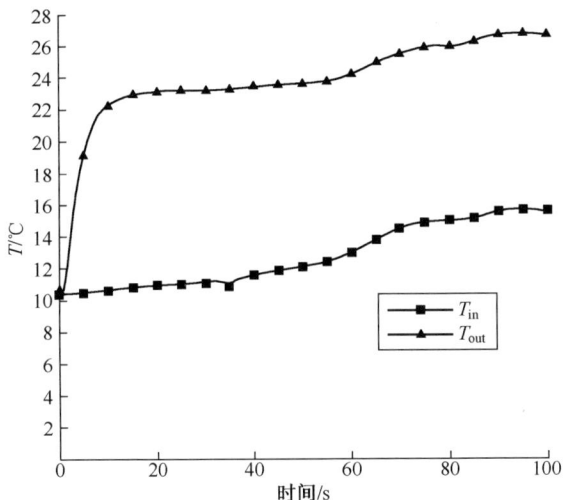

图 5 - 59　试车时冷却水温测试值随试车时间变化曲线

参 考 文 献

[1] 刘国球.液体火箭发动机原理[M].北京:宇航出版社,1994.

[2] 马庆芳,等.实用热物理性质手册[M].北京:中国农业机械出版社,1986.

[3] 杨贤荣,等.辐射换热角系数手册[M].北京:国防工业出版社,1986.

[4] 张忠利.高空滑行期间氧化剂泵壳体冷却方案研究[J].火箭推进,2005,31
(1) :24-27.

[5] 张忠利.姿控发动机热防护研究[J].火箭推进,2008,34(3) :17-22.

第6章　热防护试验

　　液体火箭发动机的热防护试验研究包括基础试验和专项试验,基础试验主要有导热试验、对流换热试验、辐射换热试验、换热器试验等;专项试验主要有推进剂电传热试验、部件空间热防护试验和液膜冷却试验等,推进剂电传热试验主要解决推进剂在一定热流、一定流速、一定结构下的换热准则关系;部件空间热防护试验研究主要是在真空冷黑背景下、部件接受外界一定热流时部件壁温的变化情况;液膜冷却试验主要研究液膜长度和液膜厚度与燃烧室热环境的关系。下面分节介绍液体火箭发动机的热防护试验研究内容。

6.1　基 础 试 验

　　基础试验包括导热试验、对流换热试验、辐射换热试验,下面介绍其主要试验内容。

6.1.1　导热试验

　　导热试验研究的主要内容:①测定导热物体在一定工况下的温度分布(包括稳态分布和瞬态分布)和热流;②测定物体的热物性参数(如导热系数和导温系数)。从宏观上讨论导热问题,一般是求解导热物体在一定工况下的温度场和热流。由于导热问题没有宏观的物质流动,因此,描述导热问题的微分方程较对流换热简单,从而分析求解相对容易。在导热问题中,不论分析求解温度场或分析求解热流,还是数值求解物体的导热问题,都需要已知物体的导热系数或导温系数,因此,导热试验研究很大的一部分内容是试验确定物质的导热系数或导温系数。目前,虽然从分子运动论的角度导出一些导热系数的计算式,

198

但是,由于影响因素的复杂性和敏感型,这些从导热机理导出的计算公式误差较大。在实际应用中,通常应用试验测得的导热系数值。

试验确定导热系数或导温系数的基本原理是试验求解导热方程的反问题,即试验测定一定热工况下物体的温度分布,反算出被研究物体的导热系数或导温系数。因此,任何已有分析解的导热模型,原则上都可以作为测定导热物体导热系数或导温系数的试验模型。对于稳态模型,测得其温度与空间坐标的关系,然后利用稳态模型的分析解,求解物体的导热系数;对于非稳态模型,则测量特定位置上温度与时间的关系,利用该模型的分析解求解导热系数和导温系数。有时还可能通过一次试验获得几个物性参数值或某一物性参数综合量。利用稳态导热模型测量物性参数的方法为稳态法;利用非稳态导热模型测量热物性参数的方法称为瞬态法。

不论稳态法还是瞬态法,制订试验方案的首要任务是使试验模型满足导热方程(包括单值性条件)所描述的理论模型的要求。比如在稳态方法中,最常见的是使用一维稳态导热方程,即无限大平板模型,描述该模型的导热方程为

$$\frac{\partial^2 T}{\partial x^2} = 0 \qquad (6-1)$$

边界条件为:$x = 0$ 时,$T = T_{w_1}$;$x = \delta$ 时,$T = T_{w_2}$ $\qquad (6-2)$

可以解得方程:

$$q = \frac{\lambda}{\delta}(T_{w_1} - T_{w_2}) \qquad (6-3)$$

利用式(6-3)求解导热系数 λ,就必须筹划试验,使试验模型满足描述一维导热模型(6-1)和(6-2)的要求,否则,就不能利用式(6-3)试验求解导热系数或者带来不可容忍的误差。在满足上述要求的试验模型上,测量热流密度 q、试样厚度 δ 以及在 δ 厚度上的温度差,便可利用式(6-3)求解试样的导热系数,对于稳态一维平板导热试验,其布局的关键就在于如何使试验模型满足一维导热的边界条件。在分析求解式(6-1)时,只要假设平板模型为无限大,便能满足了一维导热理论模型的要求,但在试验布局上,要使试验模型满足这一要求,却要采取措施,周密地布置试验。

在稳态试验方案中,热流的测量一般都不是直接实地测量换热表面的热流,而是通过稳态热平衡的方法,认为加热器的加热量即为通过试件的导热量。但在流体的导热试验中,由于流体试样中,除了存在导热方式的换热以外,还可能出现对流换热和辐射换热。这时,加热器的加热量将是通过试样的导热、自然对流换热和辐射换热的总和,这给导热热流的测定带来了很大麻烦。可见,对于流体导热系数的测定,保持试验模型与理论模型相一致的难度,便在于几乎无法消除自然对流和辐射换热的影响。因此,在流体导热系数的测量试验中,应设法将自然对流和辐射换热降低到最低程度。自然对流的强度取决于瑞利数,即

$$Ra = \frac{g\beta\Delta Tl^3}{\nu^2}\frac{\nu}{a} \qquad (6-4)$$

式中　g ——重力加速度;

　　　β ——容积膨胀系数;

　　　ΔT ——温差;

　　　l ——定性尺度;

　　　ν 、a ——流体的运动黏性系数和导温系数。

由式(6-4)可见:

(1)为了降低自然对流强度,流体试样放置时应尽量热面朝上、冷面朝下,以使流体试样试件的温度梯度与重力加速度方向相反;

(2)流体试样冷、热面温差不应过大;

(3)流体试样的厚度不应太大。

当流体试样为气体时,气体层厚度的选取与气体的稀薄程度有关,因为稠密的气体可以认为与盛装气体试样的容器壁面紧密黏附,所以,容器壁面温度即为与其黏附的气体试样的温度,但是,当气体稀薄以后,它与容器壁面的相互作用变弱,于是将导致容器壁面温度与其黏附的气体试样温度不一致。这一现象在气体层厚度与气体分子自由程长度可比拟时,将显现出来。因此,对于稀薄气体导热试验的边界温度测量应特别注意,尤其对于高温稀薄气体,这种现象更加明显。

对于辐射换热,一般除在安排试验时尽量降低其辐射换热强度外,还可采用计算扣除的办法来消除辐射换热的影响。应该指出,消除辐射换热的计算也有一定的难度,因为表面黑度的选取难以准确,尤其当

试样是具有吸收性和发射性的物质时,这种修正就变得复杂,并且修正的准确度也不高。

瞬态法测量物质的导热系数或导温系数,所依据的是给定的非稳态导热模型的分析解。由试验测出温度与时间的相关关系以后,便可根据相应模型的分析解反求出物质的导热系数或导温系数或某一热物性参数的综合量。在瞬态法中,有一部分瞬态试验方案关心的是加热规律(如热流与时间的关系),而对于加热热流的绝对值要求不严,因此,这一类瞬态试验方案中,测量热流的任务轻一些,甚至可以不进行热流绝对值的测量。而另一类瞬态法试验,则需要测量被研究表面的热流值,这时,一般都采用薄膜热流计直接测量被研究表面的热流,而不像稳态法中的那样,利用稳态热平衡的原理,由加热器的加热量来量度被测表面的热流。由此可见,在瞬态法中,热损失及其修正的任务也变得不那么重要了。不论是哪一类试验,其试验布局均较稳态试验方案复杂得多。因为在稳态试验中,只要保证试验模型的边界条件满足理论模型的初始条件一致性以外,还要保证试验模型边界条件随时间的变化规律与理论模型一致。再加之瞬态参数测量与数据处理的特点,这将给瞬态试验的布局带来很大的困难。

设计传热试验的两个主要任务是:

(1) 如何保证试验模型满足理论模型的要求;

(2) 如何准确测量理论模型中所规定的参数。

6.1.2　对流换热试验

1. 对流换热试验研究的内容

对流换热是流体与固体表面之间的换热过程,它是十分复杂的流体力学和传热学问题。分析求解对流换热问题,实际上是联立求解连续方程、动量方程、能量方程和换热方程构成的微分方程组。如果考虑气体的压缩性,则尚需加入状态方程。一般情况下,对于给定单值性条件后,分析求解上述微分方程组,原则上是可行的,但是,对于实际的换热过程,不论是分析求解,还是数值求解,都具有很大的难度,有时甚至是不可能的。所以,对流换热问题经常借助于试验求解,仍有很大难度,所以,在对流换热试验中,还要借助于相似理论。

对流换热试验研究的主要目标是试验求解换热系数(或努塞尔数)的规律或求解其温度分布规律。但是,由于对流换热与流动问题紧密相关,因此,为揭示对流换热规律的物理机理,对流换热试验研究常常与相应的流动规律研究结合在一起。试验求解对流换热准则关系式,同样可以采用稳态法和瞬态法两种方法。在稳态法试验研究中,有充分的时间对试验参数进行测量,对试验结果可以进行较细致的误差分析,因此,稳态法数据有较高的可信度。瞬态法由于节省时间、运行费用低等优点,越来越受到重视。

2. 关于对流换热系数

根据牛顿冷却公式:

$$q = h\Delta T \quad \text{或} \quad \mathrm{d}Q = h\Delta T \mathrm{d}A \tag{6-5}$$

式中 ΔT ——流体与固体表面之间的温差。

式(6-5)并没有从根本上解决对流换热问题,它只是把求解热流 q 的问题转化为求解一定工况下的换热系数 h 的问题,而式(6-5)并不能表明换热系数的数值及其影响因素之间的关系。实际上,式(6-5)只是一个换热系数 h 的定义式,即

$$h = \frac{q}{\Delta T} \quad \text{或} \quad h = \frac{\mathrm{d}Q}{\Delta T \mathrm{d}A} \tag{6-6}$$

由于换热系数沿换热表面未必是常数,所以,有时需要试验研究局部换热系数的分布规律,有时需要求解平均换热系数。由式(6-6)可知,局部换热系数等于局部面积 $\mathrm{d}A$ 上的热流密度除以该处壁温与流体温度之差。譬如空气流过无限空间中的平板对流换热,沿平板长度方向上的局部换热系数等于局部热流密度除以当地壁温 T_w 与附面层外未受干扰的空气温度 T_f 之差。但对于有限空间的对流换热,如管内流动的对流换热,流体温度将是位置的函数,这时,局部对流换热系数的定义为

$$h_x = \frac{\mathrm{d}Q}{(T_{wx} - T_{fx})\mathrm{d}A} \tag{6-7}$$

即沿管长 x 处的局部对流换热系数,等于 x 处管壁面上的热流密度除以 x 处壁温 T_{wx} 与 x 截面上流体平均温度 $\overline{T}_{fx}$ 之差。但是,这样的定义将给试验结果的分析带来很大麻烦。因为在应用中,利用

式(6-5)来进行热流计算时,不但需要已知对流换热系数,而且还需要已知 $\bar{T}_{\mathrm{fx}}$ 沿管长的分布,但后者往往未知,它取决于过程本身。流体在有限空间的换热均会出现这种情况。为方便计,有时在有限空间的对流换热中,采用某一已知的流体温度来代替定义式(6-7)中的 $\bar{T}_{\mathrm{fx}}$,但这时应注意,在试验中一旦选定了换热系数定义式中的流体温度,就必须在试验结果中加以说明,以便他人应用该试验结果时遵照执行。否则,别人无法正确应用这一试验结果。

从相似理论的角度来讲,只要遵照试验时规定的方式选取换热系数定义式中的流体温度,在应用由该试验结果整理的准则方程进行计算时,其计算结果就应该是正确的,而试验时如何选择换热系数定义式中的流体温度无关紧要。因为两个相似的换热现象,温度场必然是彼此相似的,所以,对应位置上的温度差也必然成定比例,因此,可以按最方便的方式选择换热系数中的流体温度。因而换热系数的数值将取决于如何选取定义式(6-7)中的温度。在实用中,往往选择单值性条件所规定的流体温度来定义换热系数。

3. 关于平均换热系数

在很多情况下,需要试验求解平均换热系数的规律,这时有两种方法定义平均换热系数。第一种方法是由局部换热系数积分计算平均换热系数,即

$$\bar{h} = \frac{1}{A}\int_{A} h\mathrm{d}A \tag{6-8}$$

对于一维情况,有

$$\bar{h} = \frac{1}{l}\int_{l} h_{\mathrm{x}}\mathrm{d}x \tag{6-9}$$

式中　h_{x} —— x 位置处的局部换热系数;

　　　l ——试件的长度。

这种方法需要首先已知局部换热系数的分布规律,因此,在试验中应测量热流密度在换热表面上的分布规律、壁温的分布规律以及流体温度的分布规律。可见这种方法比较麻烦。第二种方法是按下式定义的平均换热系数:

$$\overline{h} = \frac{\overline{q}}{\overline{T_w} - \overline{T_f}} \qquad\qquad (6-10)$$

式中　$\overline{T_w}$——平均壁温；

　　　$\overline{T_f}$——流体平均温度；

　　　$\overline{q}$——换热面积 A 的平均热流密度，即 $\overline{q} = \dfrac{Q}{A}$。

4. 关于定性温度

在根据试验数据整理成相应的准则方程式时，这些准则中包括了流体的物性参数，而这些物性参数一般都是温度的函数，因此，在相似的温度场中，也不能保证物性参数场的相似，于是便提出这样的问题，即根据哪个温度作为确定物性参数的定性温度更合理。虽然定性温度的选择有一些原则，但在很大程度上带有经验的色彩。一般可选用流体的温度、壁温或流体与壁面的平均温度。一旦选定，就必须加以声明，以便应用者遵照执行。

1）流体的温度

采用流体温度作为定性温度较为普遍，对于物体在自由空间的对流换热，如大空间自然对流换热，流体掠过平板或跨流圆柱体的对流换热都采用远前方来流温度 T_∞ 作为定性温度。而对于有限空间的对流换热，如管内流体与壁面的对流换热，多数情况下都取流体的平均温度作为定性温度，即进口截面流体质量平均温度计算式为

$$\overline{T_f} = \frac{\displaystyle\int_A c_p T \rho u \mathrm{d}A}{\displaystyle\int_A c_p \rho u \mathrm{d}A} \qquad\qquad (6-11)$$

当 ρc_p 为常数时，则

$$\overline{T_f} = \frac{1}{V}\int_A T u \mathrm{d}A \qquad\qquad (6-12)$$

式中　V——截面 A 的流体体积流量。

式（6-12）给试验带来一些麻烦，因为试验中还必须测量流体的温度与速度沿进、出口截面的分布。在具体试验中，往往利用外部包覆保温材料的混合室中流体的温度即为该截面的流体平均温度。有两种

方法来计算流体进口截面平均温度与出口截面平均温度的平均值 $\overline{T}_f$。一种称为算术平均温度,用于流体温度沿管长变化不大的情况,即

$$\overline{T}_f = \frac{\overline{T}_{f_1} + \overline{T}_{f_2}}{2} \qquad (6-13)$$

式中 $\overline{T}_{f_1}$, $\overline{T}_{f_2}$——进、出口截面的流体平均温度。

另一种方法是按下式确定流体的平均温度,这种方法用于流体温度沿管长变化剧烈的情况,有

$$\overline{T}_f = \overline{T}_w + \Delta T_{ln} \qquad (6-14)$$

式中 $\overline{T}_w$——平均壁温;

ΔT_{ln}——对数平均温差,其表示式为

$$\Delta T_{ln} = \frac{\Delta T_2 - \Delta T_1}{\ln \dfrac{\Delta T_2}{\Delta T_1}} \qquad (6-15)$$

式中 ΔT_1, ΔT_2——进口截面和出口截面上流体平均温度与壁温的温差,$\Delta T_1 = \overline{T}_{f_1} - T_w$,$\Delta T_2 = \overline{T}_{f_2} - T_w$。

2)壁面温度

在某些对流换热的数据整理中,采用换热表面的温度为定性温度,如封闭空间的夹壁自然对流换热,取两壁的平均温度为定性温度,即

$$T_w = \frac{T_{w_1} + T_{w_2}}{2} \qquad (6-16)$$

式中 T_{w_1}, T_{w_2}——夹壁冷、热壁面的温度。

在一些管内对流换热中,常常除选用流体平均温度作为定性温度外,还选用壁温作为部分物性的定性温度(如动力黏性系数 μ 和普朗特数 Pr)以修正热流方向或温差的影响,如管内紊流、大温差的对流换热准则方程:

$$Nu_f = 0.027\, Re_f^{0.8} Pr_f^{\frac{1}{3}} \left(\frac{\mu_f}{\mu_w}\right)^{0.14} \qquad (6-17)$$

$$Nu_f = 0.021\, Re_f^{0.8} Pr_f^{0.43} \left(\frac{Pr_f}{Pr_w}\right)^{0.28} \qquad (6-18)$$

式中　$(\mu_f/\mu_w)^{0.14}$，$(Pr_f/Pr_w)^{0.25}$——修正热流方向和温差而引入的修正项；

　　μ_w，Pr_w——以壁温为定性温度的动力粘性系数和普朗特数。

当换热表面温度不均匀时,试验中需对换热表面温度分布进行测量,如果换热表面测温点是均匀分布的,则壁面平均温度 $\bar{T}_w$ 为

$$\bar{T}_w = \frac{1}{n}\sum_{i=1}^{n} T_{w_i} \qquad (6-19)$$

式中　T_{w_i}——第 i 点壁温,共 n 个测温点。

如果测温点沿换热表面不是均匀分布的,则需求面积加权平均值,即

$$\bar{T}_w = \frac{1}{A}\sum_{i=1}^{n} T_{w_i}\Delta A_i \qquad (6-20)$$

式中　A——换热表面面积；

　　ΔA_i——面积单元($\sum \Delta A_i = A$)。

如果壁温分布是一维的,则

$$\bar{T}_w = \frac{1}{l}\sum_{i=1}^{n} T_{w_i}\Delta l_i \qquad (6-21)$$

式中　l——换热表面长度；

　　Δl_i——面积单元长度($\sum \Delta l_i = l$)。

3）流体与壁面的平均温度

有的文献称该温度为平均膜温,它反映了边界层中流体的平均温度,其值为

$$T_m = \frac{T_f + T_w}{2} \qquad (6-22)$$

在实际应用中,通常在外部扰流物体或自然对流换热情况下取 T_m 作为定性温度,这时, $T_f = T_\infty$ 。在非等壁温条件下, T_w 或取平均壁温 $\bar{T}_w$ (如在平均努塞尔数的准则方程中),或取局部壁温 T_{w_x} (如在局部努塞尔数的准则方程中)。

4）相变换热

相变换热均以其饱和温度作为定性温度。

5）高速气流换热

在很多情况下,选 Eckert 参考温度 T_* 作为定性温度:

$$T_* = T_\infty + 0.5(T_w - T_\infty) + 0.22(T_r - T_\infty) \qquad (6-23)$$

式中 T_r——高速气流的恢复温度,有

$$T_r = T_\infty + r\frac{u_\infty^2}{2c_p}$$

式中 r——恢复系数,对于层流流动($Pr = 0.25 \sim 1.0$), $r = Pr^{\frac{1}{2}}$;对于紊流流动, $r = Pr^{\frac{1}{3}}$ 。

在某些情况下,还会选用其他温度作为定性温度,如冲击冷却有时选用射流入口温度作为定性温度,等等。

5. 关于沸腾换热

在沸腾换热时,对换热系数的整理应加注意,一种沸腾换热系数的定义为

$$h = \frac{q}{T_w - T_s} \qquad (6-24)$$

式中 T_s——介质在试验压力下的饱和温度。

另一种沸腾换热系数的定义为

$$h = \frac{q}{T_w - T_f} \qquad (6-25)$$

式中 T_f——液体的容积平均温度。

在饱和沸腾情况下,上述两个定义没有差别。但是,在过冷沸腾情况下,两者将有很大差别,前一种定义方式认为,过冷沸腾即局部沸腾,虽然介质在整个空间没有沸腾($T_f < T_s$),但在换热表面已经达到沸腾状态,故换热表面上的对流换热系数定义中,流体温度应采用 T_s ,并认为,当采用温差($T_w - T_s$)时,过冷沸腾的换热系数与饱和沸腾的换热系数可用同一公式计算。而后一种定义方式认为,过冷沸腾符合一般对流换热的习惯,并且试验已经表明, T_f 的变化对过冷沸腾换热有一定影响。

因为换热系数 h 只不过是从牛顿公式引出的一个系数,它并没有反映换热的物理本质, h 的提出本来就有画蛇添足之嫌,只不过

由于历史的原因把它保留下来。因此,有些学者主张取消换热系数这一术语,直接描述热流与温差的关系。这种主张在沸腾换热中较常见,即在沸腾换热准则关系式中,直接整理热流与温差的关系。

6.1.3 辐射试验

1. 辐射试验研究的内容

辐射换热是非接触式换热,在辐射换热的研究中,需要知道参与辐射换热的物体辐射特性,如黑度 ε 、反射率 ρ 、吸收率 α 以及辐射换热物体之间的辐射角系数 φ 。对于这些参数,除较简单的几何形体与空间相对位置的辐射角系数外,一般都要依靠试验来确定。因此,试验测定上述参数,就构成了辐射试验研究的主要内容。

由于辐射换热是非接触式换热,所以,利用这一特点可以进行非接触式温度测量,其中,包括辐射高温计、比色高温计、红外测温计以及热像仪等非接触式测温技术。对这些测量技术的研究、在辐射试验研究中也占据了重要的位置。

2. 黑度的测量

对于辐射换热计算以及利用热辐射原理进行温度测量,都受到物体表面黑度值的直接影响。而黑度的影响因素是十分复杂的,一般并不把它作为物性参数,因为它不仅取决于物质的种类、温度,而且还取决于表面状态、投射射线的波长和方向。所以,到目前为止,黑度数据的来源仍依靠试验测定。

在热辐射中涉及有光谱定向(法向)黑度、全波长法向黑度和全波长半球黑度,而在工程计算中应用最多的是全波长半球黑度。对于工程材料,全波长半球黑度与全波长法向黑度之比存在一定关系(对于金属,该比值为 1.2~1.3;对于非金属,该比值为 0.9~1.0),因此,知道其中一个黑度,便可求出另一个黑度。

黑度的测量方法中主要是正常工况法。下面介绍量热计法测量的全波长半球黑度,辐射法测量的全波长法向黑度。

量热计法的基本原理是利用物体在封闭空间的辐射换热计算公式:

$$Q = \frac{\sigma\left[\left(\dfrac{T_1}{100}\right)^4 - \left(\dfrac{T_2}{100}\right)^4\right]}{\dfrac{1-\varepsilon_1}{A_1\varepsilon_1} + \dfrac{1}{A_1\varphi_{1-2}} + \dfrac{1-\varepsilon_2}{A_2\varepsilon_2}} \tag{6-26}$$

当采用非凹形物体 1 时,如图 6-1,在物体表面面积 $A_2 \gg A_1$ 条件下,$\varphi_{1-2} = 1$,并且 $A_1/A_2 \to 0$,因此,式(6-26)可简化为

$$Q = A_1\varepsilon_1\sigma\left[\left(\frac{T_1}{100}\right)^4 - \left(\frac{T_2}{100}\right)^4\right] \tag{6-27}$$

测量该系统的辐射换热物体的表面温度 T_1、T_2,便可利用上式得到物体 1 的表面黑度 ε_1,由于 Q 为辐射换热热流,故图 6-1 的封闭空腔应为真空,以消除对流换热和导热的影响。

辐射法是通过一个吸收表面对两个同温度的被测物体和人工黑体辐射能的吸收对比得到被测物体表面黑度。这种方法虽然简单、易行,但由于数据处理过程中的简化和假设以及热损失估算的困难,故该法有较大的原理性误差和测量误差,精度不高。对于图 6-2 所示的封闭空腔,$A_3 \ll A_1$,$T_1 > T_2 > T_3$,$\varepsilon_2 = \varepsilon_3 = 1$,在热平衡条件下,表面 A_3 的辐射热流 Q_3 为

$$Q_3 = \varepsilon_1 A_1 E_{b1}\varphi_{1-3} + \rho_1 A_2 E_{b2}\varphi_{2-1}\varphi_{1-3} + A_2 E_{b2}\varphi_{2-3} - A_3 E_{b3} \tag{6-28}$$

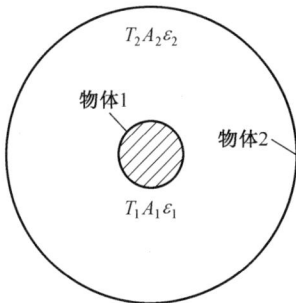

图 6-1 封闭空间的辐射换热

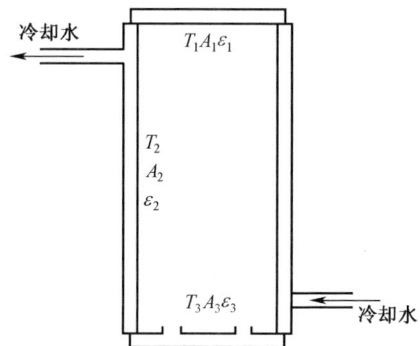

图 6-2 辐射法测量黑度

当其他条件不变时，T_3 取决于 ε_1，可以认为，$\rho_1 = 1 - \alpha_1 = 1 - \varepsilon_1$，并略去 φ_{1-3} 的高次项，当 $T_3 - T_2 \ll T_2$ 时，可由式（6-28）导出：

$$T_3 - T_2 = K\varepsilon_1 \qquad (6-29)$$

式中　$K = \dfrac{\varphi_{3-1}\sigma(T_1^4 - T_2^4)}{h + 4\sigma T_2^3}$，$h$ 为 A_3 与冷却水的对流换热系数。

3. 反射率的测量

反射率的测量通常使用的方法有积分球法、半球镜法和椭球镜法，具体参考文献[3]。

4. 辐射测温研究

参考文献[4]对辐射测温技术进行了阐述，可供参考。

5. 辐射加热器

辐射加热器通常由热辐射元件、反射器、支撑构件组成。石英灯是热辐射元件的辐射加热器，最大热流密度可达 1250kW/m²。通常用作辐射加热的元件有镍铬丝、硅碳棒、石墨棒、石英灯，其特性如下：

（1）镍铬丝：熔点约为 1400℃、工作温度小于 1200℃，高温下不易氧化，寿命长，便于加工成型。通常绕制成螺旋体使用，圈内用石英管或氧化铝陶瓷棒支撑，通以电流进行加热。加热使用过程中的缺点是制成加热器工作温度低且热惯性大，多用于变化过程缓慢、加热速率较低的试验中。

（2）硅碳棒：熔点约为 2230℃、工作温度小于 1450℃，其端头有加粗和不加粗两种形式。

（3）石墨棒：最高工作温度可达 2250℃，高温下易被氧化，致使横截面不断减小，电流密度增大，其电特性发生很大变化，在 2250℃ 下的有效使用寿命超过 3min。

（4）石英灯：通常采用螺旋形的钨丝作为辐射体，密封在透明的石英玻璃管内，其特点是体积小、功率大、热惯性小、可控性好，可组成任意形状的加热器，适合于对大面积的结构表面进行加热，通常作为气动加热模拟试验的辐射加热元件，石英灯的结构和特性等较为明确。

6.2 专项试验

6.2.1 推进剂电传热试验

1. 电传热试验研究的内容

推进剂电传热试验研究是液体动力系统热过程技术研究的重要试验之一,主要用于推进剂传热特性和推进剂强化换热特性的研究,为发动机冷却结构方案设计、发动机冷却计算提供重要参数。掌握准确的推进剂传热特性参数,才能采用合理设计发动机冷却结构和确定冷却流量。否则出于安全考虑,只能是采用牺牲性能的办法,加大冷却剂流量。

2. 试验系统方案

对于以煤油作为冷却剂的液体火箭发动机,研究煤油的换热性能时采用的试验系统方案见图6-3,工质煤油在氮气挤压下,通过测量孔板和调节阀后,进入预热段5和6,在预热段加热到试验段所需的进

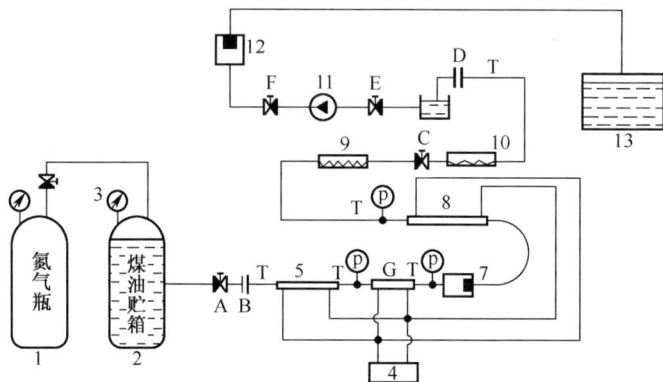

图6-3 试验系统方案简图

1—氮气瓶;2—煤油贮箱;3—压力表;4—大电流变送器;

5、6—预热段;7、12—过滤器;8—试验段;9、10—冷凝器;

11—低压回流泵;13—回收池;

A、C、E、F—阀门;B、D—流量孔板;P—压力测点;T—温度测点。

口温度,流经过滤器后进入试验段进一步加热,从试验段中流出的高温高压工质经过两级冷凝器和调节阀门后降为常温常压工质,然后通过转子流量计进入低压贮箱,再用低压循环泵加压,经过滤器后至回收池。

1)系统参数确定

每次试验时间由试验工况和试件材料决定。试验是在给定流量和压力下通过增加电流以提高通过试件的热流密度,试件壁温随即提高,当温度达到一定值时,试件将会发生破坏,随即试验终止。按照以往的经验,对于内径为 2mm 的试验件,可连续被加热的时间约为 2h。被加热的煤油经过过滤、冷却后可以循环使用,冷却时间约为 2h,煤油被加热的最高温度约为 500℃,煤油的最大流速约为 100m/s。

整个试验台的系统参数计算过程如下:

(1)煤油流量计算。

$$q_m = \rho u A = 0.262 \text{kg/s}$$

(2)加热器所需的电功率计算。

$$Q = q_m \int_{T_{1,\text{in}}}^{T_{1,\text{out}}} c_{p_1}(T_x) \, dT \approx 300 \text{kW}$$

因此加热器选取的电功率为 300kW。

(3)贮箱容积计算。

2h 需要的煤油质量:

$$M = q_m \times \text{时间} = 1886.4 \text{kg}$$

贮箱容积:

$$V = \frac{M}{\rho} = \frac{1886.4}{833.0} = 2.26 \text{m}^3$$

选用贮箱容积 $V = 2.5 \text{m}^3$。

2)测量参数确定

(1)温度测点。

图 6-3 试验系统温度测点数为:

试件前介质温度传感器 2 个,壁面温度传感器 2 个共 4 个,温度测量范围为 -20~200℃;

试件壁需 10 个温度传感器,温度测量范围为 -20~1100℃;

试件后介质温度传感器 2 个,壁面温度传感器 2 个共 4 个,温度测量范围为−20~500℃;

预热器前后各需 2 个温度传感器,温度测量范围为−20~200℃。

(2)压力测点。

图 6−3 试验系统压力测点数为:

泵出口压力传感器 2 个,量程为 1.0~20MPa;

预热器前后各需压力传感器 1 个,共 2 个,量程为 1~10MPa;

试件前后各需压力传感器 1 个,共 2 个,量程为 1~10MPa。

(3)流量测点。

图 6−3 试验系统的流量测点数为:

泵出口流量传感器 2 个,量程为 0~2kg/s;

预热器前流量传感器 2 个,量程为 0~1kg/s;

试件前流量传感器 2 个,量程为 0~1kg/s。

(4)电压测点。

图 6−3 试验系统的电压测点数为:

预热器前后需电压传感器各 2 个,量程为 0~36V;

试件壁上需电压传感器 10 个,量程为 0~36V。

(5)电流测点。

图 6−3 试验系统的电流测点数为:

预热器需电流传感器各 2 个,量程为 0~1000A;

试件壁上需电流传感器 2 个,量程为 0~5000A。

(6)调节器数量。

图 6−3 试验系统的调节器数量为:

泵后流量调节器 2 个,量程为 0~2kg/s;

预热器前流量调节器 2 个,量程为 0~1kg/s;

试件前需流量调节器 2 个,量程为 0~1kg/s。

(7)减压器数量。

图 6−3 试验系统的减压器数为:

泵后减压器数量 5 个,分别是:0~5MPa 范围内 1 个,5~10MPa 范围内 2 个,10~15MPa 范围内 2 个;

预热器前减压器 5 个,范围同泵后;

试件前减压器数量也是 5 个,范围同泵后。

(8) 加压装置。

按照系统参数选取方案及试验规划,泵的选取参数为:

输出压力 0~20MPa,流量为 0~2kg/s。

3. 试件设计方案

试件长度 320mm,试件截面水力直径约为 1.75mm,试件材料 0Cr18Ni10Ti、铬青铜两种材料,电极为黄铜电刷结构,试件上安装 5 个温度测点、5 个电压测点。试件前设置流量、压力、温度测点,试件后设置流量、压力、温度测点等。试件结构如图 6-4 所示。

试验件为 $\phi 2.2mm \times 0.25mm$ 的 1Cr18Ni9Ti 薄壁不锈钢管,试件加热长度为 100mm,加热电极长度 25mm,进出口管稳定段为 25mm。

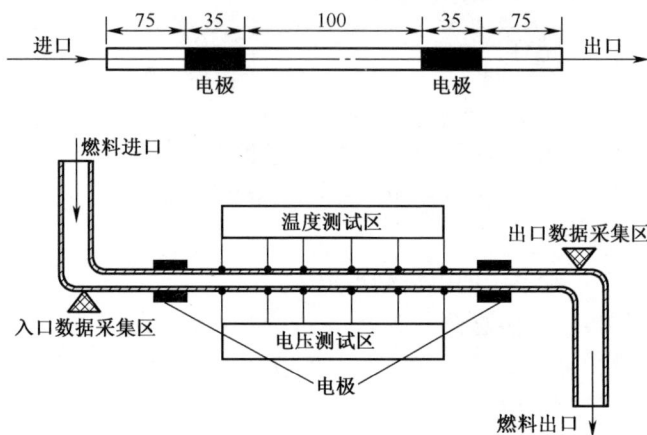

图 6-4 试件外形结构简图

4. 数据处理

表 6-1 是煤油电传热试验数据,下面介绍如何利用此数据获得传热试验准则关系式。

试件可以简化为有内热源的圆柱稳态传热,试件外壁包覆有隔热层,测量参数和结构参数见图 6-5。

对于单面向流体散热,另外一面近似绝热的电热管。当管内介质流动和换热达到平衡状态时,外壁温及介质温度不再发生变化时,液壁温的计算方法有两种,一种是定热导率和定电阻率方法,另外一种是变热导率和变电阻率方法。

表 6-1　传热试验数据

序号	p /MPa	u /(m/s)	q /(MW/m²)	T_{wlin} /℃	T_{wlout} /℃	T_{lin} /℃	T_{lout} /℃
01	5.121	10.0	17.0	746.5	828.7	42.5	286.3
02	8.154	23.1	20.0	282.0	378.5	30.5	87.1
03	8.213	50.0	24.3	260.3	322.2	90.9	125.7
04	12.000	22.3	19.0	267.1	396.4	37.0	96.1
05	12.181	45.3	26.0	239.7	345.0	31.4	69.2
06	15.068	65.0	25.0	673.0	677.0	104.5	158.0
07	15.107	10.0	11.0	693.0	707.4	35.2	185.0
08	15.117	20.0	21.0	713.0	769.0	36.1	177.9
09	15.142	20.0	17.0	732.0	761.5	33.7	159.1

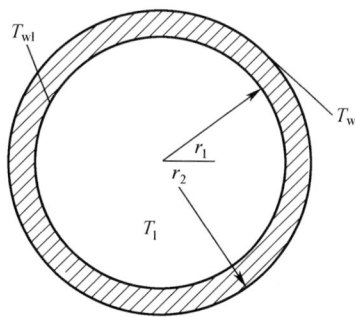

图 6-5　传热试验件数据处理模型

1) 定热导率和定电阻率方法

当介质和管壁温度达到热平衡时,其热平衡方程和边界条件为

$$\frac{1}{r}\frac{d}{dr}\left(r\frac{dT}{dr}\right) + \frac{\dot{Q}}{\lambda} = 0 \qquad (6-30)$$

内热源由下式定义:

215

$$\dot{Q} = \frac{I^2 R}{A \Delta l} = \frac{I^2 \xi \dfrac{\Delta l}{A}}{A \Delta l} = \frac{I^2 \xi}{A^2} \qquad (6-31)$$

式中　ξ——试件的电阻率；

　　　λ—— 试件的热导率，它们是温度的函数：$\xi = f(T)$，$\lambda = g(T)$；

　　　I——通入试件的电流；

　　　A——试件的横截面面积，$A = \pi(r_2^2 - r_1^2)$。

式(6-30)边界条件：

$$\left. \begin{array}{l} r = r_1 \text{ 时}, T = T_{\mathrm{wl}} \\ r = r_2 \text{ 时}, T = T_{\mathrm{w}} \\ r = r_1, r_2 \text{ 以外的任意值时}, \dfrac{\mathrm{d}T}{\mathrm{d}r} = 0 \end{array} \right\} \qquad (6-32)$$

式中　T_{w}——外壁测量值；

　　　T_{wl}——液壁温值，需要通过积分计算出来。

对式(6-30)积分，将式(6-32)代入得任意截面壁温计算式为

$$T = T_{\mathrm{w}} - \frac{\dot{Q}}{4\lambda} r_2^2 \left(2\ln \frac{r_2}{r} + \left(\frac{r}{r_2} \right)^2 - 1 \right) \qquad (6-33)$$

液壁温计算式为

$$T_{\mathrm{wl}} = T_{\mathrm{w}} - \frac{\dot{Q}}{4\lambda} r_2^2 \left(2\ln \frac{r_2}{r_1} + \left(\frac{r_1}{r_2} \right)^2 - 1 \right) \qquad (6-34)$$

在计算液壁温时首先假设液壁温，将液壁温和测量的外壁温作为定性温度计算试件的热导率和电阻率，依据式(6-34)计算液壁温，然后检查二者误差，随后迭代，直至二者误差小于 0.1K 时为止。

2）变热导率和变电阻率方法

当介质和管壁温度达到热平衡时，热平衡和边界条件的控制方程与定热导率和定电阻率的方法相同，所不同的是展开二阶微分式时物性参数需要考虑温度的变化。将坐标原点选在外壁面上，r 是圆管中心距管内任意一点的距离，则 $r = r_2 - y$。即

$$\frac{\mathrm{d}\lambda}{\mathrm{d}r} = \frac{\mathrm{d}\lambda}{\mathrm{d}T} \cdot \frac{\mathrm{d}T}{\mathrm{d}r} \qquad (6-35)$$

216

假设导热系数和电阻率在一定温度范围内均随温度呈线性变化,即

$$\lambda = \lambda_0(1 + \beta T) \tag{6-36}$$

$$\xi = \xi_0(1 + \alpha T) \tag{6-37}$$

式中　λ_0, ξ_0 ——0℃时金属的导热系数和电阻率。

联立式(6-30)~式(6-32)、式(6-35)~式(6-37)得

$$\frac{\mathrm{d}^2 T}{\mathrm{d}y^2} - \left(\frac{1}{r_2 - y} - \frac{\beta}{1 + \beta T} \frac{\mathrm{d}T}{\mathrm{d}y} \right) \frac{\mathrm{d}T}{\mathrm{d}y} - M \frac{1 + \alpha T}{1 + \beta T} = 0 \tag{6-38}$$

式(6-38)中,M 值为

$$M = \frac{I^2 \xi_0}{A^2 \lambda_0} \tag{6-39}$$

对于非线性微分方程(6-38),可由马克罗林级数方法将温度展开成为坐标 y 的函数,并求其导数,然后代入求解,可得温度关于 y 的级数展开式,如果取至 y 的 6 次幂,则计算坐标 y 上温度的解析式为

$$T = T_w - \frac{M}{2} \cdot \frac{(1 + \alpha T_w)}{(1 + \beta T_w)} \cdot y^2 \cdot$$

$$\left[\begin{array}{l} 1 + \dfrac{y}{3r_2} + \dfrac{y^2}{4r_2^2} + \dfrac{y^3}{5r_2^3} + \dfrac{y^4}{6r_2^4} \\[2mm] + \dfrac{My^2}{12} \cdot \dfrac{B_1}{(1 + \beta T_w)^2} + \dfrac{My^3}{30r_2} \cdot \dfrac{B_2}{(1 + \beta T_w)^2} \\[2mm] + \dfrac{My^4}{360r_2^2} \cdot \dfrac{B_3}{(1 + \beta T_w)^2} + \dfrac{M^2 y^4}{90} \cdot \dfrac{B_4}{(1 + \beta T_w)^4} \end{array} \right] \tag{6-40}$$

式(6-40)中,$B_1 \sim B_4$ 为

$$\begin{cases} B_1 = 3\beta + 2\alpha\beta T_w - \alpha \\ B_2 = 5\beta + 4\alpha\beta T_w - \alpha \\ B_3 = 52\beta + 46\alpha\beta T_w - 6\alpha \\ B_4 = 9\beta^2 - 2\alpha\beta + 16\alpha\beta^2 T_w - 2\alpha^2\beta T_w + 7\alpha^2\beta^2 T_w \end{cases} \tag{6-41}$$

对于材质为 1Cr18Ni9Ti 的试验件,其导热系数和电阻率随壁温(0~1000℃)的线性关系式为

$$\begin{cases} \xi = 76.3165 \times 10^{-8} \times (1.0 + 5.802 \times 10^{-4} T_w) \\ \lambda = 14.408 \times (1.0 + 1.1332 \times 10^{-3} T_w) \end{cases} \quad (6-42)$$

对于材质为 QCr0.5 的铬青铜试验件,其导热系数和电阻率随壁温(0~600℃)的线性关系式为

$$\begin{cases} \xi = 2.4591 \times 10^{-8} \times (1.0 + 2.2275 \times 10^{-3} T_w) \\ \lambda = 141.002 \times (1.0 + 2.051 \times 10^{-3} T_w) \end{cases} \quad (6-43)$$

整理介质传热试验准则方程过程:

试验时测量得到介质的进出口温度 $T_{1_{in}}$, $T_{1_{out}}$,假设介质温度呈线性变化,那么任意位置处介质温度为

$$T_1 = T_{1_{in}} + \frac{x}{l}(T_{1_{out}} - T_{1_{in}}) \quad (6-44)$$

依据 T_1 查得介质的物性参数 μ_1, c_{p1}, λ_1,依据供应参数计算得到

$$Re_1 = \frac{2q_{ml}}{\pi \mu_1 r_1} \quad (6-45)$$

$$Pr_1 = \left(\frac{\mu c_p}{\lambda}\right)_1 \quad (6-46)$$

介质接受的热流密度为

$$q = \frac{I^2 R}{S} = \frac{I^2 \xi \frac{l}{A}}{2\pi r_1 l} = \frac{I^2 \xi}{2\pi r_1 A} \quad (6-47)$$

依据牛顿冷却公式得

$$h_1 = \frac{q}{T_{wl} - T_1} \quad (6-48)$$

$$Nu = h_1 \cdot \frac{2r_1}{\lambda_1} \quad (6-49)$$

Nu 数由下列公式拟合:

$$Nu = C \cdot Re_1^m \cdot Pr_1^n \cdot \left(\frac{Pr_1}{Pr_{wl}}\right)^p \quad (6-50)$$

应用最小二乘法得到式(6-50)的系数 C、m、n、p,按照以上方法

得到介质的换热准则方程。

6.2.2 部件空间试验

太空飞行的液体火箭发动机,由于外界压力很低,从喷管出来的燃气继续膨胀进而会形成羽流,发动机的重要部件经受着喷管和燃气羽流的辐射换热,致使其重要部件如气瓶、贮箱、电磁阀、电缆等部件温度升高很多;也有可能使充满易分解的推进剂产生热爆,从而使推进剂供应管道发生失效断裂。部件空间试验是模拟发动机关键部件在热辐射环境条件下其温度发生变化时功能是否发生变化、如果功能变化将通过分析的方法确定采取何种热防护措施使其功能不发生变化,然后在真空热辐射环境试验台上进行验证,从而确定所采取的热防护措施有效。

1. 部件空间试验台简介

部件空间试验台系统原理简图见图6-6,包括真空舱系统、热沉系统、加热系统、真空机组系统、低温流程系统、电源系统、测控系统和

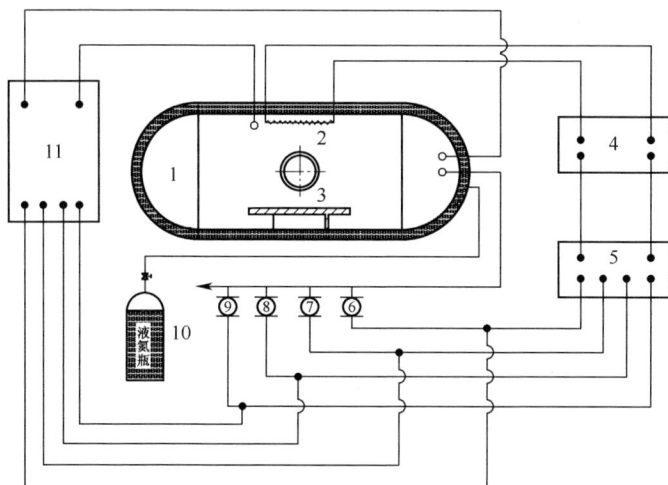

图6-6 部件空间试验台原理简图

1—真空舱及热沉;2—加热器;3—试验件;4—电控柜;5—真空泵组控制柜;

6~9—真空泵;10—液氮瓶;11—测控柜。

冷却水供应系统等 8 个分系统,同时具有操作平台、舱内外小车、试验件平台等设备辅助部件。

（1）真空舱系统。

真空舱系统是一个与大气隔绝的封闭部件,包括舱体、前舱门、后舱门、电动旋转铰链、鞍座、舱上接管、观察窗等部件。

（2）热沉系统。

热沉系统是使试验件环境具备冷黑环境的部件,由 4 个舱体热沉、2 个舱门热沉及其固定框架、具有真空绝热和冷缩变形的穿舱接管等组成。热沉管内工作介质为液氮。虽然热沉安置在真空舱内,但是热沉管路内部与真空舱隔绝。

（3）加热系统。

加热系统包括石英灯阵加热器、石墨加热器以及具有冷却功能的穿舱电极、电缆、铜排等。

（4）真空机组系统。

真空机组系统是使真空舱获得真空、使试验件环境具备真空环境的部件,包括油扩散泵、罗茨真空泵、旋片真空泵、制冷阱以及真空阀门、真空管路。

（5）低温流程系统。

低温流程系统是向热沉提供液氮、排出氮气的部件,包括 2 台液氮贮槽、低温阀门、低温管道、管道绝热层、管道支架、测温热电阻、测压仪表以及确保液氮汽化的铠装电加热管等。

（6）电源系统。

电源系统是向加热系统提供 110V 电源的部件,包括变压器、晶闸管功率控制器等。

（7）测控系统。

测控系统是确保设备运转、测试、控制的部件,包括工业控制计算机、控制柜、计算机操作台、热流计、空气开关、断路器、继电器、接触器、按钮、指示灯、真空计、热流计、电线、电缆等。

（8）冷却水供应系统。

冷却水供应系统是向真空机组系统、加热系统中的水冷电极、热流计、试验件水冷平台提供冷却水,包括进出水汇总管、支路管、旋翼式水表、球阀、水压仪表、水温测温热电偶以及支架等。

2. 部件空间试验

下面以充满介质的贮箱为研究对象,介绍对其进行部件空间试验方案的策划和试验流程。图 6-7 为用于部件空间试验的不锈钢贮箱。

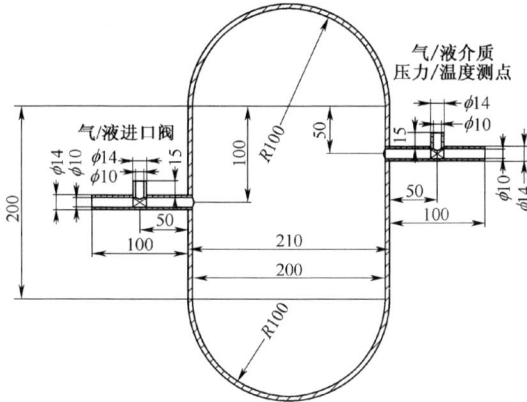

图 6-7 不锈钢贮箱结构简图

（1）试验前的传热分析。

贮箱质量为

$$m = \rho V = \rho (4\pi R^2 \delta + 2\pi RL\delta) = 79.8 \text{kg}$$

贮箱容积为

$$V = \frac{4}{3}\pi R^3 + \pi R^2 L = 10.47 \times 10^{-3} \text{m}^3$$

贮箱加注一半容积水时,加注量为

$$m_1 = (\rho V)_1 = 5.235 \text{kg}$$

贮箱加注 $2 \times 10^5 \text{Pa}$（2 个大气压）的氮气时,加注量为

$$m_g = (\rho V)_g = \left(\frac{p}{RT}\right)_g V_g = 0.0245 \text{kg}$$

当贮箱在充介质状态时,其上部接收到辐射热时,以贮箱壁和贮箱内的介质为研究对象,其热平衡方程为

$$\frac{1}{2}q(A\varepsilon)_s = (mc_p)_s \frac{dT_s}{d\tau} + h_1 F_1(T_s - T_1) + \varepsilon_s \sigma A_s \left(\frac{T_s}{100}\right)^4 \quad (6-51)$$

221

$$h_1 A_1 (T_s - T_1) = (mc_p)_1 \frac{dT_1}{d\tau} \qquad (6-52)$$

整理式(6-51)和式(6-52)两式得到

$$\frac{dT_s}{d\tau} = B_1 - B_2 (T_s - T_1) - B_3 \left(\frac{T_s}{100} \right)^4 \qquad (6-53)$$

$$\frac{dT_1}{d\tau} = B_4 (T_s - T_1) \qquad (6-54)$$

式(6-53)和式(6-54)两式中,各系数的定义为

$$B_1 = \frac{q (\varepsilon A)_s}{2 (mc_p)_s}, \ B_2 = \frac{h_1 A_1}{(mc_p)_s},$$

$$B_3 = \frac{\varepsilon_s \sigma A_s}{(mc_p)_s}, \ B_4 = \frac{h_1 A_1}{(mc_p)_1}$$

将边界条件和初始条件及材料的物性参数代入式(6-53)和式(6-54)两式即可得到贮箱充满介质时的壁温及介质温度变化。

对于工作在100K的冷黑背景、1×10^{-3}Pa的真空环境下的充水贮箱,该部件所接受的外界辐射热流为38kW/m^2,当加热时间为650s时其壁温、水温的变化过程分析结果见图6-8。

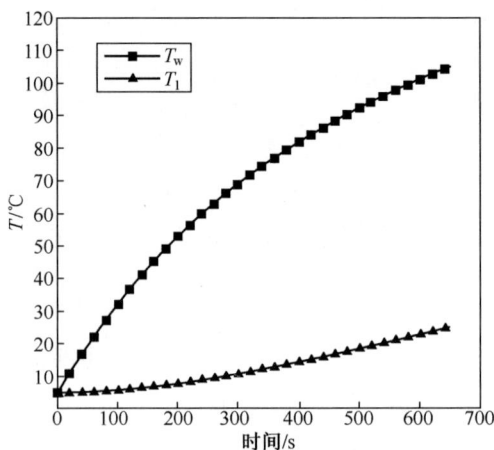

图6-8 充水状态下贮箱及水温变化曲线

对于工作在 100K 的冷黑背景、$1×10^{-3}$ Pa 的真空环境下的充气贮箱,该部件所接受的外界辐射热流为 $15kW/m^2$,当加热时间为 650s 时其壁温、气温的变化过程分析结果见图 6-9。

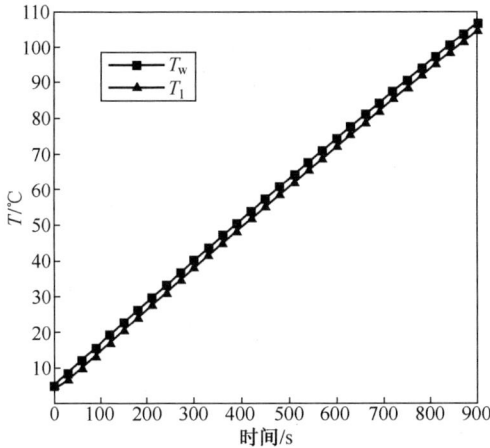

图 6-9　充气状态下贮箱及气体温度变化曲线

(2)试验方案。

对此部件的试验流程为:

① 连接好试验设备;

② 将试验件固定在试验台上,安装好测试传感器;

③ 合上真空舱;

④ 做好试验前的安全检查,检查内容为:液氮管路的密封、电路系统的漏电、带气阀门的密封、真空舱内热沉管的密封、真空舱内各法兰处的密封连接情况、真空泵是否正常、真空阀是否正常动作、石英灯阵安装是否牢固、可控硅电源是否正常、热电偶及热流计是否正常、真空规是否正常、测控软件是否正常等;

⑤ 起动真空泵,起动顺序按照操作规程进行;

⑥ 待真空舱内压力低于 $1×10^{-3}$ Pa 后,起动液氮系统,观察热沉壁处的温度变化情况,温降速率控制在 5℃/min 左右。

⑦ 待热沉表面壁温为 100K 时,起动石英灯阵加热系统,同时测试各关键部位的热流、壁温等。

⑧ 试验结束后,向真空舱内充常温氮气复压,复温。待温度接近室温后打开真空舱,试验结束。

6.2.3　液膜冷却试验简介

液膜冷却试验主要研究液膜长度和液膜厚度与燃烧室热环境的关系,下面介绍应用光学诊断技术观测液膜在燃烧环境中的演化过程。用于液膜冷却的模拟燃烧室 SCC 见图 6-10,燃烧室四面配置光学观测通道,玻璃窗为耐高温石英玻璃,短时耐温 1200℃,可透射紫外波段。带光学通道的模拟燃烧室可以与 PLIF、高速摄影、阴影、纹影等光学诊断技术结合使用。液膜冷却试验件通过喷注面板后的酒精腔按一定角度喷入燃烧室上壁,经过与壁面的撞击后形成液膜和溅射雾场。液膜喷注孔与燃烧室轴线夹角分别为 15°,30° 和 45°。

液膜冷却试验系统主要由氧气供应系统、甲烷供应系统、酒精供应系统和氮气增压及吹除系统组成,各系统的快速启动和关断使用电磁阀门,系统控制及数据采集使用 PLC 控制程序。使用甲烷和氧气作为燃料和氧化剂,酒精作为冷却液膜,由单个直流孔喷入燃烧室的上板上,射流撞壁后形成液膜,液膜在高温燃气的作用下会出现相态的演变(液态变为气态),通过光学系统观察液膜的发展变化情况。

图 6-10 所示燃烧室的液膜形式进行了两次热试,使用 Film Thickness 程序对图像进行处理,处理结果见图 6-11 和图 6-12。

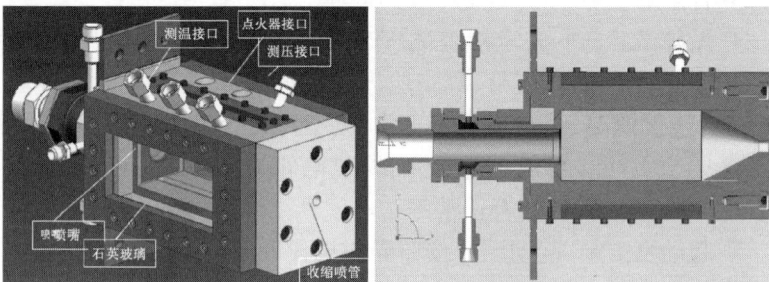

图 6-10　液膜冷却试验图

从图 6-10 可以看出,对于燃烧室全场的 OH 分布,在燃烧室内部 OH 分布很不均匀,在燃烧室头部附近存在较大的回流区,此区域内部

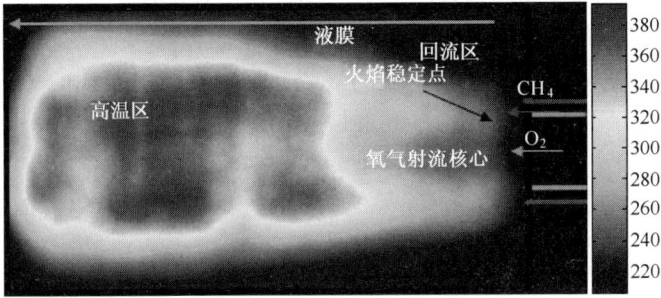

图 6-11　燃烧室全场 OH 分布

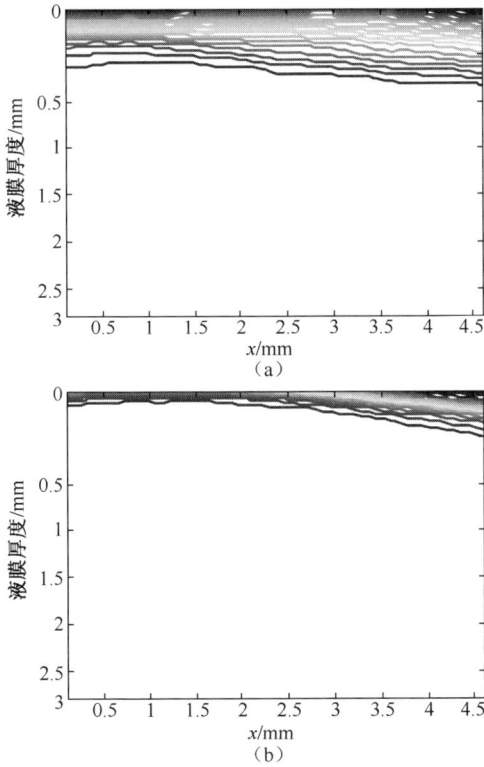

图 6-12　不同试验的液膜厚度分布

OH 强度较小,温度较低。在靠近喷管入口处的 OH 强度较高,温度较高。在燃烧室上部靠近液膜的区域,沿流动方向 OH 强度加强,由此可以推断燃气温度也会逐渐增加,在燃烧室中后段燃气温度较高且逐渐稳定,燃烧室内壁的温度传感器测量的数据也表现出相同的变化趋势。从图 6-12 可以看出,对于不同的液膜喷注形式,其液膜厚度和长度是不同的。

以上实例说明可以应用光学观测手段测试液膜的厚度和长度,这样可以为燃烧室的冷却结构设计提供依据。

参 考 文 献

[1] 曹玉璋,邱绪光.试验传热学[M].北京:国防工业出版社,1998.

[2] 张忠利.电传热薄壁试验件的传热破裂原因研究[J].火箭推进,2000,26(5):6-16.

[3] 施明恒,薛宗容.热工实验的原理和技术[M].南京:东南大学出版社,1990.

[4] 陈则韶,葛新石,顾毓沁.量热技术和热物性测定[M].合肥:中国科技大学出版社,1990.

附录 液体火箭发动机常用介质和材料物性参数

1. 水的热物理性质(附表1、附表2)

附表1 饱和水的热物理性质

T /℃	ρ /(kg/m³)	h' /(kJ/kg)	$\mu/(\times 10^6$ Pa·s)	$\lambda/(\times 10^2$ W/(m·K))	c_p /(kJ/(kg·K))	Pr	$\sigma/(\times 10^4$ N/m)
0	999.9	0	1788.0	55.1	4.212	13.67	756.4
10	999.7	42.04	1306.0	57.4	4.191	9.54	741.6
20	998.2	83.91	1004.0	59.9	4.183	7.01	726.9
30	995.7	125.7	801.5	61.8	4.174	5.41	712.2
40	992.2	167.5	653.3	63.5	4.174	4.29	696.5
50	988.1	209.3	549.4	64.8	4.174	3.54	676.9
60	983.1	251.1	469.9	65.9	4.179	2.98	662.2
70	977.8	293.0	406.1	66.8	4.187	2.55	643.5
80	971.8	355.0	355.1	67.4	4.195	2.21	625.9
90	965.3	377.0	314.9	68.0	4.208	1.95	607.2
100	958.4	419.1	282.5	68.3	4.220	1.75	588.6
110	951.0	461.4	259.0	68.5	4.233	1.60	569.0
120	943.1	503.7	237.4	68.6	4.250	1.47	548.4
130	934.8	546.4	217.8	68.6	4.266	1.35	528.8
140	926.1	589.1	201.1	68.5	4.287	1.26	507.2
150	917.0	632.2	186.4	68.4	4.313	1.18	486.6
160	907.0	675.4	173.6	68.3	4.346	1.10	466.0

T /℃	ρ /(kg/m³)	h' /(kJ/kg)	$\mu/(\times 10^6$ Pa·s)	$\lambda/(\times 10^2$ W/(m·K))	c_p /(kJ/(kg·K))	Pr	$\sigma/(\times 10^4$ N/m)
170	897.3	719.3	162.8	67.9	4.380	1.05	443.4
180	886.9	763.3	153.0	67.4	4.417	1.00	422.8
190	876.0	807.8	144.2	67.0	4.459	0.96	400.2
200	863.0	852.8	136.4	66.3	4.505	0.93	376.7
210	852.3	897.7	130.5	65.5	4.555	0.91	354.1
220	840.3	943.7	124.6	64.5	4.614	0.89	331.6
230	827.3	990.2	119.7	63.7	4.681	0.88	310.0
240	813.6	1037.5	114.8	62.8	4.756	0.87	285.5
250	799.0	1085.7	109.9	61.8	4.844	0.86	261.9
260	784.0	1135.7	105.9	60.5	4.949	0.87	237.4
270	767.9	1185.7	102.0	59.0	5.070	0.88	214.8
280	750.7	1236.8	98.1	57.4	5.230	0.89	191.3
290	732.3	1290.0	94.2	55.8	5.485	0.93	168.7
300	712.5	1344.9	91.2	54.0	5.736	0.97	144.2
310	691.1	1402.2	88.3	52.3	6.071	1.02	120.7
320	667.1	1462.1	85.3	50.6	6.574	1.11	98.1
330	640.2	1526.2	81.4	48.4	7.244	1.22	76.71
340	610.1	1594.8	77.5	45.7	8.165	1.38	56.7
350	574.4	1671.4	72.6	43.0	9.504	1.60	38.16
360	528.0	1761.5	66.7	39.5	13.984	2.36	20.21
370	450.5	1892.5	56.9	33.7	40.321	6.81	4.709

附表 2 干饱和水蒸气的热物理性质

T /℃	$p/(\times 10^{-5}$ Pa$)$	ρ'' /(kg/m^3)	h'' /(kJ/kg)	r /(kJ/kg)	c_p /$(kJ/(kg \cdot K))$	$\lambda/(\times 10^2$ W/$(m \cdot K))$	$\mu/(\times 10^6$ Pa $\cdot$ s$)$
0	0.00611	0.004847	2501.6	2501.6	1.8543	1.83	8.022
10	0.01227	0.009398	2520.0	2477.7	1.8594	1.88	8.424
20	0.02338	0.01729	2538.0	2454.3	1.8661	1.94	8.840
30	0.04241	0.03037	2556.5	2430.9	1.8744	2.00	9.218
40	0.07375	0.05116	2574.5	2407.0	1.8853	2.06	9.620
50	0.12335	0.08302	2592.0	2382.7	1.8987	2.12	10.022
60	0.1992	0.1302	2609.6	2358.4	1.9155	2.19	41.424
70	0.3116	0.1982	2626.8	2334.1	1.9364	2.25	10.817
80	0.4736	0.2933	2643.5	2309.0	1.9615	2.33	11.219
90	0.7011	0.4235	2660.3	2283.1	1.9921	2.40	11.621
100	1.0130	0.5977	2676.2	2257.1	2.0281	2.48	12.023
110	1.4327	0.8265	2691.3	2229.9	2.0704	2.56	12.425
120	1.9854	1.122	2705.9	2202.3	2.1198	2.65	12.798
130	2.7013	1.497	2719.7	2173.8	2.1763	2.76	13.170
140	3.6140	1.967	2733.1	2144.1	2.2408	2.85	13.543
150	4.7600	2.548	2745.3	2113.1	2.3145	2.97	13.896
160	6.181	3.26	2756.6	2081.3	2.3974	3.08	14.249
170	7.920	4.123	2767.1	2047.8	2.4911	3.21	14.612
180	10.027	5.16	2776.3	2013.0	2.5958	3.36	14.965
190	12.551	6.397	2784.2	1976.6	2.7126	3.51	15.298
200	15.549	7.864	2790.9	1938.5	2.8428	3.68	15.651

T /℃	$p/(\times 10^{-5}$ Pa)	ρ'' /(kg/m³)	h'' /(kJ/kg)	r /(kJ/kg)	c_p /(kJ/ (kg·K))	$\lambda/(\times 10^2$ W/(m·K))	$\mu/(\times 10^6$ Pa·s)
210	19.077	9.593	2796.4	1898.3	2.9877	3.87	15.995
220	23.198	11.62	2799.7	1856.4	3.1497	4.07	16.338
230	27.976	14.00	2801.8	1811.6	3.3310	4.30	16.701
240	33.478	16.76	2802.2	1764.7	3.5366	4.54	17.073
250	39.776	19.99	2800.6	1714.4	3.7723	4.84	17.446
260	46.943	23.73	2796.4	1661.3	4.0470	5.18	17.848
270	55.058	28.10	2789.7	1604.8	4.3735	5.55	18.280
280	64.202	33.19	2780.5	1543.5	4.7675	6.00	18.750
290	74.461	39.16	2767.5	1477.5	5.2528	6.55	19.270
300	85.927	46.19	2751.1	1405.9	5.8632	7.22	19.839
310	98.70	54.54	2730.2	1327.6	6.6503	8.06	20.691
320	112.89	64.6	2703.8	1241.0	7.7217	8.65	21.691
330	128.63	76.99	2670.3	1143.8	9.3613	9.61	23.093
340	146.05	92.76	2626.0	1030.8	12.2108	10.7	24.692
350	165.35	113.6	2567.8	895.6	17.1504	11.9	26.594
360	186.75	144.1	2485.3	721.4	25.1162	13.7	29.193
370	210.54	201.1	2342.9	452.6	76.9157	16.6	33.989
374.15	221.20	315.5	2107.2	0	∞	23.79	44.992

2. 1Cr18Ni9Ti 物性参数（附表 3~附表 5）

密度 $\rho = 7900 \text{kg/m}^3$；

熔点约 1100℃；

比热容 $c_p = 502.1 \text{J/(kg·K)}$（20℃）。

附表 3　1Cr18Ni9Ti 的导热系数

T/℃	100	300	500	600
$\lambda/(\text{W/(m·K)})$	16.33	18.84	22.19	23.45

附表 4　1Cr18Ni9Ti 的线膨胀系数

$T/℃$	100	200	300	400	500	600	700
$\alpha/(\times 10^6\ ℃)$	16.6	17.0	17.2	17.5	17.9	18.2	18.6

附表 5　1Cr18Ni9Ti 的弹性模量

$T/℃$	1100	1050
冷却方式	水冷	空冷
E/GPa	202.0	188.0

强度极限 $\sigma_b = 550.0MPa$；

屈服极限 $\sigma_s = 200MPa$、$\sigma_{0.2} = 21MPa$。

3. C-103 物性参数(附表 6)

密度 $\rho = 8800kg/m^3$；

熔点 2310℃。

附表 6　C-103 物性参数

T /℃	c_p /(J/(kg·K))	λ /(W/(m·K))	α /($\times 10^6$/℃)	E /GPa	σ_b /MPa	σ_s /MPa
20	—	—	—	103.05	440.0	325.0
100	261.7	37.68	—	103.61	—	—
200	268.4	40.61	7.7	104.25	—	—
300	274.5	43.12	7.8	104.87	—	—
400	279.7	46.47	7.79	105.43	—	—
500	285.1	47.73	7.81	105.95	—	—
600	290.3	51.92	7.87	106.98	—	—
700	295.2	53.59	7.92	106.70	—	—
800	299.8	55.27	8.01	106.90	—	—
900	304.8	56.52	8.2	110.15	—	—
1000	309.4	57.36	8.8	111.30	255.0	152.0
1100	314.0	58.62	9.3	112.0	218.0	142.0

T /℃	c_p /(J/(kg·K))	λ /(W/(m·K))	α /(×10⁶/℃)	E /GPa	σ_b /MPa	σ_s /MPa
1200	318.6	59.45	9.8	112.11	174.0	130.0
1300	322.8	60.29	10.1	111.80	133.0	110.0
1400	327.0	61.13	10.4	111.00	92.0	68.0
1500	331.2	61.96	10.6	109.75	63.0	55.0
1600	335.3	63.22	10.6	108.60	—	—
1700	331.9	63.77	10.9	106.12	—	—

4. GH170 物性参数(附表 7)

密度 ρ = 9340 kg/m³；

熔点 1425℃。

附表 7　GH170 物性参数

T /℃	λ /(W/(m·K))	α(×10⁶/℃)	E /GPa	σ_b /MPa	$\sigma_{0.2}$ /MPa
20	—	—	257.67	967.0	447.0
100	13.40	11.7	253.58	—	—
200	14.23	12.0	248.24	—	—
300	15.16	12.6	241.57	—	—
400	16.13	12.9	233.56	—	—
500	16.96	13.4	226.22	851.0	—
600	17.88	13.8	218.21	845.0	—
700	18.84	14.5	210.21	747.0	—
800	19.76	15.4	198.86	517.0	285.0
900	20.64	15.9	188.18	300.0	218.0
1000		16.5	186.18	184.0	107.0
1100		16.7	—	910.0	56.0

5. 航天煤油物性参数

1）炭沉积与结焦

炭沉积与结焦的字面含义是一致的,但两者指的不是一回事,结焦是炭沉积的进一步受热变化结果。

所谓积炭,是指航空煤油在涡轮空气发动机使用过程中,可能在煤油喷嘴、燃烧室火焰筒头部和筒壁生成柔软炭黑或焦炭状积炭。由于积炭的生成,导致喷嘴流动性能发生变化,燃烧室金属材料产生很大的温度梯度、涡轮前燃气温度场出现变形等病态,从而使火焰筒可能翘曲和龟裂,涡轮导向叶片烧毁。此外,积炭颗粒在燃气气流的动力作用下,可能从火焰筒壁脱落,随着高速气流冲刷涡轮叶片而受到磨蚀。多年来的词语使用中,一般提到"积炭",即指涡轮发动机的上述现象和问题。但少数火箭发动机中也不甚严格地使用了积炭一词,此时其含义中与上述含义是不同的。

炭沉积是指火箭发动机工作过程中可能出现的一种不良现象。火箭发动机不同于航空发动机,它要在大气之外进行工作,需要火箭自身同时携带燃烧剂和氧化剂。在富氧燃烧的情况下,基本不存在燃烧室头部或内壁的积炭问题。由于火箭发动机的工作压力和温度很高,对发动机燃烧室壁的冷却负荷要求极大;如果不能及时从燃烧室外壁把传出的热量带走,则燃烧室会立即被烧毁或爆炸。由于氧化剂在高温下的氧化作用更强,一般氧/烃发动机都采用烃类燃料作为冷却剂;为此要使烃燃料快速通过燃烧室壁的冷却夹套,以便进行有效冷却。烃类燃料在冷却燃烧室的同时,自身也被加热。当冷却流体工作强度达到一定限度时,则可能在燃烧室冷却夹套热壁表面产生炭沉积物,甚至结焦。因为炭沉积物的热导率要比金属小得多,所以带有炭沉积物壁面的热阻急剧增加,从而引起局部温度增高过度,以致造成发动机的烧毁或爆炸。可见航天煤油的炭沉积特性关系到火箭发动机的工作强度和性能问题。

烃燃料受热时容易产生炭沉积是它的一种固有倾向。对于烃燃料产生炭沉积的过程和机理,迄今了解得还很不够。一般认为,产生炭沉积的化学过程很复杂,这涉及氧化作用和热解作用等化学反应。炭沉积的形成主要是在金属表面上进行的,热解作用产生的自由基被吸附到金属表面上,由于金属壁的某些金属化合物有催化作用,便促进了脱氢、缩合和炭沉积物的形成。这种非均相化学反应可能是主要的,而在燃料流体中产生游离炭,而后沉积在金属表面的方式可能是次要的。在炭沉积的形成过程中,决定因素是化学动力学,扩散可能不是关键环节。当燃料中含有溶解氧时,则炭沉积首先从氧化开始,并加速沉积物形成速度。因此,烃燃料脱氧对减少炭沉积具有重要作用。

影响烃燃料形成炭沉积的因素很多,它既与燃料的工作条件有关,又与燃料的结构组成有关。烃燃料作为冷却液体时的工作压力、温度、流动状态、接触材料等条件,都对炭沉积的形成有显著作用。从烃燃料本身来讲,当其热安定性较高、冷潜能较大时,其炭沉积倾向较弱。从减少烃燃料的炭沉积倾向来看,饱和烃有利,不饱和烃则不利;烷烃和环烷烃有利,芳香烃和烯烃则不利;而且含硫、氮、氧的化合物以及铅、铜、铬等金属元素的有机金属化合物,都是不利因素。

因此,为了减小烃燃料的沉积倾向应从两方面努力:①合理选择流体接触材料和流动状态;②研究改进烃燃料的化学结构与合成,以期最大限度地提高火箭发动机的工作强度和性能。

2) 液态航天煤油热物性参数

当煤油温度小于 400℃时,大于−40℃时,煤油处于液态,其热物性参数为:

(1) 液态航天煤油密度计算公式。

航天煤油的密度变化关系式见下式,式中各参数的取值范围见表 5-3。

$$\rho = a + bt + ct^2 + dt^3 \quad (kg/m^3) \tag{1}$$

对应密度计算式系数见附表 8。

附表 8　密度计算式参数

p /MPa	a	b	c	d
p_s	844. 23405	−0. 87498	2.23×10^{-3}	-6.35173×10^{-6}
5. 0662	850. 30255	−0. 73493	7.84022×10^{-4}	-2.81196×10^{-6}
10. 1325	857. 12968	−0. 71497	5.43224×10^{-4}	-2.1031×10^{-6}

p/MPa	a	b	c	d
20. 2650	862. 29576	-0.71199	4.99335×10^{-4}	-1.82857×10^{-6}
30. 3975	866. 00695	-0.68874	3.15183×10^{-4}	-1.33311×10^{-6}

不在附表 8 压力范围下的密度值采用插值法计算得到。

（2）液态航天煤油比定压热容计算公式。

航天煤油为液态时,其比定压热容与压力的变化关系不大,依据测试值得到当航天煤油的温度在 $0<t<400℃$ 时,其比定压热容的计算关系式为

$$c_{\mathrm{p}} = (1.89469 + 0.0048t + 1.44135 \times 10^{-7}t^2) \times 10^3 \quad (\mathrm{J/kg \cdot K})$$

$$(2)$$

（3）液态航天煤油导热系数计算公式。

液态航天煤油的导热系数计算式见下式。

$$\lambda = (a + bt + ct^2 + dt^3) \times 0.1 \quad (\mathrm{W/m \cdot K}) \quad\quad (3)$$

对应导热系数计算式系数见附表 9。附表 9 压力外的密度值采用插值法计算得到。

附表 9　导热系数计算式参数

p/MPa	a	$b\times10^4$	$c\times10^7$	$d\times10^9$
Ps	1. 39898	-8.30967	11. 7923	-3.98424
3. 0397	1. 40809	-7.26331	0. 852408	-1.14587
5. 0662	1. 41432	-6.96109	-1.11345	-0.516874
10. 1325	1. 42257	-6.99582	0. 491194	-0.547912
20. 265	1. 43394	-6.60387	0. 900132	-0.632791
30. 3975	1. 44555	-6.24156	1. 36662	-0.71957

（4）液态航天煤油饱和蒸气压计算公式

液态航天煤油的饱和蒸气压计算式为

$$p_{\mathrm{s}} = 0.0121532 - 0.0010821t + 1.729 \times 10^{-5}t^2 - 9.8431 \times$$
$$10^{-8}t^3 + 2.4614 \times 10^{-10}t^4(\mathrm{MPa}) \quad\quad (4)$$

应用式(4)计算得到饱和蒸气压误差比较大,建议采用插值法计

算不同温度下的饱和蒸气压。

（5）液态航天煤油动力黏度计算公式

液态航天煤油的动力黏度计算式为

$$\mu = (b_1 t^{b_2}) \times 10^{-3} \quad (\text{Pa} \cdot \text{s}) \tag{5}$$

式（5）中系数见附表 10。

附表 10　动力黏度计算式参数

p/MPa	p_s	10.1325	20.2650	30.3975
b_1	82.1242	43.6252	40.4925	38.1954
b_2	−1.07634	−0.929806	−0.894234	−0.863738

应用式（5）计算得到的误差比较大，建议采用插值法计算不同温度下的黏度值。不同压力、不同温度下火箭煤油的动力黏度值见附表 11。

附表 11　不同温度、不同压力下火箭煤油的
动力黏度 $\mu(\times 10^3/(\text{Pa} \cdot \text{s}))$

$T/℃$	压力 p/MPa			
	饱和压力	10.1325	20.265	30.3975
−40	12.921	13.1627	13.3618	13.5213
−20	5.7203	5.9470	6.1232	6.2993
0	3.0625	3.2146	3.3395	3.4644
20	1.9635	2.0874	2.1980	2.3022
40	1.3578	1.4611	1.5549	1.6465
60	0.9890	1.0706	0.8911	1.2168
80	0.7465	0.8141	0.8750	0.9359
100	0.5818	0.6450	0.7029	0.7599
120	0.4789	0.5369	0.5903	0.6441
140	0.4093	0.4650	0.5158	0.5660
160	0.3650	0.4102	0.4502	0.4912
180	0.3150	0.3562	0.3926	0.4302
200	0.2824	0.3231	0.3619	0.4006
220	0.2675	0.3040	0.3360	0.3693

T/℃	压力 p/MPa			
	饱和压力	10. 1325	20. 265	30. 3975
240	0. 2412	0. 2767	0. 3078	0. 3395
260	0. 2550	0. 2615	0. 2898	0. 3187
280	0. 1993	0. 2350	0. 2682	0. 3014
300	0. 1837	0. 2200	0. 2529	0. 2860
320	0. 1716	0. 2054	0. 2360	0. 2671
340	0. 1423	0. 1795	0. 2129	0. 2464
360	0. 1338	0. 1640	0. 1894	0. 2146
380	0. 1235	0. 1554	0. 1784	0. 2021
400	0. 1055	0. 1478	0. 1702	0. 1936

内 容 简 介

本书系统介绍了液体火箭发动机热防护分析过程,包括燃烧室内热环境分析、辐射冷却、液膜冷却、推力室热防护、发动机典型部组件的热防护、基础试验六部分内容,并给出应用实例。

本书适用于从事液体火箭发动机研究、设计、试验的工程技术人员以及宇航类专业的教师和研究生阅读。

The present book provides a systematic description of liquid rocket engine thermal protection analyzing methods, which include the internal thermal environment analysis of the combustion chamber, radiation heat transfer, liquid film cooling, thruster chamber thermal protection process, thermal protection of the key assemblies of the engine and thermal protection tests. Practical examples of using these methods are given as well.

It can be used as a reference book for engineers, researchers, teachers or graduate students who work on the design, research and test of liquid rocket engines.